파워 메탈

POWER METAL

파워 메탈

미래를 결정할 치열한 금속 전쟁

빈스 베이저 | 배상규 옮김

까치

POWER METAL : The Race for the Resources That Will Shape the Future

by Vince Beiser

Copyright © Vince Beiser, 2024
Korean translation copyright © Kachi Publishing Co., Ltd., 2025
All rights reserved including the right of reproduction in whole or in part in any form. This edition published by arrangement with Riverhead Books, an imprint of Penguin Publishing Group, a division of Penguin Random House LLC.

이 책의 한국어판 저작권은 알렉스리 에이전시 ALA를 통해서 Riverhead Books, an imprint of Penguin Publishing Group, a division of Penguin Random House LLC와 독점계약한 (주)까치글방에 있습니다. 저작권법에 의하여 한국 내에서 보호를 받는 저작물이므로 무단 전재와 복제를 금합니다.

역자 배상규(裵尙奎)
바른번역 소속 번역가.
옮긴 책으로『모래가 만든 세계』등이 있다.

편집, 교정 _ 권은희(權恩喜)

파워 메탈 : 미래를 결정할 치열한 금속 전쟁

저자/빈스 베이저
역자/배상규
발행처/까치글방
발행인/박후영
주소/서울시 용산구 서빙고로 67, 파크타워 103동 1003호
전화/02 · 735 · 8998, 736 · 7768
팩시밀리/02 · 723 · 4591
홈페이지/www.kachibooks.co.kr
전자우편/kachibooks@gmail.com
등록번호/1-528
등록일/1977. 8. 5
초판 1쇄 발행일/2025. 7. 25

값/뒤표지에 쓰여 있음
ISBN 978-89-7291-879-0 03460

깊이 존경하고, 무척 보고 싶은
이디스와 일레인
그리고 제드와 제인에게

차례

들어가며 9

1 전기-디지털 시대 13

제1부
미래를 위한 자원

2 자원 초대강국 37

3 전 세계가 벌이는 보물 사냥 49

4 살인을 부르는 구리 63

5 배터리 87

6 위험에 내몰린 사막 113

7 심해 채굴의 대가 133

제2부
역공급망

8 콘크리트 정글 광산 159

9 첨단 쓰레기 185

제3부
재활용보다 좋은 방법

10 오래된 물건에 새 생명을 219
11 미래의 교통수단 238

감사의 글 273
주 277
참고 문헌 317
역자 후기 321
인명 색인 325

들어가며
청정 에너지 같은 것은 없다

2018년, 난생처음으로 전기차를 샀다. 재생 에너지 시대를 선도한다는 생각에 자부심을 느꼈다. 멋은 없지만 도덕성의 표본이라고 할 수 있는 중고 닛산 리프와 함께 나는 환경 보호에 이바지하고 있었다.

그해 나는 로스앤젤레스에서 거주하고 있었다. 우리 집은 어디에서나 볼 법한 구성이었다. 엄마와 아빠, 아이 둘에 고양이와 개를 키웠고, 자동차는 두 대였다. 로스앤젤레스 같은 도시에서 돌아다니려면 어쩔 수 없었다. 하지만 기후 변화 역시 나의 커다란 관심사였다. 기후 변화는 이미 내가 살던 지역에 피해를 주고 있었다. 물 부족, 산불, 폭염은 강도와 빈도가 날이 갈수록 심각해졌다. 그래서 오래된 마츠다 해치백이 드디어 운행 불가 상태가 되었을 때, 나는 휘발유차에서 전기차로 갈아탔다. 마침내 올바른 길로 들어섰다는 생각이 들었다! 지구를 오염시키는 석유 기업에 돈을 가져다 바칠 일이 없어진 것이다. 새 자동차는 아무리 멀리 가더라도 탄소를 조금도 내뿜지 않았다. 배터리로 주행하는 자동차이므로 노트북이나 스마트폰처럼 충전기를 플러그에 꽂아 충전하면 되었다. 내 자동차에 들어간 배터리가 주로 리튬, 코발트, 니켈로 이루어져 있으며 기본적으로 디지털 기기에 들어가는 배터리에서 크기만 커진 형태라는 사실을 알았을 때는 기분이 좋았다.

그러나 진실은 배터리에 전력을 공급하는 전기가 대부분 화석연료를 사용하는 발전소에서 온다는 것이었다. 하지만 나는 탄소를 뿜어내는 이 거대한 발전소가 곧 태양광이나 풍력과 같은 재생 에너지로 대체되리라고 예상했다. 에너지 전환이 이루어지기만 하면 환경적으로 흠잡을 데 없는 기후친화적인 삶을 살아갈 수 있으리라고 말이다. 내 자동차는 눈에 보이지 않는 전기로 조용히 달릴 것이고, 사람들과 일하고 소통하는 과정은 무선으로 이루어질 것이다. 여기에 들어가는 에너지는 모두 태양이나 바람에서 얻을 것이다. 나는 디지털로 작동하고 재생 에너지로 돌아가는 미래 사회를 떠올렸다. 그곳은 한없이 가볍고 비물질적이었으며, 자유로운 분위기가 감돌았다.

불행히도 현실은 나의 생각과는 전혀 달랐다.

나는 직업이 저널리스트이다 보니 호기심을 품고 꼬치꼬치 캐묻는 것이 일이다. 나는 내 기기 속 배터리에 들어가는 리튬, 코발트, 니켈 등 원재료가 어디에서 오는지 궁금했다. 조사에 돌입한 나는 곧 내가 자랑스러워하던 전기차, 날마다 사용하는 디지털 기기, 그리고 여기에 전력을 공급하리라고 믿었던 재생 에너지가 모두 환경 파괴, 정치적 혼란, 소요 사태, 살인 사건을 낳는다는 사실을 깨달았다. 스마트폰, 전기차, 풍력 발전기 제작에 필요한 원재료를 얻기 위해서 열대 우림이 파괴되었고, 강이 오염되었다. 아이들이 광산 노동자로 동원되었다. 블라디미르 푸틴의 군부와 억만장자 측근들은 점점 부유해졌다. 무엇보다 수많은 사람이 죽어가고 있었다.

인류는 모순된 처지에 놓였다. 기후 변화로 인한 재앙을 막기 위해서 할 수 있는 모든 일을 해야 하지만 그 과정에서 또다른 온갖 재앙이 일어날 수도 있는 것이다. 나는 이러한 상황에서 인류와 지구가 어떤 피해를 입고 있는지, 피해가 어떤 식으로 악화되는지, 그리고 개선책은 무엇인지를 명확히 밝혀보고자 한다. 이미 일상화된 디지털 기술과 우리에게 꼭 필요한 무탄소 전력을 바탕으로 지속 가능한 사회를 만들기 위해서는 완전히 새로운 접근법이 필요하다.

1

전기-디지털 시대

우리는 사회와 경제 발전 단계에서 새로운 시대로 접어들고 있다. 21세기를 형성한 힘은 우리가 소통하고 이동하는 방식, 집을 냉난방하는 방식, 점점 힘들어하는 지구에서 살아가는 방식을 뒤바꾸고 있다. 서로 맞물린 채로 이 시대를 이끌어가는 세 가지 힘은 디지털 기술 및 인터넷, 재생 에너지 그리고 전기차이다. 전기-디지털Electro-Digital 시대가 도래한 것이다.

디지털 기술은 이미 우리의 삶 곳곳에 깊이 뿌리내렸고, 일상생활에서 중요성이 나날이 늘어만 가고 있다. 나머지 주요 동력인 재생 에너지와 전기차는 빠르게 발전하고 있다. 이런 변화는 여러 모로 좋은 소식이다. 에너지 공급원을 화석연료에서 재생 에너지로 전환하는 작업은 기후 변화 극복을 위해서 꼭 필요한 해결책이다. 하지만 이 해결책에는 심각한 부작용이 뒤따른다. 전기-디지털 시대의 세 가지 축은 지구촌 곳곳에서 환경 파괴, 아동 노동, 강제 노역, 강도, 살인처럼 매우 심각하지만 흔히 간과되고 마는 피해 상황을 낳는다. 또 지정학적 힘의 균형에도 변화를 몰고 오는데, 그런 경우에는 대개 서방에 우호적이지 않은 독재정권이 득을 본다. 이런 일이 일어나는 이유는 주로 우리가 새로 맞이한 첨단기술 시대가 아주 오래된 천연자원인 금속에 의존하기 때문이다.

현대 사회는 속속들이 디지털화되고 끊임없이 온라인화되고 있기 때문에 우리 삶이 엄청난 양의 물질을 추출하고 운송하고 가공하는 과정에 얼마나 많이 의존하고 있는지를 잊거나 간과하기 쉽다. 나를 비롯한 수많은 사람들은 기사, 분석 자료, 마케팅 계획서, 소프트웨어, 동영상, 팟캐스트 등 주로 컴퓨터상에 비물질 형태로 존재하는 지적이고 추상적인 "산물"을 다루며 생계를 꾸린다. 우리는 재무제표를 작성하고, 웹사이트를 제작하고, 소셜 미디어에서 캠페인을 벌이고, 사업 계획안을 꾸리는데, 그런 결과물의 실체나 형체는 아마도 종이 출력물을 넘어서지 않을 것이다. 정보는 사무실로 들어와 다른 형태의 정보로 가공된 뒤에 다시 외부로 흘러 나간다.

그러나 이 모든 과정은 컴퓨터, 전화기, 무선 공유기, 인터넷 연결선, 컴퓨터 서버로 가득한 데이터 센터와 같은 기계 장치 덕분에 가능하며, 기계 장치는 거대한 발전소에서 전기를 끌어다 쓴다. 우리 대다수가 식품이 생산되는 과정과 동떨어져 있듯이, 우리는 기계가 제작되는 과정과도 동떨어져 있다. 우리는 기계에 들어간 원재료 덕분에 삶을 꾸려나갈 수 있다. 그런데 그 원재료를 얻으려면 엄청난 비용을 치러야 한다.

노트북, 태블릿, 스마트폰은 우리가 잘 아는 금속에서부터 생소하고 잘 알려지지 않은 물질에 이르기까지 여러 가지 물질들을 변화무

쌓하게 배열해서 만든다. 스마트폰에는 수십 가지의 금속을 비롯하여[1] 주기율표에 있는 원소의 3분의 2가 들어간다.[2] 이중 일부 금속은 우리에게 익숙하다. 일반적인 스마트폰 회로에는 금이 들어가고, 회로기판에는 주석이, 마이크에는 니켈이 들어간다. 익숙하지 않은 금속도 있다. 화면에 들어가는 작은 인듐 조각은 손가락 터치를 세밀하게 인식하도록 돕는다. 유로퓸은 화면에 나타나는 색상을 향상시킨다.[3] 네오디뮴, 디스프로슘, 터븀은 스마트폰을 진동시키는 작은 장치에 쓰인다.

스마트폰에 들어가는 배터리는 리튬, 코발트, 니켈로 만든다. 충전식 드릴, 로봇 청소기, 전동 칫솔을 비롯해서 여러 무선 기기도 비슷한 배터리로 작동한다. 전동 킥보드나 테슬라 SUV를 포함한 대다수 전기차 역시 마찬가지이다. 전기차는 배터리로 움직이는 자동차이며 여기에 들어가는 배터리는 무척 **크다**. 테슬라 모델 S 1대에는 스마트폰 1만 대 분량에 달하는 배터리가 들어간다.[4]

지금까지 언급한 배터리는 모두 충전식이어서, 전기로 충전하고 또 충전해야 한다. 배터리가 많을수록 배터리에 공급할 전력을 더 많이 생산해야 한다. 매년 전 세계 도로로 쏟아지는 수백만 대의 새 전기차는 엄청나게 많은 전력을 소비한다. 전기차는 주행 중에는 탄소를 배출하지 않지만, 전기차에 공급하는 전력을 생산할 때는 대체로 탄소가 배출된다. 지금도 전 세계에서 전기 에너지를 가장 많이 생산하는 곳은 석탄 발전소이다.[5] 석탄처럼 탄소 배출량이 많은 연료에 의존하면 치명적인 결과가 나타난다는 것은 이미 잘 알려져 있는 사실이다. 악영향을 최소화하려면 전기차뿐만 아니라 태양광이나 풍력과 같은 탄소 중립적 재생 에너지로의 전환이 필요하다.

태양과 바람은 자연계에서 사랑받는 존재이자 놀랍도록 친환경적인 에너지원처럼 보인다. 더러운 석탄이나 끈적이는 석유와 비교하면 더더욱 매력적으로 다가온다. 태양광과 풍력은 하늘에서 말 그대로 쏟아져 내리므로 공짜라고 생각하기 쉽다. 하지만 여기에는 파우스트적인 거래가 뒤따른다. 태양과 바람에서 에너지를 얻어 전송하고 사용하려면 기계 장치가 필요하다. 풍력 발전기, 태양광 패널, 변전소, 전선, 배터리가 말이다.

재생 에너지를 생산, 송전, 사용하는 과정이 어떻게 이루어지는지 살펴보자. 예컨대 로스앤젤레스는 뉴멕시코 주 앨버커키 남동쪽에 있는 레드 클라우드 풍력 발전소에서 전체 전력의 4퍼센트 이상을 공급받는다.[6] 발전소 위로 우뚝 솟은 풍력 발전기 수십 기는 니오븀이라는 희귀 금속으로 강화한 강철로 만든다.[7] 발전기 날개 쪽으로 바람이 불면 발전기가 회전한다. 발전기 내부에는 네오디뮴으로 만든 특수 자석이 있는데 이 자석이 발전기의 움직임을 전력으로 바꾼다. 그러면 알루미늄과 구리 수천 킬로그램으로 만든 전선이 전기를 뉴멕시코 전력망으로 운반한다. 전기는 구리 전선을 타고 수백 킬로미터를 더 가서 애리조나에 있는 변전소에 닿고, 이곳에서 다시 로스앤젤레스에 있는 가정, 차고, 사무실 등 수많은 곳으로 흘러간다.

전선이 우리 집에 전기를 전달해주는 덕분에 나는 전기차에 플러그를 꽂고 배터리에 전기를 흘려보낼 수 있다. 내 전기차 배터리는 니켈, 코발트, 리튬 약 45킬로그램과 그 비슷한 양의 구리를 더해 만든다.[8] 가속 페달을 밟으면 그보다 더 많은 양의 구리로 만든 수백 미터짜리 코일이 풍력 발전기에 들어가는 것과 비슷한 네오디뮴 기반 자석을 활성화시키는데, 그러면 전기 에너지가 다시 운동 에너지로 바뀌면서 자동차 바퀴가 굴러간다.

이 모든 기계 장치, 전선, 코일, 배터리는 전부 금속으로 만든다. 금속은 하늘에서 저절로 떨어지지 않는다. 지구에서 캐내야 한다.

전기-디지털 시대에는 그렇게 캐내야 하는 금속의 양이 어마어마하다. 우리에게 필요한 각종 디지털 기술, 전기차, 풍력 발전기, 전선, 자석 그리고 재생 에너지로의 전환에 필요한 각종 장비를 만들려면 배터리 금속, 기술 금속, 전이 금속 혹은 내가 선호하는 용어인 "핵심 금속critical metal" 등으로 다양하게 불리는 금속이 어마어마하게 많이 필요하다. 인류는 전 시대를 통틀어 구리 약 7억 톤을 채굴해 왔는데,[9] 앞으로 20여 년 동안 그만큼의 구리를 더 채굴해야 할 것이다. 국제에너지기구(IEA)는 2050년까지[10] 전기차 제조업체의 코발트 수요만 따져도 2022년의 약 5배, 니켈 수요는 10배, 리튬 수요는 15배 증가하여,[11] 연간 총 수요량이 7만 톤 미만에서 100만 톤 이상으로 급증하리라 예상한다. 이러한 추세는 현재 진행형이다. 구리, 코발트, 희토류의 시장 규모는 2017년과 2022년 사이에 거의 2배, 니켈은 3배, 리튬은 7배 증가해 총 3,200억 달러에 이르렀다.[12]

2023년에 IEA가 공표한 바에 따르면, "예전에는 시장에서 소규모 영역을 차지할 뿐이었던 에너지 전환용 광물이 이제는 광산업과 금속 산업의 주류로 올라서고 있다."[13] 앞으로 핵심 금속 시장은 계속해서 커질 것이다.[14] 물론 생산량이 따라주어야 가능하겠지만 말이다. IEA는 이렇게 경고한다. "핵심 광물에 대한 수요가 유례없이 급증하리라는 전망은 과연 공급이 제대로 뒷받침될 수 있을지를 비롯해 수많은 의문을 낳고 있다."[15]

오늘날 전 세계의 정부, 기업, 사업가, 활동가, 연구자들은 급증하는 수요를 충족할 방법을 찾고자 경쟁하고 있다. 우후죽순처럼 늘어가는 수요를 맞추려면 어딘가에서 금속을 공급해야 한다. 지금은 산업계 한 곳이 거의 도맡다시피 대다수의 금속을 공급한다. 우리의 첨단기술과 자유로운 미래는 인류 역사상 가장 오래되고 지저분한 업종 중 하나인 광산업에 달려 있다.

광산업은 녹록치 않은 분야이다. 금속은 천연자원이자 지구의 산물이지만 지구는 금속을 순순히 내놓지 않는다. 일반적으로 금속 채굴에는 지구를 파괴하는 행위가 포함된다. 숲, 초원, 사막을 헤집은 다음에 폭약으로 땅 밑의 암석과 토지를 폭파하고는 잔해를 캐내야 한다. 그뿐만이 아니다. 땅에서 캐낸 금속 함유 광석은 공업 장비로 막대한 에너지를 소모하고 화학 물질을 마구 내뿜으며 가공, 제련, 정제하는 과정을 거쳐야 한다.

"잘못된 채굴은 수 세기에 걸쳐 피해를 남길 수 있습니다." 광산 기업의 지속 가능성을 목표로 활동하는 IRMA의 대표 에이미 불랑제가 남긴 말이다.

채굴로 인한 피해 규모와 범위는 실로 엄청나다. 금속 채굴은 미국을 대표하는 독성 오염원이며,[16] 미국 서부 지역을 흐르는 모든 강 유역의 절반가량을 오염시켰다.[17] 화학 물질이 누출되거나 유출되면 광산 주변의 공기와 물이 오염되기 마련이다. 광산에서는 독성 폐기물 더미도 대량으로 발생하는데, 이 폐기물은 무너질 우려가 큰 댐

뒤편에 쌓인다. 광산댐(채굴 후 진흙이나 광물 찌꺼기를 보관하는 곳/역주)이 무너지면서 쏟아져 내린 독성 슬러지는 캐나다에서부터 브라질에 이르는 지역의 강과 호수를 오염시켰을 뿐만 아니라 수백 명의 목숨을 앗아갔다.[18] 이로 인한 인명 피해는 매년 채굴 현장에서 사고로 목숨을 잃는 광부 수백 혹은 수천 명과는 별개이다.[19]

화학 물질 누출과 댐 붕괴는 의도하지 않은 결과이다. 하지만 모든 것이 계획대로 진행된다고 해도 광산은 필연적으로 피해를 낳는다. 자원을 마구 뽑아내며 폐기물을 대량으로 배출한다. 빈 경제경영대학의 연구에 따르면,[20] 2000년 이후 광산으로 인해 산림 2,600제곱킬로미터 이상이 사라졌다. 값어치 있는 금속은 이를 얻기 위해서 파헤쳐야 하는 전체 암석과 토사 중에서 극히 일부만을 차지할 뿐이다. 보통 니켈 1톤을 얻으려면 광석과 폐석 250톤을 처리해야 한다. 구리는 그보다 두 배 많은 양을 처리해야 한다. 무게가 약 130그램인 아이폰 1대를 만들려면,[21] 약 35킬로그램의 광석을 캐야 한다.[22] 광석은 분쇄 후 금속을 분리하는 과정을 거치는데, 이때 휴대전화 1대당 탄소 약 45킬로그램이 배출된다.[23]

광산은 물도 엄청나게 빨아들이는데,[24] 이는 칠레 북부처럼 건조하면서 구리와 리튬 채굴이 대대적으로 이루어지는 곳에서 주요 분쟁 요인으로 작용한다. 또한 광산에 필요한 시추 장비, 트럭, 굴착기 및 기타 중장비는 에너지 먹는 하마여서 온실 가스를 수백만 톤 배출하는데, 이는 전 세계 온실 가스 배출량의 7퍼센트에 달한다.[25]

지역 주민의 입장에서는 이런 상황이 달가울 리 없다. 미국 노스캐롤라이나에서부터 네바다에 이르는 지역과 캐나다, 세르비아, 브라질, 필리핀 및 기타 여러 국가의 주민들은 금속 광산 건립계획에 맞서 싸우고 있다. 광산 반대 운동은 안타까운 결과로 이어지기도 한다. 2012년 이후 전 세계에서 살해된 광산 반대 활동가는 최소 320명이다.[26] 이 수치는 서구의 인권 단체가 밝혀낸 사례만 집계한 것이다.

첨단기술의 일상화를 이어가고 화석연료 의존도를 낮추려면, 핵심 금속을 더 많이 확보해야 한다. 이와 동시에 더 깨끗하고 인도적이며 지속 가능한 방법으로 금속을 확보하는 방법도 같이 찾아야 한다. 그 방법은 무엇일까? 우리는 그 방법을 늦지 않게 찾을 수 있을까? 지구를 파괴하지 않으면서 진정으로 지속 가능한 세상으로 나아갈 수 있을까?

질문에 답을 찾아나선 나는 전 세계의 광산, 시위 현장, 연구소를 방문했다. 벨기에의 조선소, 칠레의 사막, 캐나다의 폐차장, 서아프리카 최대의 쓰레기 매립지를 방문했다. 새 시대에 필요한 금속을 확보하기 위해 전 세계에서 수조 달러 규모의 자원 확보전에 뛰어든 부유한 투자자, 풀뿌리 운동가, 과학자, 정치인, 육체노동자, 인공지능 전문가 등 다양한 사람들을 만났다.

자원 확보전은 해저 지대를 포함한 지구 전역뿐만 아니라 우주 공간에서도 전개된다. 그중 일부는 매우 전도유망하지만 일부는 신기루에 불과하거나 몹시 위험하다. 자원 확보전은 산업계를 재편할 뿐만 아니라 국가 전체의 운명에 영향을 미치고 전 세계의 역학 구도를 바꿔놓을 것이다. 우리는 그 흐름 속에서 도시와 사회 그리고 우리의 삶을 어떻게 조직해 나갈지 고민해야 할 것이다.

이제 서구인 대다수에게 디지털 혁명은 일상이 되었으며 그 흐름은 지구촌 전체로 퍼지고 있다. 2024년 1월 기준, 전 세계 인구의 3분의 2에 해당하는 53억5,000만 명이 인터넷을 사용한다.[27] 휴대전화 보유자 수도 그와 비슷하다.[28] 전 세계에서 사용 중인 모바일 기기는 모두 합쳐 150억 대가 넘는다.[29]

재생 에너지와 전기차로의 전환도 생각보다 훨씬 더 빠르게 진행되고 있다. 인류는 땔감에서 석탄으로, 석탄에서 석유로 전환한 것만큼이나 새로운 에너지를 맞이하는 시대를 눈앞에 두고 있다. 앞으로 우리의 아이들이 물려받을 세상은 자신의 부모나 조부모 세대가 살아가던 시절과는 다른 에너지로 작동할 것이다. 에너지의 형태는 그야말로 천지개벽 중이다.

내가 재생 에너지를 다룰 때 주로 태양광과 풍력에 초점을 맞추는 이유는 발전 속도와 보급 속도 측면에서 가장 앞선 에너지원이기 때문이다. 물론 다른 재생 에너지도 있다. 수력은 깨끗한 재생 에너지이기는 하지만 댐은 이미 들어설 만큼 들어섰다. 게다가 기후 변화로 인한 가뭄 때문에 전 세계적으로 수력 발전에 필요한 수자원이 말라가고 있다.[30] 원자력 역시 화석연료를 대체하는 탄소 중립 에너지원으로 많이들 고려하지만, 원자력은 이 책의 범위를 넘어서는 심각한 문제를 안고 있는 데다가 제대로 된 재생 에너지라고 볼 수도 없다. 수소가 언젠가는 주요 에너지원이 될 수도 있겠지만 아직은 갈 길이 멀다.

반면 태양광과 풍력은 급속도로 보급되고 있다. 21세기 초만 해도 태양광과 풍력은 전체 전력 생산량의 극히 일부를 담당했지만, 지금은 12퍼센트 이상을 담당한다.[31] 미국에서는 이제 재생 에너지가 전체 전력의 4분의 1가량을 공급하며,[32] 석탄과 원자력을 앞질렀다. IEA는 미국 내 태양광 및 풍력 발전 용량이 2027년까지 거의 두 배로 늘어나리라고 내다본다.[33] 2022년 기준, 태양광과 풍력은 전 세계 모든 원자력 발전소보다 전력을 더 많이 생산한다. 2022년 2월, 러시아가 우크라이나를 침공한 뒤로 러시아산 가스와 석유 수출에 차질이 빚어지자, 각국은 안정적인 대안책을 열심히 찾아나섰고, 이는 IEA의 표현을 빌리자면, "재생 에너지 업계에 전례 없는 모멘텀"을 촉발시켰다.[34] 2023년, 전 세계는 독일과 스페인 전체에 전력을 공급할 수 있는 수준의 재생 에너지를 생산했다.[35] IEA는 2027년이 되면 재생 에너지가 전 세계에서 가장 큰 전력 공급원이 되리라고 예상한다.[36]

전기차 시장은 자동차 산업 전체를 재편할 정도로 빠르게 성장하고 있다. 2012년까지만 해도 전 세계에서 매년 판매되는 전기차 수는 12만 대에 불과했다.[37] 2022년이 되면, 매주 판매되는 숫자만 해도 그보다 많아진다.[38] 전기차 신차 판매량은 2030년에는 3,000만 대를 돌파하리라고 예상된다.[39] 캘리포니아 주, 워싱턴 주, 오리건 주는 2035년부터 내연기관 차량의 신규 판매를 금지하겠다고 선언했고, 최소 20개국 이상이 이와 유사한 정책을 발표했다.[40]

주요 자동차 업체는 고급 승용차에서부터 픽업트럭에 이르기까지 전기차 모델을 선보이고 있다. 제너럴모터스와 폭스바겐을 비롯한 대형 업체는 수년 내로 내연기관 자동차를 완전히 퇴출하는 방안을 목표로 삼겠다고 선언했다. 미국 전역과 전 세계에서는 전기차 배터리 공장이 문을 열고 있다. 자동차 업체들은 공급망을 안정적으로 관리하기 위해서 광산업계에 더욱 깊이 발을 담그고 있다. 예컨대 제너

럴모터스는 최근 네바다 주에 위치한 리튬 광산에 6억5,000만 달러를 투자했다.[41]

핵심 금속을 채굴하려는 열기는 전 세계의 지정학마저 뒤흔들고 있다. 당연한 일이다. 전 세계의 에너지원이 석탄에서 석유로 전환되던 시기를 떠올려보라. 석탄으로 발전하던 시절에, 사우디아라비아는 국제 정세에서 찬밥 신세였다. 하지만 찾는 이가 별로 없던 석유가 자동차의 등장으로 전 세계적으로 수요량이 급증하자, 하룻밤 사이에 사우디아라비아는 지구에서 가장 부유한 국가 중 하나가 되었다. (자국의 역사를 잘 아는 사우디아라비아는 현재 핵심 금속 생산에 막대한 투자를 시행하고 있다.[42])

이와 유사하게 북극과 남태평양 사이에 있는 몇몇 이름 모를 국가들은 지금껏 거들떠보지도 않던 막대한 금속 매장량 덕분에 큰 부를 거머쥘 기회를 얻었다. 남태평양의 자그마한 프랑스령인 뉴칼레도니아에는 지구에서 채굴되지 않은 니켈의 4분의 1이 매장되어 있다. 북극에 위치한 그린란드에는 희토류가 엄청나게 많이 매장되어 있다. 남아메리카 중부에 위치한 볼리비아에는 전 세계 최대의 리튬 매장지가 있다. 아프리카 중심부에 위치한 콩고민주공화국에는 전 세계 코발트 매장량의 절반가량이 묻혀 있다. 아프가니스탄에는 구리, 코발트, 기타 금속이 풍부하게 매장되어 있다. 풍력 발전기용 보강 재료인 니오븀은 브라질이 전 세계 수요의 거의 전량을 공급한다.[43]

동남아시아에서는 인도네시아와 필리핀이 막대한 니켈 매장지를 이제 막 본격적으로 활용하기 시작했다. 하지만 현재 전 세계에서 품질이 좋은 니켈은 주로 러시아가 공급한다.[44] 러시아는 구리와 기타 금속도 대규모로 수출한다. 러시아가 우크라이나를 상대로 일으킨 전쟁이 니켈 생산에 영향을 미치리라는 우려 때문에 블라디미르 푸틴이 침공 명령을 내린 2022년 2월 이후 니켈 가격이 급등했다.[45] 무역업자들의 걱정은 기우였다. 국제 제재로 러시아의 수출 길이 대부분 막히기는 했지만,[46] 세계는 러시아의 니켈, 구리, 팔라듐, 기타 광물이 수출 제한을 걸기에는 너무나 중요한 품목이라는 결정을 슬그머니 내렸다. 전쟁 발발 이후 2년이 넘는 기간 동안 러시아는 서방 세계에 니켈 수십억 달러어치를 수출했다. 달리 말해서, 전기차로의 전환 기조가 러시아의 우크라이나 침공을 재정적으로 뒷받침해준 셈이다.

그러나 핵심 금속 확보전의 승자를 논해보자면, 다른 국가보다 훨씬 앞서 있는 국가가 하나 있다. 어떤 물질이든 채굴에서부터 가공, 정제, 완제품에 이르는 생산 과정의 한 단계가, 아니 어쩌면 **전 단계**가 중국에서 이루어지고 있다.

중국은 최근 수십 년간 자국의 천연자원, 상대적으로 느슨한 환경 기준, 외교적 영향력, 기민한 해외 투자자를 활용해서 핵심 금속의 전체 공급망을 장악하기에 이르렀다.[47] 중국은 리튬과 기타 금속 매장량이 풍부하며,[48] 그중 일부를 강제 노동을 통해서 채굴하는 것으로 알려져 있다.[49] 자국에서 확보하지 못하는 자원은 해외에서 사들인다. 그래서 중국 기업은 코발트, 니켈, 기타 여러 금속을 생산하는 광산을 세계 도처에 보유하고 있다.

핵심 금속은 누가 어디에서 채굴하든 정제와 가공 과정을 거치기 위해서 대개 중국으로 향한다.[50] 중국의 리튬, 코발트, 흑연(배터리 핵심 소재 중 하나) 정제 용량은 전 세계 정제 용량의 절반 이상이며,[51] 니켈과 구리 정제 용량도 그에 육박한다.[52] 정제된 금속은 중국 내 다른 공장이 가져가 전 세계가 사용하는 태양광 패널,[53] 풍력 발전기의 대부분,[54] 리튬-이온 배터리의 4분의 3,[55] 그리고 전기차의 대다수[56]를 생산한다. 이 때문에 중국은 전기-디지털 시대의 신흥 경제에서 주도권을 쥐었을 뿐만 아니라 지정학적으로도 막대한 영향력을 행사한다. 중국은 이미 최근 몇 년 동안 자국의 정치적 목표를 뒷받침하기 위해서 특정 핵심 금속의 공급을 중단하겠다는 의향을 내비쳐왔다. 수출 금지 조치라는 무기는 언제든 칼집에서 다시 튀어나올 수 있다.

서방 국가들은 자신의 약점을 뒤늦게 깨닫고 대응책을 마련하고자 분주하다. 미국, 캐나다, 일본, 유럽연합은 모두 중국 이외의 지역에서 핵심 금속을 공급받고자 돈과 자원을 쏟아붓고 있다.[57] 2019년, 미국 상원의회의 에너지 및 천연자원 위원회는 "미국의 광물 수입 의존도 및 특정 국가에 편중된 광물 공급망이 경제 성장, 국가 경쟁력, 국가 안보를 위협하고 있다"고 경고했다.[58] 2022년, 미국 의회는 배터리 광물의 국내 공급망 확충을 위해서 예산 70억 달러가 포함된 인프라 패키지 법안을 제정했다.[59] 같은 해 미국은 미국산 금속으로 만든 배터리와 전기차에 훨씬 더 많은 수십억 달러[60]의 보조금을 지원하는 인플레이션 감축법을 통과시켰다.[61]

좋은 소식이 있다면, 베이징이나 모스크바를 살찌우거나 환경을 파괴하지 않고도 나머지 국가들이 자국에 필요한 금속을 구할 길이 많다는 것이다. 여기서는 먼저 가장 관련이 깊은 광산업계부터 살펴보자.

이 책을 쓰려고 자료 조사를 시작했을 때, 나는 광산업에 사실상 무지한 상태였기 때문에 광산업을 환경과 지역 주민에게 피해를 주는 지저분하고 파괴적인 산업 정도로만 생각했다. 역사를 돌이켜보면 내 생각은 어느 정도 사실이었다. 하지만 놀랍게도 지금은 예전과 많이 달라졌다. 최근 들어 업계와 현장 분위기가 지속적으로 변하고 있고, 대개는 더 나은 방향으로 달라지고 있다.

수십 년 전만 해도 광산 기업은 탐욕스러운 정부와 결탁하고 원하는 곳으로 가서 지역 주민과 온갖 생명체를 몰아내고 땅 속에서 금속을 캐낸 다음에 폐기물을 편한 곳에 내다버릴 수 있었다. 이제 이 같은 막무가내식 행태는 처벌을 피하기가 훨씬 어려워졌다. 정부 규제는 엄격해졌고, 환경 기준과 사회적 눈높이는 높아졌으며, 광산업계 내에서도 채굴 방식을 바꾸고 피해 규모를 줄이는 길이 자신들에게 더 이득이라는 인식이 커져가고 있다. 변화의 주요 원인은 광산업계가 가장 껄끄러워하는 사람들, 다시 말해서 채굴로 인한 피해를 가장 직접적으로 받는 지역 주민과 원주민 그리고 환경 운동가들이 예전보다 법의 보호를 훨씬 더 많이 받을 뿐만 아니라 정치, 사회적으로도 영향력을 크게 발휘할 수 있기 때문이다.

50년 전만 해도 환경 운동은 그 어디에서도 찾아보기가 어려웠다. 원주민과 지역 주민은 귀금속을 찾아온 광산 기업에 맞설 수단이 거의 없었다. 운동장은 한쪽으로 크게 기울어져 있었다. 운동장은 지금도 평평한 상태와는 거리가 멀지만 그래도 예전만큼 기울어 있지는 않다. 그린피스, 지구의 벗, 세계자연기금과 같은 단체들은 전 세계 각국에 수많은 조직과 회원을 갖춰놓았다. 수많은 국제 협약과 국가 규정은 주민의 편이 되어준다. 그리고 지금은 누구나 주머니에 카메라를 넣고 다니며 전 세계로 생중계를 할 수 있는 세상이기 때문에, 예전처럼 마구잡이로 자원을 채굴했다가는 뒤탈을 감당하기가 어렵다. "독극물 로버트"라고 불리는 업계 거물인 로버트 프리들랜드도 이 같은 현실을 인정한다. 그는 2022년 칠레에서 열린 구리 산업 콘퍼런스에 참가해 "휴대전화 한대 한대가 전부 NGO 단체입니다"라고 말했다.[62] 모든 휴대전화가 광산업계를 까다롭게 만드는 숨어 있는 비정부기구라는 뜻이었다. "찰칵! 그리고 나면 「뉴욕 타임스 The New York Times」에 얼굴이 실리는 거죠. 이제는 숨을 수가 없어요."

전 세계 원주민들은 예전보다 자신들의 입장을 표현할 기회와 법적 보호를 많이 누리고 있다. 2022년 4월, 나는 캐나다 원주민 협회의 연례 콘퍼런스에 참석했다. 원주민 지도자와 원주민 지역에서 사업을 벌이는 기업이 모이는 자리였다. 행사는 밴쿠버의 고급 호텔에서 열렸고 세계 최대 광산 기업의 임원들이 참석했다. 이런 행사가 열린다는 것은 과거보다 원주민의 힘이 훨씬 세졌고 이들이 그 힘을 능숙하게 활용할 수 있다는 점을 보여준다. 캐나다 원주민은 1960년까지만 해도 투표권조차 행사하지 못했다.[63]

소비자도 그 어느 때보다 압력을 크게 가하고 있다. 공정무역 커피, 돌고래 보호 라벨이 붙은 참치, 친환경 의류 등 날마다 사용하고 소비하는 제품의 원산지에 대한 의식 수준은 나날이 높아지고 있으며 이러한 흐름은 광산업계로도 퍼지고 있다. 광산업계에 대한 관심은 뒤늦게 나타났는데, 아마도 대다수의 사람들이 휴대전화와 태양광 패널 제작에 참여하는 업계에 무관심했기 때문일 것이다. 앵글로아메리칸이나 글렌코어는 광산업계를 대표하는 기업이지만, 이들 기업의 이름을 아는 사람은 별로 없다. 왜 그럴까? 그들의 고객이 일반인이 아니라 다른 회사이기 때문이다. 하지만 그들의 고객사 중에는 테슬라나 애플처럼 누구나 알 만한 회사도 있다. 사회 정의 단체와 환경 단체는 이들 기업의 핵심 금속 공급망이 강제 노역이나 산림 황폐화 속에서 운영되지 않도록 압력을 가하고 있다.

이런 노력이 모두 모이면 커다란 힘이 된다. 2020년, 세계 최대 광산 기업 중 하나인 리오 틴토는 철광산을 건설하고자 오스트레일리아의 유서 깊은 원주민 유적지를 폭파했다. 이런 행태는 한 세기 전만 해도 업계의 일반적인 관행이었다. 하지만 2020년, 대중은 원주민 유적지 파괴 행위에 격노했고, 그 대가로 회사의 최고 경영자를 비롯한 여러 고위 임원이 옷을 벗었으며 회사는 원주민 단체에 배상금을 물어야 했다.[64]

"광산 기업은 변화의 바람을 인지하고 있습니다. 변화는 15년 전쯤 블러드 다이아몬드나 더티 골드에 대한 관심이 일면서 시작되었죠." 불랑제가 말했다. "이제는 산업 사회에서 날마다 사용하는 스마트폰이나 건물, 전자기기가 그런 관심을 받아요. 에너지 전환 때문이죠."

이제 대형 광산 기업과 제조업체는 모두 지속 가능성, 탄소 배출 제로, 원주민과 자연 존중과 같은 표현을 사용한다. 업계 사람들끼리 대화하는 행사에서도 프레젠테이션과 무역 박람회 배너를 통해서 지속 가능성, 기후 변화 대응, 지역 사회 지원이 필요하다고 강조한다. 세계 최대의 광산 기업 중 하나인 BHP의 대표는 2023년 밴쿠버에서 열린 업계 행사에서 이렇게 말했다. "우리는 요즘 광산업계가 아버지나 할아버지 시대와는 달라졌다는 점을 널리 알려야 합니다. 그리고 우리는 그렇게 해야만 합니다."[65]

물론 그중 일부는 그린 워싱green washing이라고 불리는 홍보 전략일지도 모르지만, 업계 내에는 변화의 가치를 믿는 사람들이 분명 존재한다. 요즘은 다른 것은 몰라도 환경과 지역 사회에 미치는 피해를 줄이고, "지역 사회에서 인정하는 운영방식"을 유지하는 쪽이 기업의 이익에도 부합한다. 그러면 적어도 거액의 소송은 피할 수 있기 때문이다. 차라리 사업 초기에 수처리 시설이나 대기질 감시 장치를 설치하는 쪽이 몇 년 후에 법원의 명령이나 대중의 압력에 못 이겨 모든 설비를 새로 설치하는 것보다 훨씬 더 쉽고 싸게 먹힌다. 대규모 산업 재해 이후 사고를 수습하는 상황에서도 마찬가지이다. 역사학자 재레드 다이아몬드의 책 『문명의 붕괴*Collapse*』에는 다음과 같은 구절이 나온다. "오염물질을 정화하는 작업은 오염물질을 예방하는 작업보다 훨씬 비용이 많이 든다. 병든 환자를 치료하는 쪽이, 간단하고 저렴한 공중보건 조치로 질병을 예방하는 쪽보다 비용이 훨씬 많이 들고 효과가 떨어지는 것처럼."[66]

이처럼 의식 수준이 높아지는 흐름은 진정한 진보이다. 그러나 여기에도 간과하지 말아야 할 진실이 하나 있다. 그것은 바로 **모든 일에는 대가가 따른다**는 점이다. 진부한 표현이지만 표현이 진부하다고 해서 말의 의미가 퇴색하는 것은 아니다. 기술이나 해결책, 사회 경제적 발전은 우리에게 혜택만 가져다주지는 않는다. 발전은 그것이 제아무리 긍정적이라고 해도 단점이 존재하기 마련이다. 승자가 있으면 패자도 있는 법이다. 재생 에너지로의 전환은 궁극적으로 대다수의 사람에게 혜택을 주겠지만 그 과정에서 **누군가는 값비싼 대가를 치러야 한다.**

대가를 줄이기 위해서 취하는 조치조차 또다른 대가를 부른다. 환경과 인권에 대한 관심이 높아지는 현상의 단점은 핵심 금속의 새로운 공급원을 찾는 속도가 느려진다는 것이다. 각종 규제와 공청회, 시위, 법적 문제가 생긴다는 말은 곧 새 광상을 발견해 광산을 개발하고 시장에 금속을 내놓기까지 수 년에서 수십 년이 더 걸린다는 뜻이다.[67] 1950년대 미국에서는 구리 광산을 새로 열기까지 3-4년밖에 걸리지 않았지만, 요즘은 평균적으로 16년이 걸린다.[68]

2022년, IEA는 보고서를 통해서 이렇게 경고했다.[69] "광산을 새로 개발하기까지 오랜 시간이 걸리면 청정 에너지용 광물 수요 증가에 맞춰 공급을 제대로 늘리기가 상당히 어려워질 수 있다. 세계가 파리 협정(2016년, 전 세계 거의 모든 국가가 지구의 온도 상승을 산업화 이전 대비 섭씨 1.5도 이내로 제한하기로 합의한 조약[70])이 제시한 목표를 달성하고자 한다면, 현재의 공급망과 투자 계획으로는 청정 에너지 기술 분야에서 발생하는 수요 증가를 제대로 충족시키지 못한다." 다시 말해서 기후 변화가 엄청난 재앙을 몰고 오지 않도록 지구 온난화를 신속히 막아야 하는데, 거기에 필요한 풍력 발전기, 태양광 패널, 전기차를 만들 금속이 충분하지 않을 수 있다는 말이다. 공급 부족은 가격 상승을 부르고 가격 상승은 판매 감소로 이어지기 마련이며, 이는 "에너지 전환의 지연 혹은 궤도 이탈을 불러올 수 있다"고 국제통화기금은 경고한다.[71]

오해하지 말기를 바란다. 지금 나는 광산 기업의 편의를 위해서 정부가 환경 규제를 완화해야 한다고 주장하는 것이 아니다. 에너지 전환 정책을 계속 추진하려면, 어느 정도의 희생을 감수해야 한다는 점을 지적하고자 할 따름이다. 모든 일에는 대가가 따른다.

나는 이 책을 쓰기 위해 자료를 조사하면서 채굴이 지구에 미치는 위협에 대해서 깊이 그리고 정당하게 우려하는 각계 인사들과 대화를 나누었다. 대화는 결국 돌고 돌아 "그래, 맞아요. 채굴은 피해를 낳아요"라는 이야기로 귀결되었다. 이곳에 있는 리튬 광산은 사막 생태계를 훼손할지도 모른다. 저곳에 있는 니켈 광산은 지역 주민의 삶을 망쳐놓을 수 있다. 그렇다면 대안은 무엇일까? 기후 변화라는 최악의 위기를 피하려면 재생 에너지 시스템 구축에 들어가는 각종 금속이 필요하다. 어떻게 하면 광산을 더 파지 않으면서 목표를 달성할 수 있을까?

그에 대한 대답은 언제나 "재활용!"이었다.

재활용이라는 말을 들으면 병, 캔, 이면지를 집어넣는 플라스틱 수거함이 떠오른다. 재활용품은 쓰레기와 함께 내놓으면 그다음 날 모조리 가져간다. 재활용에 뭐 그리 어려울 것이 있을까?

알고 보면 상당히 많다. 금속을 재활용하는 과정은 종이나 유리를 재활용하는 과정과 완전히 다르다. 토스트기, 스마트폰, 전선처럼 제작이 된 물건을 가져가서 다시 그 제품을 만든 원자재로 되돌리는 작업은 정말이지 골치 아프고 복잡하다. 여러 곳에서 여러 단계를 거쳐야 한다. 제품 제조에는 국제적인 공급망이 필요하다. 한 국가에서 원자재를 모아 다른 국가에서 가공하고는 다시 다른 국가에 있는 공장으로 보내서 새로운 제품을 만든 다음에 마지막으로 또다른 국가들로 판매를 하는 식이다. 공급망을 거쳐 제작된 제품을 재활용하려면 그에 못지않게 복잡한 **역공급망**이 필요하다.

재활용은 도움이 된다. 하지만 해결책으로는 몹시 불충분하다. 재활용으로 에너지를 절약하고 원자재 사용량을 줄일 수는 있지만, 그 역시 막대한 비용이 든다. 특히 개발도상국에서 이루어지는 금속 재활용 공정의 일부는 독성 부산물과 치명적인 오염이 발생하는 위험한 환경 속에서 몹시 가난한 사람들의 손을 거친다.

사람들은 주로 새 원자재를 사용하는 방식의 가장 좋은 대안으로 재활용을 꼽는다. 사실 재활용은 최악의 방법 중 하나이다. 재활용은 제품을 추가 활용하는 방안 중에서도 가장 까다롭고 에너지가 많이 든다. 유리병을 예로 들어보자. 유리병을 재활용하려면 먼저 병을 자잘한 조각으로 부숴서 녹인 다음에 완전히 새로운 병으로 만들어야 한다. 전체 공정에 시간과 비용, 에너지가 많이 들어간다.

그 방법 말고 유리병은 그냥 깨끗이 씻어서 재사용할 수도 있다.

재사용은 재활용보다 훨씬 더 유용한 대안이다. 낯선 방법도 아니다. 20세기 들어 상당 기간 동안 주유소, 유제품 가게 등은 제품을 유리병에 담아 판매하고는 나중에 유리병을 수거해 세척한 뒤에 내용물을 다시 채웠다. 1970년대 이래로 우리 주변에서는 "자원 절약, 재사용, 재활용"이 적힌 슬로건과 3개의 화살표가 꼬리를 물고 있는 유명한 로고를 어디에서나 쉽게 볼 수 있다. 요즘 들어 이 슬로건과 로고는 그 어느 때보다 의미가 있다.

오래된 스마트폰, 자동차 배터리, 태양광 패널을 금속 상태로 되돌리는 작업은 해당 제품을 다시 사용할 수 있는 수준으로 고치는 리퍼비시refurbish 작업보다 노동과 비용, 에너지가 훨씬 많이 소요된다. 이미 부유한 선진국에서는 리퍼브 제품이 선을 보이고 있다. 온 오프라인 상점에서 컴퓨터와 스마트폰은 물론이고 태양광 패널까지도 리버브 제품을 살 수 있다. 하지만 리퍼브 제품이 실제로 널리 퍼져 있는 곳은 개발도상국이다. 아프리카와 아시아에는 서방에서 폐기한 제품을 판매하는 시장이 조성되어 있는데, 그 규모가 엄청나다. 미국인이나 캐나다인이라면 구형 아이폰 8 모델에 더 이상 만족하지 못하겠지만, 그보다 풍족하지 않은 국가에서는 구형 모델에도 충분히 만족하는 사람이 많다.

서양인들은 여기에서 중요한 교훈을 얻어야 한다. 아마도 가장 중요한 교훈은 단순히 화석연료를 재생 에너지로 교체한다는 생각에서 벗어나는 일일 것이다. 우리는 에너지와 천연자원 간의 관계를 완전히 새롭게 재구성해야 한다. 이는 얼핏 보면 어려운 요구처럼 보인다. 하지만 여러 방면에서, 그리고 대개는 예상치 못한 곳에서 그런 일이 이미 일어나고 있다. 디지털 전환 과정에서 나타나는 부작용을 줄이기 위해서 소비자이자 유권자이자 인류의 구성원인 우리가 할 수 있는 일은 여러 가지가 있다. 특히 그중에서 한 가지는 커다란 차이를 가져올 수 있다.

전기-디지털 시대를 가능하게 해줄 핵심 금속은 공급처가 단일하지 않을 것이다. 다양한 곳에 위치한 여러 광산에서 채굴될 것이다. 전 세계 곳곳의 고철 처리장과 재활용 센터에서 수집될 것이다. 또 그중 일부는 완전히 새로운 방법과 기술을 이용해서 완전히 새로운 장소에서 추출될 것이다. 핵심 금속을 어디에서 어떻게 얻을지, 실제로 필요한 양은 얼마인지, 그리고 그 결과로 누가 번영하고 누가 고통을 받을지를 결정하는 일은 매우 중요하다. 모든 결정에는 대가가 따르기 마련이지만, 그중 몇몇은 대가를 더더욱 크게 지불해야 할 것이다.

다행스럽게도 이번에 맞이한 역사적 전환 과정은 이제 막 시작되었을 뿐이다. 지금부터 우리는 지난 전환 과정에서 일어난 최악의 실수를 되풀이하지 않고 새로운 전환 과정을 이끌어갈 방법을 찾아내야 한다.

제1부

미래를 위한 자원

내가 하는 행동은 전부 메탈이에요. 집 청소를 해도 메탈이죠.
—헤비메탈 밴드 "앤스랙스"의 기타리스트 스콧 이언

2

자원 초대강국

2010년 9월 어느 날 아침 9시 30분경,[1] 티셔츠를 벗은 채 담배를 피우며 (나중에 밝혀진 바에 따르면) 술에 취해 있던 잔치슝은 파도 너머로 일본 해상보안청 소속 순시선이 자신의 어선 쪽으로 다가오는 모습을 바라보고 있었다. 마른 체격에 데님 반바지와 슬리퍼를 걸친 마흔한 살의 잔치슝에게는 그리 놀라운 일이 아니었다. 그가 선장으로 있는 민진위 5179호는 영유권 다툼이 치열한 동중국해의 작은 무인도 일대를 거침없이 지나가고 있었다. 이 섬들은 일본이 실효지배하고 있지만, 중국이 영유권을 주장하고 있는 상태였다.

보통은 일본 당국이 침입 선박을 해당 지역 밖으로 호송한다. 하지만 그날 아침에 일어난 대치 국면은 일반적인 상황이 아니었다. 사건은 전 세계의 이목을 끌며 반향을 일으켰다.

일본은 청일전쟁 중이던 1895년에 이곳을 점령했고,[2] 중국은 오랜 세월 동안, 특히나 1960년대 후반 인근 해역에서 석유와 가스 매장지가 발견된 뒤로는 더더욱 섬을 되찾고 싶어했다. 중국 선박이 수년에 걸쳐 이 해역을 침범하면서 여러 차례 긴장이 고조되었다. 1978년에는 몇몇 선박에 기관총을 장착한 중국 어선 38척이 섬 근처에 정박하더니 중국의 영유권을 주장하는 구호를 외치고 선전물을 흔들었다.[3] 충돌이 격화되는 사태를 막고자 두 나라는 어떤 선박도 섬으로부터 12해리 이내로 접근하지 못하도록 막는 협정을 체결했다.[4] 하지만 그로부터 30여 년이 지난 뒤, 잔치슝과 선원들은 37미터짜리 파란색 저인망 어선을 타고 사뿐히 파도를 가르며 거리낌 없이 그물을 풀었다.

일본 순시선 요나구니 호가 가까이 다가왔다. 요나구니 호에 설치된 확성기에서 중국어로 외치는 소리가 들렸다. "당신은 일본 영해 안에 있습니다. 이 해역에서 나가십시오."

잔치슝은 아랑곳하지 않았다. 그는 자리를 뜨는 대신에 저인망 어선을 급격히 돌려 요나구니 호의 선미를 거의 직각으로 들이받았다. "우리 배와 충돌했다!" 일본 측 승조원이 외쳤다. 민진위 호는 그러고는 자리를 떴다. 곧 일본의 두 번째 순시선이 사이렌을 울리고 확성기로 퇴각 명령을 내리며 민진위 호 쪽으로 달려왔다. 잔치슝은 선원 몇 명과 갑판에 서서 담배를 입에 문 채 일본 순시선이 다가오는 모습을 지켜보았다. 일본 측이 가까이 다가오자 그는 다시 어선으로 순시선을 들이받았다.

분노한 일본 당국은 어선에 올라 잔치슝과 선원을 모두 체포했다. 이후 선원들은 모두 중국으로 돌아왔지만 잔치슝은 구금되어 재판을 받는 처지가 되었다. 이 소식이 중국에 전해지자 분노가 폭발했다. 제2차 세계대전 당시 일본이 잔인하게 침략했던 기억이 아직도 깊이 남아 있었기 때문이다. 성난 군중이 거리로 나와 시위를 벌였다.

중국 총리 원자바오는 직접 잔치슝의 석방을 촉구했다.[5] 일본은 꿈쩍하지 않았다. 그리고 9월 21일, 중국은 특단의 조치를 취했다. 일본으로 향하는 희토류 수출을 전면 금지한 것이다.

희토류는 전기-디지털 시대에 필요한 핵심 금속 중에서도 가장 중요한 자원 중 하나이다. 희토류는 네오디뮴이나 이트륨처럼 발음하기조차 쉽지 않은 17가지 원소를 통틀어서 부르는 말이다. 17가지 원소는 스마트폰, 풍력 발전기, 전기차, 군사 무기 시스템과 같은 첨단 제품에 꼭 필요한 자원이다. 2010년 당시 중국 광산은 전 세계 희토류의 95퍼센트를 공급했다.[6] 일본의 거대 전자업계로서는 대안이 없었다. 중국의 금수조치는 일본 경제뿐만 아니라 일본과 연결된 서방 세계 전체에 커다란 타격을 줄 수 있었다.

중국 측 고위 인사가 일본을 향해 금수조치를 시행하겠다고 대놓고 언급한 적은 없지만, 데이비드 에이브러햄이 『미래 권력의 조건The Elements of Power』에서 밝혔듯이, 중국의 "희토류 수출업체 32곳은 모두 같은 날에 수출을 중단했다."[7] 공포감이 시장을 엄습했다. 희토류는 가격이 2,000퍼센트나 치솟았다.[8] 가격이 급등하자 전 세계에서 재생 에너지 기업 59곳이 파산했고,[9] 업계 경영진은 불안에 떨었다.[10] 미국, 일본, 유럽연합은 세계무역기구에 중국을 제소했다. 하지만 이 사태는 누가 보더라도 단순한 무역 분쟁 이상의 의미가 있었다.

금수조치를 중국이 직접 지시했든 지시하지 않았든, 서방의 정재계 인사들은 중국이 언제든 금수조치를 **취할 수 있다**는 사실을 깨닫고 충격에 빠졌다. 중국은 세계 경제의 주요 길목을 꽉 움켜쥐고 있었는데, 사실상 그 길목은 수년 전에 미국이 넘겨준 것이었다. 이제 미국 지도자들은 그 선택이 자충수였음을 깨닫기 시작했다. 미국 하원 군사위원회는 이 문제를 두고 청문회를 열었다.[11] 당시 매사추세츠 주 하원의원이던 에드 마키는 이렇게 공표했다. "세계가 중국 희토류에 의존하는 현실과 중국이 이를 지렛대 삼아 국제 사회에서 영향력을 행사하려는 모습은 미국의 경제와 안보에 잠재적인 위협 요소로 작용하고 있다."[12]

희토류라는 총이 머리를 겨누자 일본은 굴복하고 말았다. 잔치슝은 전세기를 타고 고향 푸젠 성으로 돌아왔고, 그곳에서 영웅 대접을 받았다.[13] 중국은 희토류 수출을 재개했다.

서방 세계는 이제 상황이 예전과 달라졌다는 사실을 깨달았다. 금수조치 이후 미국, 일본, 유럽연합은 모두 중국의 통제권 밖에 있는 희토류 공급처를 찾아 개발하고자 공동의 노력을 기울이기 시작했다.[14] 이 사건은 전 세계적으로 격화되고 있던 핵심 금속 쟁탈전의 주요 사례 중 하나였다.

희토류는 사실 희귀하지도 않고 흙도 아니다. 희토류에 속하는 대다수 원소는 매장량이 꽤 풍부하지만 순수한 형태로 발견되는 경우가 거의 없다. 미트볼에 들어간 후추 알갱이처럼 다른 광물 속에 매우 낮은 농도로 흩어져 있다. 그러다 보니 추출하기가 어렵고 비용이 많이 든다. 희토류 금속은 대개 서로 뭉쳐져 있을 때가 많다. 17가지 희토류는 원자번호 순서대로 나열하면, 스칸듐, 이트륨, 란타넘, 세륨, 프라세오디뮴, 네오디뮴, 프로메튬, 사마륨, 유로퓸, 가돌리늄, 터븀, 디스프로슘, 홀뮴, 어븀, 툴륨, 이터븀, 루테튬이다. 희토류는 비타민이나 향신료, 효모, **LSD**(대표적인 환각제/역주)처럼 소량만 사용해도 효과가 크다. 각각은 특성이 고유하지만 대개는 전자기적으로 독특한 성질이 있어서 다른 물질에 합금을 해주면 성능이 향상된다. "희토류는 현대인이 사용하는 하드웨어와 소프트웨어를 더욱 가볍고, 빠르고, 강하고, 오래 사용할 수 있게 해준다. 국제 금융, 인터넷, 위성 감시 체계, 석유 운송 체계, 제트 엔진, 텔레비전, GPS 그리고 응급실은 희토류가 없으면 제대로 작동하지 않는다."[15] 줄리 미셸 클링거의 책 『희토류 국경 Rare Earth Frontiers』에 나오는 설명이다.

희토류稀土類라는 어울리지 않는 이름의 기원은 18세기 스웨덴 포병 장교이자 아마추어 화학자가 스톡홀름 인근의 이터비 마을에서 매우 특이한 암석을 발견했던 때로 거슬러 올라간다. 핀란드의 화학자 요한 가돌린은 이 암석을 분석하고는 새로운 유형의 "암석"이라고 공표했다. 시간이 흐르면서 과학자들은 이 암석에서 몇몇 원소들을 분리해냈다. 희토류에 속한 원소들의 이름이 어딘지 지어낸 듯한 느낌이 드는 이유는 정말로 지어냈기 때문이다. 이트륨은 암석을 발견한 마을로부터, 가돌리늄은 가돌린으로부터, 스칸듐은 스칸디나비아로부터 이름을 따와 명명했다. (화학자들의 입장도 이해해주자. 금이나 주석처럼 부르기 쉬운 이름은 이미 남들이 다 채갔다.)

새로 발견한 원소들은 그후로도 100여 년간 주기율표상에 덩그러니 놓여 있는 신세였다. 그러다가 1800년대 후반, 독일의 한 화학자가 세륨을 이용해서 가스 맨틀gas mantle, 그러니까 가열하면 빛이 나는 직물 주머니 제작법을 알아냈다.[16] 그 뒤로 가스 맨틀은 가로등용으로 수없이 많이 사용되었다.[17] 가스 맨틀은 저녁 산책을 즐기는 독일인에게는 좋은 도구였지만, 희토류를 채굴하는 먼 나라 사람들에게는 끔찍한 도구였다.[18] 광산에서 나온 산성수가 지역 상수도로 스며들었기 때문이다. "그 일은 인도, 브라질, 남아프리카공화국처럼 먼 곳에서 일어났기 때문에, 당시 서구권 소비자들은 이런 대가가 따르다는 사실을 몰랐다."[19] 팟캐스트 「디스틸레이션스」의 진행자 리사 베리 드라고의 설명이다.

20세기 후반 들어 미국은 한 광산 덕분에 이 신기한 금속의 세계 최대 생산국이 되었다. 1949년, 캘리포니아 동부 사막 관목지대에서 핵무기 개발용 우라늄을 찾던 탐사자들은 우연히 17종의 희토류 중 15종이 들어 있는 바스트네사이트Bastnäsite 광석의 대규모 매장지를 발견했다.[20] 이들은 자신이 찾아낸 방사능이 우라늄이 아니라 주로 희토류에서 발견되는 방사성 원소인 토륨에서 나왔다는 사실을 알고는 실망했다. 미국 기업 몰리브덴은 마운틴 패스라고 불리는 이 광산의 채굴권을 사들여, 유리 화면의 색상 해상도를 향상시키는 유로퓸을 수익성 높은 사업으로 빠르게 발전시켰다. 당시는 컬러텔레비전이 가장 인기 있는 최첨단 제품이었기 때문에 유로퓸을 찾는 수요가 급증했다. 과학자들은 바스트네사이트 광석에 들어 있는 네오디뮴과 프라세오디뮴 및 기타 희토류의 새로운 용도를 빠르게 찾아냈고, 그런 흐름은 특히 성장세를 보이던 가전업계에서 두드러졌다.

수십 년 동안 마운틴 패스 광산은 세계 최고의 희토류 공급처였다. 하지만 클링거의 설명에 따르면, 1990년대 들어 광산에서 나오는 폐수 배수 시설이 수십 차례 파열되면서 "납, 우라늄, 바륨, 토륨, 라듐이 든 독성 광물 찌꺼기가 토양과 주변 초목에 흩뿌려졌다"는 사실이 미국 환경보호국에 의해 밝혀졌다.[21] 최소 30만 갤런의 방사성 폐기물이 사막으로 유출되었다. 저류지에서 지하수로 스며든 양은 그보다 더 많았다.

막대한 벌금과 정화 비용에 맞닥뜨린 마운틴 패스 광산은 문을 닫았다. 구덩이와 대규모 시설 단지는 오래도록 모하비 사막에 내리쬐는 태양 아래에 마치 도마뱀처럼 덩그러니 놓여 있었다. 하지만 그 상태로 계속 남아 있을 운명은 아니었다.

마운틴 패스 광산이 문을 닫을 무렵, 제조업체들은 휴대용 엑스레이 장비에서부터 카메라 렌즈에 이르는 온갖 중요한 제품들에 희토류를 사용하고 있었다. 사용량은 계속해서 증가하기만 했다. 스마트폰에는 희토류가 가득하다.[22] 화면에는 유로퓸과 가돌리늄이, 회로에는 란타넘과 프라세오디뮴이, 스피커에는 터븀과 디스프로슘이 들어 있다. 레이저, 레이더, 야간 투시경, 미사일 유도 시스템, 제트 엔진, 장갑차 합금 등 미국을 비롯한 세계 각국의 군대가 사용하는 여러 군사 기술도 희토류에 의존하고 있다.[23]

그러나 우리가 희토류로 가장 많이 만드는 제품은 영구 자석이다.[24] 영구 자석은 움직임을 전기로 바꿔주고, 다시 전기를 움직임으로 바꿔주는 부품이다. 1980년대 들어 영구 자석을 개발하기 시작한 과학자들은 철이나 붕소와 같은 일반 금속에 네오디뮴이나 디스프로슘과 같은 희토류 금속을 조금만 첨가해도 자력이 매우 강해진다는 사실을 알아냈다. 이렇게 만들어낸 조그마한 자석은 전화가 오면 전화기를 진동시킨다.[25] 크기가 이보다 더 큰 자석은 전기차에 들어가 바퀴를 굴린다. 그리고 풍력 발전기에 들어가는 큼지막한 자석은 공기의 움직임을 전기로 바꿔준다. 풍력 발전기 1대에는 230킬로그램

에 달하는 희토류 금속이 들어가기도 한다.[26]

1990년대에는 이런 자석을 거의 모두 미국, 일본, 유럽에서 만들었다. 10년 뒤에는 중국이 대다수를 만들게 되었다. 변화는 우연히 일어나지 않았다. 1990년대 중반 두 중국 기업이 마그네퀸치라는 미국 기업을 인수했다. 마그네퀸치는 제너럴모터스의 자회사로 네오디뮴 자석의 핵심 특허를 보유하고 있었다. 미국 정부는 마그네퀸치가 최소 5년간 미국에서 사업을 유지하는 조건으로 기업 인수를 승인했다. "계약이 만료된 다음 날, 회사는 미국 사업을 중단하고 직원을 해고했으며 전체 사업을 중국으로 이전했다."[27] 소피아 칼란차코스가 쓴 『중국 그리고 희토류의 지정학 China and the Geopolitics of Rare Earths』에 나오는 내용이다.

자석 산업이 중국으로 넘어간 사건은 수많은 중공업 중심지가 서양에서 동양으로 넘어가는 대변화의 일부였다. 변화의 원인을 몇몇 꼽아보자면, 개발도상국은 산업 기반 구축에 진심이고 천연자원이 풍부한 데다 낮은 임금도 마다하지 않는 노동력이 서구권에 비해 훨씬 풍부하다는 점을 들 수 있다.[28] 그 대표 주자가 1970년대에 경제를 개방하기 시작한 중국이다. 하지만 또다른 이유를 꼽자면, 서방 국가들이 광산업 등의 산업계가 환경을 오염시키고 파괴하는 상황에 지친 나머지 업계가 환경 정화 활동을 하도록 압력을 가하기 시작했기 때문이다. 1984년, 「비즈니스 위크 BusinessWeek」지는 "미국 광산업의 종말"이라는 제목으로 한탄하는 기사를 실었다. "1970년대 들어 상황이 바뀌기 시작했다. 북아메리카 산업계는 막대한 환경 비용을 지출하게 되었다. 제3세계에서는 새로운 경쟁자가 등장했는데, 그중

상당수는 국영 기업인 데다 자원 매장량마저 풍부했다."²⁹

환경 정화 활동을 하라며 압력을 넣는 단체는 신생 환경 운동 단체만이 아니었다. 보수주의자들 역시 미국을 아름답게 보존해야 한다는 애국적 의무감을 느꼈다. 1970년에 환경보호국을 신설한 사람은 다름 아닌 리처드 닉슨 대통령이었다.³⁰ (기이하게도 닉슨 대통령의 동생인 에드워드는 나중에 서방 산업계가 중국산 희토류를 구매할 수 있도록 돕는 회사를 세웠다.³¹) 많은 국민들이 생산지를 해외로 옮기고 제품을 아웃소싱하는 것이 미국 입장에서 최선이라고 생각했다. 그렇게 하면 제품 생산 과정에서 발생하는 공해는 다른 나라에 떠넘기고 필요한 물건만 살 수 있었다. 기욤 피트롱이 쓴 『프로메테우스의 금속 La Guerre des métaux rares』에 따르면, "20세기의 마지막 20년 동안, 미래 에너지와 디지털 전환에 필요한 작업을 자연스레 중국이 담당하면서 중국은 친환경 기술 부품을 제작하는 지저분한 일을 맡았다. 그리고 서방 세계는 생태계를 위한 건전한 관행을 뽐내며 청결한 제품을 구매했다."³² 하지만 모든 일에는 대가가 따른다. 미국은 다른 나라에 오염물질을 떠넘겼지만, 이후 중요한 산업으로 떠오른 많은 분야에서 통제력을 상실했다.

중국은 희토류의 중요성을 일찍 깨달았다. 중국은 전 세계 희토류의 3분의 1을 보유하고 있다.³³ 베이징 북서쪽 내몽고 지역에 있는 바얀 오보 광산은 단일 매장량으로 세계 최대 규모이다. 1970년대에 중국 정부는 희토류를 "전략 광물"로 규정하고 희토류 산업에 크게 투자하기 시작했다. 중국 관리들은 야망을 숨기지 않았다. 장쩌민 중국 공산당 총서기는 "희토류를 개발하고 활용하여 자원의 우위를 경제의 우위로 바꿔가자!"라고 선언했다.[34] 1992년 덩샤오핑은 "중동에 석유가 있다면, 중국에는 희토류가 있다"고 언급했다.[35]

바얀 오보 광산의 광석은 200만 명이 거주하는 인근 도시 바오터우에서 가공된다. 오늘날 이 지역은 세계 최대의 희토류 생산 허브이다.[36] 그리고 필연적으로 지구상에서 오염이 가장 심한 지역 중 한 곳이기도 하다.

금속 생산 과정은 광석을 채굴하고 제련하고 부산물을 처리하는 각 단계를 거치는 동안 다양한 방식으로 환경을 오염시킨다. 땅 속에서 광석을 꺼내기 위해서 발파 작업을 할 때도 독성 성분이 바람을 타고 강, 농토, 사람의 폐 속으로 들어갈 수 있다. 모암에서 금속을 분리하기 위해서는 분쇄, 제련, 화학 처리 과정을 거쳐야 한다. 특히 희토류는 매장 농도가 매우 낮고, 종류가 무척 다양해서 분리 과정이 더더욱 어렵다. 희토류를 광석에서 추출해 종류별로 분리하려면, 고온에서 굽고 산성 물질에 담그는 것과 같은 단계를 여러 번 거쳐야 한다. 또 희토류는 우라늄이나 토륨 같은 방사성 물질과 섞인 채로 발견되는 경우가 많기 때문에 이를 분리하여 어떻게든 폐기 처리해야 한다. 이 과정에서도 독성 가스가 배출되고 처리수가 오염된다. 클링거의 책에 따르면, 바얀 오보 광산에서는 "희토류 정광精鑛 1톤을 생산할 때마다 방사성 폐수 약 1톤과 산성 폐수 75세제곱미터, 라돈, 불산, 이산화황, 황산이 포함된 폐가스 9,600-12,000세제곱미터, 플루오린 8.5킬로그램이 발생한다."[37]

이 같은 상황은 토양과 인체에 온갖 독성물질이 누적되는 결과로 이어질 수 있다. 광석을 채굴하고 정제하는 과정에서 부산물이 발생하자. 인근에 있는 황허 강은 오염이 되고 말았고, 바오터우 주민들 사이에서는 골격 기형과 암 환자가 발생했다.[38] 에런 페르자노프스키의 책 『수리할 권리<i>The Right to Repair</i>』에 따르면, "바오터우에서 20분 거리에 'BBC가 악몽 속 생지옥'이라고 표현한 독성 호수가 있다. 이곳은 인근 바오강 제철소와 희토류 광산에서 내보낸 검고 질척한 유독성 슬러지로 가득 차 있다. 유독성 슬러지는 지역 내 물길과 관개 수로로 스며들어 치명적인 결과를 낳았다. 바오터우는 희토류 산업의 중심지가 되기 수십 년 전만 해도 수박과 가지, 토마토 밭으로 둘러싸여 있었다. 하지만 지금, 토양 상태는 농사에 부적합하고, 가축은 죽어 나가고, 주민들은 백혈병과 췌장암과 싸우고 있다. 탈모와 치아 유실을 토로하는 사람들도 있다."[39]

미국 정책 당국자들에게 중국산 희토류는 지역 생태계를 넘어 국가 안보 차원의 위협이다. 중국이 전 세계 희토류의 대다수를 채굴하고 가공할 뿐만 아니라 풍력 발전기와 전기차를 움직이는 영구 자석용 희토류를 가장 많이 생산한다는 점을 잊지 말아야 한다.[40]

2018년에 발간된 미국 국방부 보고서는 희토류와 영구 자석을 특히 우려스러운 취약점으로 꼽으며, "국가 안보에 전략적으로 중요한 물질과 기술의 공급망 측면에서 중국은 미국에 점점 더 심각한 위험 요소가 되고 있다. 희토류 금수조치를 통해서 영향력을 행사해야 할 필요가 있을 때, 중국은 주저하지 않는다"라고 공표했다.[41] 경쟁 국가에 중요한 자원을 공급하지 않는 행위는 새로운 전략이 아니다. 1973년에 발발한 욤키푸르 전쟁 이후, OPEC 회원국은 이스라엘과 그 동맹국에 석유 금수조치를 취했다. 미국 역시 1930년대에 나치 독일로 향하는 헬륨 수출을 금지했고, 1979년에는 아프가니스탄을 침공한 소련에 밀 수출을 금지했다. 중국도 다르지 않다. 최근 중국은 미국이 타이완을 지원하자, 그에 대한 앙갚음으로 미국 방위업체에 대한 희토류 수출을 제한하겠다고 위협했다.[42] 2023년, 미국이 일부 중국 기업에 반도체를 팔지 못하도록 막자, 중국은 이에 대응해 태양광 패널과 전기차 부품에 사용되는 비희토류 금속인 갈륨과 저마늄 그리고 배터리 원료인 흑연 수출을 제한했다.[43] 2023년 말, 미국 에너지부 장관 제니퍼 그랜홈은 "광물과 자원이 중요한 현 시점에서 우리는 시장을 쥐락펴락하는 공급자가 자신의 지배력을 무기삼아 정치적 이득을 얻고자 하는 상황에 처해 있다"고 언급했다.[44]

따라서 미국, 서유럽, 그리고 이들의 동맹국이 뒤늦게나마 자신에게 더 우호적인 지역에서 희토류를 공급받고자 노력하는 현상은 놀라운 일이 아니다.

3

전 세계가 벌이는 보물 사냥

거대한 구덩이 밑바닥에서 엄청난 폭발음이 솟구쳐 올랐다. 나는 수백 미터 떨어진 곳에 서 있었는데도 발밑에서 진동을 느꼈다. 폭파 작업이 끝나자 단단한 암석 15만 톤이 바위 더미와 돌무더기로 산산조각이 났다. 파편이 섞인 뿌연 먼지구름이 사막 위로 부풀어올랐다. 그 광경은 캘리포니아 마운틴 패스 광산이 오랜 휴지기를 끝내고 다시 가동되는 상황을 생생하게 증언하는 듯했다.

"하루 종일 블룸버그 터미널(금융 시장 정보 플랫폼/역주)을 쳐다보는 것보다 훨씬 짜릿하네요." 마이클 로즌솔이 말했다. 2022년 1월 구름 한 점 없이 맑고 따스한 어느 날, 우리는 와이셔츠 차림으로 구덩이 끄트머리에 서 있었다.

큼지막한 콧수염 스티커로 장식한 안전모를 쓴 로즌솔은 40대 초반의 호리호리한 남성으로, 마운틴 패스 광산을 소유하고 운영하는 MP 머티리얼즈의 최고 운영 책임자이다. MP 머티리얼즈의 현장은 찾기 쉬운 곳에 있다. 15번 주간 고속도로를 타고 라스베이거스 남쪽으로 한 시간쯤 달리면 나지막한 관목 덤불에 조슈아나무가 듬성듬성한 사막이 펼쳐진다. 그러다가 갑자기 북쪽 산등성이에 거대한 산업시설과 건물이 줄지어 나타난다. 황토빛 사암 건물이 늘어선 자그마한 성채 마을 같은 그곳에는 파이프와 컨베이어벨트로 연결된 흰색 저장 탱크가 우뚝 솟아 있다. 그런데 자세히 들여다보면 시설 단지 근처에 있는 언덕은 사실 언덕이 아니라 광석 잔해와 검고 누르스름한 쇄석이 어마어마하게 쌓여 있는 더미이다. 이곳에는 총 10억 달러어치가 넘는 장비가 2,200에이커에 걸쳐 설치되어 있다.

로즌솔은 MP 머티리얼즈에 입사하기 전만 해도 광산업이나 중공업 분야에서 일해본 경험이 전무했다. 거대 광산의 책임자가 된 것은 사실상 우연에 가까웠다. 로즌솔은 자산 시장 전문가였다. 저평가 자산을 찾아 매입하고 판매하면서 살아가는 투자자였다. 그런 그의 눈에 마운틴 패스 광산이 들어온 때는 2017년이었다.

2008년, 몰리코프 미네랄이라는 회사가 폐광된 마운틴 패스 광산을 인수했다.[1] 새 주인은 시설 개선 및 개량 공사에 약 20억 달러를 쏟아부었지만, 광산을 수익성 있게 운영하는 방법을 찾기도 전에 파산하고 말았다. "금융계 사람이라면 몰리코프에 대해 잘 알 거예요. 인기가 엄청나게 뜨거웠다가 순식간에 식어버렸거든요." 로즌솔이 설명했다. "저는 여기에 뭔가가 있겠구나 싶었어요. 몰리코프가 돈을 엄청나게 집어넣었으니까요." 로즌솔은 희토류의 중요성뿐만 아니라 많은 사람들이 중국의 통제를 받지 않는 곳에 공급처를 마련하고 싶어한다는 사실도 알고 있었다. 마운틴 패스는 미국 내에 위치한 광산으로 한때 세계 최대의 희토류 광산이었으며 환경 허가 절차를 완료

한 상태였다. 로즌솔은 "꽤 가치가 있겠다"고 생각했다.

로즌솔과 그의 동료는 투자자를 모아 마운틴 광산 전체를 수억 달러에 인수했다. 몰리코프가 들인 비용에 비하면 상당히 헐값이었다. 이들은 광산을 빠르게 수익화할 계획이었다. 문제는 광산을 사려는 사람이 없다는 점이었다.

그럴 만한 이유가 있었다. 마운틴 패스 광산은 로즌솔의 표현에 따르면, "재정적으로 출혈이 심각했다." 몰리코프가 광산을 운영한 마지막 해에는 손실액이 약 1억 5,000만 달러에 달했다. 다들 손실액이 문제라고 생각했다. 캘리포니아 주는 환경 규제가 너무 까다롭다는 말도 돌았다. 게다가 언제든 중국 때문에 문을 닫는 처지가 될 수도 있었다. "대형 기업이나 금융사가 추가 정보를 얻기 위해 비밀 유지 계약을 맺는 사례조차 전혀 없었어요." 로즌솔이 말했다. "다들 가망이 없다고 확신한 거죠." 투자자들이 투자금을 회수할 수 있는 방법은 직접 경영권을 쥐고 회사를 살려내는 길뿐이었다. 그래서 이들은 몰리코프 소속으로 마운틴 패스에서 근무했던 인력을 포함해 여러 채굴 전문가를 고용하고는 광산을 다시 가동시켰다.

광산업 경험이 전무한 두 사업가가, 최근에 파산해서 아무도 거들떠보지 않는 광산을 운영하는 상황은 성공 방정식과는 거리가 멀어 보였다. 하지만 마운틴 패스가 거둔 성과는 놀라웠다. 새 주인이 운영한 첫 해에 광산은 희토류 약 1만 4,000톤을 생산했다. 2022년에는 그 숫자가 4만 2,000톤을 넘었는데, 이는 몰리코프가 한 해에 생산한 양의 3배가 넘는 수준이었다.[2] 마운틴 패스의 2022년 생산량은 전 세계 희토류 생산량의 약 15퍼센트에 달한다.[3] (매년 전 세계에서 추출되는 희토류의 양은 빠르게 증가하고 있기는 하지만, 다른 금속과 비교하면 여전히 미미한 수준이다. 2022년에 추출된 희토류는 30만 톤인데, 매년 수백만 톤씩 채굴되는 구리나 수십억 톤씩 채굴되는 철과 비교하면 극히 적은 양이다.) MP 머티리얼즈가 2022년에 거둬들인 수익은 약 5억 2,700만 달러였다.[4] 이제 MP 머티리얼즈는 서반구에서 희토류를 가장 많이 생산하는 회사가 되었다.

이러한 성과는 일정 부분 외부 요인 덕분이었다. 미국 정부는 국내에서 핵심 금속 산업을 육성하는 정책을 밀어붙였고, MP 머티리얼즈는 그 덕을 톡톡히 보았다. MP 머티리얼즈는 자사가 미국 기업이라는 점을 거리낌 없이 내세웠다. 2021년, MP 머티리얼즈는 공시자료를 통해서 "우리는 미국의 국가 안보, 산업, 노동자, 환경에 긍정적으로 기여할 것이다"라고 공표했다.[5] 미국 국방부는 마운틴 패스 광산의 확장 운영을 돕고자 수년에 걸쳐 4,500만 달러를 지원하겠다고 약속했다.[6]

마운틴 패스 광산의 구덩이는 대형 광산과 비교했을 때, 크기가 작다 뿐이지 제법 인상적인 곳이다. 구덩이의 깊이는 건물 40층 높이에 달하고 폭은 협곡만큼 넓으며, 구덩이의 바닥은 구덩이 측면을 따라 아래로 구불구불하게 이어지는 거친 도로를 따라 가면 나온다. 구덩이 가장자리에서 보면 밑바닥에 있는 대형 트럭과 트랙터는 자그마한 장난감처럼 보인다. 광산이 계속해서 계획대로 운영된다면, 구덩이는 앞으로 20년 동안 다이너마이트가 한 번에 한 다발씩 터질 때마다 더욱 크고 깊어질 것이다.

구덩이 바닥에서 폭발물을 터뜨리는 작업은 희토류와 대다수 핵심 금속을 생산하는 길고 복잡한 과정의 초기 단계 중 하나이다. 희토류는 모암에 몇 종류가 함께 들어 있을 때가 많다. 마운틴 패스 광산에서 나오는 바스트네사이트 광석에는 희토류 17종 중 스칸듐과 프로메튬을 제외한 15종이 들어 있지만, 모암에서 희토류가 차지하는 비율은 극히 낮으며 함유 농도도 원소마다 크게 차이가 난다. 마운틴 패스의 암석에는 보통 희토류가 7-8퍼센트 함유되어 있다. 업계 기준으로 보면 농도가 아주 높은 편이며, 이는 마운틴 패스의 앞날이 밝아 보이는 이유 중 하나이다. 하지만 귀중한 희토류를 모암에서 분리하려면 강력한 힘뿐 아니라 정교한 기술도 많이 필요하다.

땅 속에 있는 암석을 순수한 금속으로 바꾸는 과정은 대체로 폭파 작업에서부터 시작된다. 매년 미국 광산업계가 사용하는 폭발물의 양은 100만 톤이 넘는다.[7] 내가 참관한 발파 작업을 준비하기 위해서 엔지니어들은 구덩이 바닥에 드러난 암반을 살피며 갈라진 틈과 약해 보이는 지점을 파악했다. 그러고는 암반에 236개의 구멍을 10미터 깊이로 뚫고 질산암모늄을 채운 뒤 작업 지점 전부를 동시에 폭파시켰다. 먼지가 모두 걷히고 난 뒤에도 암반은⋯⋯거의 그대로였다. 그저 단단하고 평평하고 단일한 덩어리가 바위와 돌덩어리로 쪼개져 기묘한 모양의 집짓기 블록처럼 쌓여 있을 뿐이었다.

암반에 낸 구멍은 암반을 깰 때 돌덩어리가 온 사방으로 날아가지 않도록 세심하게 계획한 결과물이었다. 이렇게 작업하면 구덩이에서 광석을 끌어올리기가 한결 쉽다. "이 작업의 목표는 암석을 수평 방향으로 이동하는 수고를 최소화하는 거예요. 그저 충격을 가해서 조각을 내는 거죠." 로즌솔이 설명했다. "기본적으로 모두 제자리를 지키되 사이사이에 틈이 생기는 거죠."

그다음에 중장비가 조각난 암석을 100톤 트럭에 실으면, 트럭은 암석을 구덩이 밖에 있는 파쇄기로 싣고 간다.[8] 파쇄기에 들어간 암석은 골무에 들어갈 정도로 자잘한 자갈로 산산조각이 난다. 산산조각 난 자갈은 먼지 낀 컨베이어벨트를 타고 약 10미터 정도 높이로 올라가 거대한 돌더미 위로 내던져진다.

자갈은 다시 트럭에 실려 파이프, 덕트, 통로, 저장 탱크로 가득한 대형 건물로 옮겨진다. 건물 안에서는 모터와 컨베이어벨트가 빚어내는 불협화음과 핵심 장비인 회전식 분쇄기가 울려대는 금속성 소음이 울려 퍼진다. 회전식 분쇄기는 트레일러만큼이나 기다란 금속 실린더 속에 5센티미터짜리 강철 공 수백 개를 채운 기계이다. 자갈을 이 분쇄기 안에서 물과 섞인 상태로 빙글빙글 돌리면 강철 공이 자갈을 강타하며 가루로 만들어 슬러리(고체와 액체가 섞인 유동성 혼합물/역주)가 형성된다.

다음 단계는 희토류를 함유한 바스트네사이트 광석 알갱이를 상업적 가치가 없는 광물 알갱이로부터 분리하고 농축하는 것이다. 이를 위해서 슬러리는 일련의 탱크를 통과하며 화학 처리 과정을 거치는데, 그러면 바스트네사이트가 물을 싫어하는 성질인 소수성疏水性을 띤다. 이 혼합물 사이에 공기를 주입하면, 물과 멀어지고 싶어 안달하는 바스트네사이트 입자가 공기에 들러붙은 채 탱크 상단으로 올라가 질척한 거품 층 속으로 떠오른다. 이후 질척한 거품 층을 무거운 압축기로 눌러 물기를 짜낸다. 이렇게 분리 과정의 첫 단계를 거치고 나면 순도가 약 80-90퍼센트인 바스트네사이트 가루가 남는다. 엄청난 양의 폐수와 더불어서 말이다.

전 세계 광산에서 채굴한 암석은 대체로 이와 비슷한 처리 과정을 거친다. 이때 발생하는 폐수는 골칫거리이다. 보통 광산 기업은 광미호tailings pond라고 부르는 인공 호수에 폐수를 버리는데, 이 호수는 암석 처리 과정에서 발생하는 파쇄석과 화학 잔류물로 가득하다. 모든 일이 순조롭게 진행된다면, 시간이 흐르면서 고체 물질은 바닥에 가라앉고 물은 증발하거나 재활용된다. 이런 인공 호수는 독성물질이 다른 곳으로 흘러들지 못하도록 안전하게 차단해야 하지만, 오염수가 연못 밖으로 누출되어 지하수로 스며들 우려는 항상 존재한다. 예전에 마운틴 패스 광산이 문을 닫아야 했던 이유가 바로 독성 폐수 누출이었다.

게다가 인공 호수를 막고 있는 댐이 터져서 진흙 더미가 쏟아지는 참사가 발생할 우려도 있다. 1972년 웨스트버지니아 주에서는 미국 역사상 최악의 광산댐 사고로 125명이 목숨을 잃었다.[9] 2019년에는 브라질에서 광산댐이 무너지며 독성 슬러지가 마구 쏟아져서 약 320킬로미터에 이르는 강이 오염되고 270명이 목숨을 잃었다.[10]

그러나 새로 문을 연 마운틴 패스 광산은 전 세계에서 광미호가 없는 몇 안 되는 광산 중 하나이다. 여기에서 나오는 슬러리는 대형 필터를 거치면서 찌꺼기와 물로 분리된다. 분리한 찌꺼기는 바닥 처리가 된 구덩이에 버리며, 이 구덩이는 추후 밀봉해서 매립한다. 물은 공장에서 재활용되어 시설 운영에 필요한 수량의 대부분을 충족시킨다. (부족한 물은 인근 사막에 위치한 회사 우물에서 조달한다.)

암석 처리 과정은 이후로도 길게 이어진다. 분리 과정의 첫 단계를 거쳐 생산된 바스트네사이트 가루에는 아직도 온갖 희토류 원소들이 뒤섞여 있다. 각 원소를 분리해내려면 여러 단계를 더 거쳐야 한다. 하지만 내가 현장을 방문했을 때는 MP 머티리얼즈가 그 단계를 수행할 수 없는 상태였다. 대신 MP 머티리얼즈는 바스트네사이트를 대형 자루에 담아 중국 회사에 팔았다. 성허자원이라는 이 회사가 소유한 MP 머티리얼즈의 지분은 8퍼센트가 채 되지 않는다. "수출을 할 수밖에 없어요." 로즌솔이 말했다. "중국 이외의 지역에는 우리가 생산해야 하는 양을 처리할 만한 시설이 없거든요."

MP 머티리얼즈는 마운틴 패스 현장에 추가로 정제 시설을 짓고 있으며, 앞으로 텍사스 주에 희토류를 분리하고 정제하는 공장을 건설하겠다는 목표를 세워둔 상태이다. 이 회사의 최종 목표는 채굴에서 제조에 이르는 전 단계에서 중국과 경쟁할 수 있도록 미국에 희토류-자석 공급망을 구축하는 것이다. 제너럴모터스는 MP 머티리얼즈가 합금과 자석을 생산하기 시작하면 해당 제품을 구매하겠다고 약속했다. 현재 비중국계 기업 중에서 정제 희토류를 가장 많이 생산하는 오스트레일리아 기업인 라이너스 레어어스 역시 미국 국방부로부터 1억5,000만 달러를 지원받아 텍사스 주에 공장을 짓는 중이다.[11] 그렇지만 두 시설이 계획대로 10년 안에 가동된다고 해도 여기에서 공급하는 양은 전 세계 수요량의 일부분에 불과할 것이다.

이밖에도 여러 기업들이 상업성이 있는 새 매장지를 찾아 전 세계를 샅샅이 뒤지고 있다. 그러나 위성 이미지와 지표 투과 레이더를 활용하는 이 시대에도 대규모 핵심 금속 매장지를 찾아내는 일은 몹시 어렵다. 쉽게 찾아낸 매장지는 전 세계 어디에서나 대개 개발이 되어 있다. 남아 있는 매장지는 대체로 외딴 지역이나 땅 속 깊은 곳에 있다. 광부들의 말에 따르면 탐사시추공 100개를 뚫었을 때 무엇인가가 나오는 것은 1개에 불과하다.

탐사 작업은 얼핏 기술업계와 비슷한 구조로 진행된다. 가장 위험하고 발품이 많이 드는 실제 탐사 작업은 대체로 "주니어"라고 부르는 작은 스타트업이 담당한다. 이런 회사는 감이 좋은 직원 몇 명과 외딴 곳의 땅만 있으면 된다. 주니어는 기술업계의 스타트업과 마찬가지로 아직 검증되지 않은 새로운 아이디어를 발전시키는 위험을 떠맡는다. 그중 대다수는 실패하고 사라지지만, 몇몇은 꽤 괜찮은 성과를 내고 더 큰 기업에 인수되기도 한다.

"스타트업은 누군가로부터 몇백만 달러 정도를 투자받아요. 이들에게는 자산이라고 할 게 없고, 주가는 2센트쯤 하죠. 그러다가 대규모 매장지를 찾아내면, 다들 벼락부자가 되는 거예요. 그렇지만 대개는 돈을 모조리 소진하고 아무것도 찾지 못해요. 아니면 뭔가 찾기는 찾지만 양이 얼마 안 된다든가요. 시장이 변해서 찾는 사람이 더 이상 없을 때도 있고요. 그래서 큰 기업들은 주니어가 뭔가를 찾아내기를 기다렸다가 그 회사를 인수하죠." 업계 전문가의 설명이다.

스티브 미노트의 사례를 예로 들어보자. 머리에 젤을 단정하게 바르고 회색 정장에 분홍색 셔츠를 입은 이 청년을 나는 캐나다 밴쿠버의 소형 광산업체들이 공동으로 사용하는 사무실에서 만났다. 프로 하키 선수를 꿈꿨던 그는 열여덟 살에 허리를 크게 다치는 바람에 그 꿈을 접어야 했다. 잠시 방황하던 그에게 스케이트를 타는 한 친구가 니켈 광산에 투자를 유치하는 영업직 자리를 소개해주었다. "전혀 모르는 분야였지만, 성격상 사람들과 얘기를 나누는 건 좋아했어요. 그 후로 15년이 지난 지금까지도 여기서 일하고 있지요." 미노트가 말했다. 2022년 6월 내가 미노트를 처음 만났을 때, 그는 이글 베이 리소스의 대표였다. 이글 베이 리소스는 주니어 회사로, 브리티시컬럼비아 주에 땅을 확보해놓은 상태였고, 미노트는 그 땅에 수익성이 좋은 희토류 매장지가 있다고 확신했다. 하지만 그 확신을 증명하기가 쉽지 않았다. 탐사지는 외딴 산악지대에 있었다. "가파르고 바위투성이인 데다가 곳곳에 곰이 돌아다니는 곳이에요." 그가 말했다. 미노트는 100만 달러를 투자받아 투자금 대부분을 토지 매입과 지리학자를 파견해 토양과 암석 샘플을 채취하는 데에 썼다. 다음 단계는 탐사 시추였는데, 그러자면 투자를 더 받아야 했다. 그 당시 미노트의 주요 임무는 자금 조달이었다. "자금을 마련하려고 여기저기에 전화를 돌리고 발품을 팔며 백방으로 뛰어다녔죠."

몇몇 스타트업은 인공지능을 도입해 탐사 과정을 더 싸고 빠르게, 효율적으로 진행하고자 애쓰고 있다. 캘리포니아에 본사를 둔 코볼드 메탈은 지질 보고서, 토양 샘플, 위성사진, 학술 논문, 100년 전에 수기로 작성한 현장 보고서 등 지구 지각과 관련해서 찾을 수 있는 약 3,000만 페이지 분량의 온갖 정보를 통합해 방대한 데이터베이스를 구축했다. 이 모든 정보가 인공지능 알고리즘을 거치면 과거에 금속이 발견된 장소의 지질 및 기타 특성이 패턴으로 나타난다. 그런 다음 아직 탐사가 되지 않은 장소에서 비슷한 패턴을 찾아내기 위해서 이 알고리즘을 전체 데이터베이스에 적용시키면 찾고자 하는 금속이 매장되어 있을 만한 장소가 지도로 주르륵 나타난다.

코볼드 메탈은 탐사팀을 잠비아, 그린란드, 캐나다로 파견했다. "우리 회사는 전 세계적으로 핵심 금속의 공급량을 확대하고 다각화하는 길을 찾는 중이지만, 접근법이 다른 회사와는 완전히 달라요." 코볼드 메탈의 공동 설립자 커트 하우스가 말했다. "우리는 직원의 3분의 2가 탐사 업무를 맡아본 적이 없는 소프트웨어 엔지니어나 데이터 과학자예요. 나머지 3분의 1은 탐사 업무에 잔뼈가 굵은 사람들이고요."

인공지능을 활용하는 대다수의 탐사 회사가 광산업체에 탐사 서비스를 제공하는 수준에 머무는 반면, 코볼드 메탈은 실제 채굴 작업에 직접 참여하는 것을 목표로 삼는다. 현재 코볼드 메탈은 전 세계 수천 제곱킬로미터에 이르는 땅에 대한 탐사권을 확보했으며, BHP나 리오 틴토와 같은 세계 최대 광산업체와 계약을 체결했다.

인공지능의 도움을 받는다고 해도 광물의 매장 가능성에 큰돈을 투자하는 행위는 매우 위험하다. 금속은 지질의 조건이나 내력이 기존 매장지와는 무척이나 다른 곳에서 발견될 때가 많기 때문이다. "안면 인식 알고리즘을 훈련시킬 때는 눈과 코 밑에 입이 있다고 가정하면 되죠." 인공지능을 활용하는 광산 탐사 스타트업 미네르바의 샘 캔터가 말했다. "하지만 곤충의 얼굴을 대상으로 훈련을 시키려고 하면 눈이 두 개 이상이거나 코가 아예 없을 때도 있어요. 알래스카 주에서 얻은 자료로 훈련시킨 알고리즘을 네바다 주에 적용하면 오류가 많이 발생할 수 있는 거죠." 코볼드 메탈은 숱한 화제를 불러일으키며, 앤드리슨 호로위츠와 같은 벤처 투자회사와 빌 게이츠가 설립한 브레이크스루 에너지 벤처로부터 투자를 유치받았다. 하지만 설립된 지 5년이 지난 지금까지도 회사는 탐사-시추 단계를 벗어나지 못하고 있다.

최근 새 희토류 광산이 캐나다[12]와 오스트레일리아[13]에서 문을 열었다. 특히 오스트레일리아는 라이너스 레어어스가 세계 최대의 희토류 매장지 중 한 곳을 관리하는 나라이다. 하지만 다른 나라에서는 지역 주민들이 광산 개발에 뒤따르기 마련인 환경 피해를 우려하는 탓에 희토류 광산이 개발되지 않고 있다. 그린란드는 희토류 매장량이 어마어마하지만, 2021년 성난 지역 주민과 국회의원들이 대규모 광산 개발계획을 무산시켰다.[14] 스웨덴에서도 그레타 툰베리를 비롯한 시위대가 매장 가능성이 높은 광산의 개발을 중단시켰다.[15] 라이너스 레어어스가 말레이시아에서 운영하는 희토류 가공 공장은 규제 당국의 압력 때문에 수년 내로 문을 닫아야 할지도 모른다.[16]

이제는 중국마저도 희토류 채굴로 인한 폐해로 점점 골치가 아픈 상황이다. 중국은 오염이 덜 발생하고 부가가치가 높은 정제 및 가공 공정에서는 여전히 지배력을 유지하고 있지만, 자국 영토에서 광석을 채굴하는 지저분한 사업에서는 점점 발을 빼고 있다. 2016년부터 중국 정부는 불법 채굴업체를 단속하고 대형 희토류 업체를 합병하면서 환경을 심각하게 오염시키는 여러 광산을 폐쇄하기 시작했다. 하지만 중국 내 희토류 정제소 입장에서는 정제 처리를 해서 시장에 내다 팔 원재료가 여전히 필요하다. 중국은 미국이 20세기에 선보인 모습을 따라했다. 요즘 중국은 환경을 파괴하고 오염물질을 발생시키는 대다수 작업을 이웃 나라 미얀마에 위탁한다.[17]

미얀마에는 특히 "무거운" 희토류라고 부르는 중희토류가 풍부한

데, 여기에 들어 있는 디스프로슘과 터븀은 영구 자석을 만들 때 꼭 필요하다. 광산업을 감시하는 영국의 비영리단체인 글로벌 위트니스에 따르면, 2014년에 미얀마가 중국에 수출한 희토류는 150만 달러에 불과했다.[18] 이 수출액 수치는 2021년이 되면 7억8,000만 달러로 급상승했고, 이후로도 계속해서 증가하고 있다.[19] 그러면서 미얀마는 세계 최대 희토류 생산 국가 중 하나가 되었다. 현재 미얀마는 중국에서 사용하는 중희토류의 절반가량을 공급하고 있다.[20]

미얀마산 희토류는 쓰라린 대가를 치르며 채굴된다. 이것은 주로 미얀마의 잔혹한 군사 정권과 결탁한 무장 민병대가 통제하는 외딴 산악지대에서 채굴이 이루어진다. 민병대는 자신이 차지한 토지에 대한 법적 권한이 없는 경우가 많으며,[21] 이곳에서도 원주민인 카친족의 토지를 점령하고 있을 뿐이다. 한 원주민은 글로벌 위트니스에 "조상에게 물려받은 땅을 포기하고 싶은 사람은 아무도 없지만, 그들의 심기를 거슬렀다가는 목숨을 잃을지도 몰라요"라고 토로했다. 2021년, 글로벌 위트니스의 활동가 클레어 해먼드는 「미얀마 나우*Myanmar Now*」와의 인터뷰에서 "미얀마산 희토류는 명백히 분쟁 광물로 취급되어야 합니다. 미얀마산 희토류는 무력 분쟁 상황에서 채굴하고 무장 단체가 판매합니다"라고 주장했다.[22]

희토류를 채굴하는 과정은 끔찍하다. 광부들은 산비탈에 구멍을 뚫고 흙을 곤죽으로 만드는 황산암모늄을 주입한다. 이후 토양과 화학 물질이 섞인 혼합물이 산 속으로 스며들다가 혼합물을 모으는 웅덩이로 흘러 들어가는데, 이곳에서 광물이 침출된다. 글로벌 위트니스는 2022년에 이 지역 상공을 지나는 인공위성을 통해서 화학 물질이 가득한 푸른색 웅덩이를 2,700개 넘게 발견했다.

글로벌 위트니스와 AP통신, 지역 언론 등에 따르면, 미얀마에서는 희토류 산업 때문에 산사태가 일어났고, 토양과 강에 독성물질이 퍼졌으며 물빛이 붉게 변하기도 했다. 멸종 위기에 처한 호랑이, 천산갑, 레서판다와 같은 동물들은 해당 지역에서 자취를 감추고 있다. 한 광부는 「프론티어 미얀마 Frontier Myanmar」와의 인터뷰에서 "우리가 작업하던 산 속에는 작은 새 한 마리 남지 않았어요"라고 말했다.[23]

이렇게 생산한 희토류는 모두 중국으로 수출되어 중국에서 정제된 다음에 전 세계 시장으로 팔려 나간다. 그 말은 우리가 사용하는 전기차나 스마트폰 속에 들어 있는 금속이 미얀마에서 일어난 수질 오염, 동물 폐사, 인명 위협을 대가로 채굴되었을 가능성이 높다는 뜻이다. 모든 일에는 대가가 따른다. 하지만 대가를 치러야 하는 사람은 따로 있다.

게다가 에너지 전환을 가능하게 해주는 금속을 총부리 앞에서 채굴하는 나라는 미얀마뿐만이 아니다.

4

살인을 부르는 구리

모카디 모코에나는 온종일 마음이 불안했다. 경비 일을 하러 남아프리카공화국 요하네스버그 외곽에 있는 집을 나섰을 때, 그는 시계와 담배를 깜빡 잊고 나온 탓에 두 번이나 집으로 돌아와야 했다. 그에게는 마음이 편치 않을 만한 이유가 있었다. 상사가 모코에나를 변전소 경비팀에 배치했는데, 이틀 전 그곳에 총을 든 강도들이 나타나 경비 네 명의 옷을 벗기고는 파이프로 구타했기 때문이다. 그리고 2021년 5월 어느 날, 모코에나와 그의 동료는 바로 그 변전소에 있었다.[1] 두 사람은 트럭 차창 너머로 무장 강도떼가 다가오는 모습을 긴장된 눈으로 지켜보고 있었.

모코에나는 휴대전화를 꺼내서 자신의 아내이자 한 살배기 딸의 엄마인 이투멜렝에게 전화했다. 그는 아내에게 강도떼가 다가오고 있다고 알렸다. "무서워." 그가 말했다. 그에게는 총이 없었다. "지난번에 동료들을 공격했던 놈들 같아."

"상사에게 전화해요!" 아내가 말했다.

잠시 후, 강도들은 자동소총을 발사했다. 모코에나의 동료는 트럭에서 뛰어 내렸지만 총에 맞아 숨지고 말았다. 근처에 있던 다른 경비는 재빨리 몸을 숨긴 채 강도들에게 대응 사격을 하고는 지원을 요청하러 달려갔다. 그가 상사와 함께 돌아왔을 때 모코에나와 그의 동료는 이미 숨을 거둔 상태였다.

"이런 위급한 순간을 날마다 겪어요."[2] 훗날 살아남은 경비가 현지 기자에게 말했다. "일터로 향할 때마다 다시 집으로 돌아올 수 있을지 장담할 수 없어요. 정말 무서워 죽겠지만, 먹고살아야 하잖아요."

대다수 국가에서 전력 회사는 상당히 따분한 사업이다. 하지만 남아프리카공화국에서는 중무장한 강도떼가 전력 회사를 표적으로 삼고는 국가의 에너지 인프라를 훼손하고 수많은 인명을 앗아가고 있다. 사실상 날마다 전국의 가정은 어둠에 잠기고, 기차는 운행이 중단되고, 상수도는 공급이 끊기고, 병원은 문을 닫는데, 이 모든 것이 전력 부족 때문이다. 전쟁 상황에서나 볼 법한 혼란이 벌어지고 있는 것이다. 이처럼 혼란을 조장하는 강도들의 목표는 땅을 점령하는 것이 아니다. 이들에게는 시민들의 일상을 방해하려는 목적도 없다. 이들은 그저 구리를 원할 뿐이다.

에너지 전환을 주장하는 사람들은 "모든 것을 전동화하라"고 외친다. 그 말은 자동차, 난방기기, 공장, 각종 기계를 화석연료가 아니라 전기로 작동시키자는 뜻이다. 옳은 생각이기는 하지만 여기에는 우리가 흔히 간과하고 마는 중요한 문제가 뒤따른다. 재생 가능한 전력원을 구축하는 동시에, 사실상 전 세계 각국의 전력망을 대대적으로 개선해야 하기 때문이다. 새로 마련한 전력원을 새로 설치한 전기차 충전소에 연결하려면 전체 전력 인프라를 강화하고 확충해야 한다. 미국만 따져도 전력 수요량을 충족시키려면 전력망이 세 배는 늘어나야 한다.[3]

전력망은 주로 상당한 길이의 구리 전선으로 이루어진다. 구리는 뉴멕시코 주에 설치된 풍력 발전기에서 로스앤젤레스에 있는 우리 집 주차장으로 전기를 실어다주는 금속이다. 말 그대로 전기를 전달해주는 매개체인 것이다. 이 무대에서 구리를 능가하는 적수는 없다. 구리는 연성이 뛰어나서 끊김 없이 길게 늘려 전선 안에 집어넣기가 좋다. 더구나 구리는 전선에 사용하기에 너무 비싼 은을 제외하면, 그 어떤 금속보다 전기 전도성이 좋다. 골드만삭스가 "구리 없이는 탈탄소도 없다"며 구리를 "새로운 석유"로 추켜세울 만하다.[4]

구리는 에너지 전환에 필요한 여러 금속들 중에서 우리에게 가장 많이 필요한 금속이다. 이 붉은 금속은 전력망의 동맥을 구성할 뿐만 아니라 재생 에너지 기술의 핵심 재료이다. 구리는 태양광 패널에서 각각의 셀을 연결하고, 풍력 발전기에서 발전기 재료로 사용되며, 전기차용 배터리와 모터, 전선을 구성하는 주재료이기도 하다[5](일반적으로 전기차 1대에는 구리 약 80킬로그램이 들어간다[6]). 태양이 구름에 가려지거나 바람이 불지 않을 때, 전기를 저장하고 공급하는 대형 축전지에도 구리가 들어간다. 매년 생산되는 구리의 약 60퍼센트가 전기 관련 장비에 사용된다.

그러니 구리를 찾는 수요가 급증하는 현상은 놀랄 만한 일이 아니다. 시장 분석 기관인 S&P 글로벌이 최근 보고서를 통해서 예측한 바에 따르면, 2035년 전 세계의 구리 수요는 연간 2,500만 톤에서

5,000만 톤으로 두 배 이상 증가할 것이며, 증가 추세는 그후로도 지속될 전망이다.[7] 2050년에는 전 세계의 연간 수요가 지구상에서 1900년부터 2021년까지 사용한 양보다 더 많아질 것이다.[8] 앞에서 언급한 보고서에 따르면, "세계가 이렇게 짧은 기간 동안에 이렇게 많은 구리를 생산한 적은 없었다." 세계는 치솟는 수요를 감당하지 못할 수도 있다. 분석가들은 수년 내로 공급량 수백만 톤이 부족해지는 사태가 닥칠 것으로 본다.[9] S&P 글로벌은 "적당한 시기에 신규 공급이 대량으로 이루어지지 않는다면, 2050년까지 '넷제로Net Zero, 탄소 중립'를 달성하겠다는 목표는 달성할 수 없을 것이다"라고 경고한다.[10]

에너지 전환이 속도를 내며 전력 수요가 늘어나자 구리의 가치가 치솟고 있다. 2019년 3월부터 2022년 3월 사이에 구리의 가격은 톤당 6,400달러에서 1만 달러 이상으로 올랐다. 이 때문에 전선, 장비, 심지어 광산에서 갓 캐낸 금속마저 강도들의 표적이 되고 있다. 전 세계적으로 구리를 찾는 수요가 증가하자, 암시장도 덩달아 커지고 있다. 최근 몇 년간 미국, 캐나다를 비롯한 전 세계에서 수억 달러 상당의 구리가 도난당했고, 그 과정에서 수많은 사람이 목숨을 잃었다.

금을 제외하고, 구리만큼 살상과 파괴 행위의 원인이 된 금속도 없다. 전 세계의 구리는 대개 합법적인 회사가 생산해서 판매하지만 합법적인 구리 산업조차 엄청난 폐해를 남겼다. 미국, 남아메리카, 중앙 아프리카의 구리 광산은 독성 폐기물이 들어찬 거대한 구덩이를 남겼고 토양과 수로를 숱하게 오염시켰다.[11] 2014년, 브리티시컬럼비아 주에서는 구리 광석 찌꺼기가 시냇가로 대규모 유출되는 바람에 물고기와 나무가 모조리 죽었다. 같은 해 멕시코에서는 산성을 띠는 황산구리가 유출되어 2만 명의 식수원이 오염되었다.[12] 이보다 앞서 필리핀에서는 유출 사고가 일어나면서 마을이 잠기고 산호초가 질식했으며 어장이 초토화되었다. 2019년, 잠비아의 한 광산에서는 가스 누출 사고가 일어나 200명이 넘는 학생들이 병원 신세를 져야 했다. 사고 사례는 이뿐만이 아니다.

재난이 일어날 위험은 계속 증가하고 있다. 접근성이 좋고 매장량이 풍부한 구리 광산은 전 세계적으로 이미 개발이 되었기 때문이다. "낮은 곳에 달린 과일은 이미 다 따버렸어요." 채굴 전문가로 일했던 스콧 던바가 말했다. 대다수 주요 광산에 남아 있는 광석의 질은, 다시 말해서 암석에 들어 있는 금속의 함유율은 빠르게 낮아지고 있다. 세계에서 구리를 가장 많이 생산하는 칠레에서는 구리의 평균 함유율이 지난 15년 동안 1퍼센트 아래로 떨어졌다. 100년 전만 해도 구리의 함유율은 대개 5퍼센트가 넘었다. 그 말은 같은 양의 구리를 얻기 위해서 땅을 더 많이 파고 폐기물을 더 많이 배출해야 한다는 뜻이다. 또한 굴착 중장비를 더 많이 동원해서 더 오래 작업해야 하기 때문에 비용과 탄소 배출량이 더 늘어난다는 뜻이기도 하다.

광산은 어느 곳이나 환경을 오염시키기 마련이지만, 구리 광산에서는 유독 환경오염이 폭력 사태로 번지는 경우가 많다. 페루에서는 구리 광산을 둘러싼 충돌 때문에 경찰이 시위대에 총을 발포했다.[13] 파키스탄에서는 구리를 둘러싼 분쟁 때문에 무장 분리주의 운동이 일어나고 있다.[14] 동남아시아에서는 구리 때문에 전면전이 일어났다. 파푸아뉴기니의 부건빌 섬에 있는 팡구나 구리, 금 광산은 한때 소유주인 리오 틴토에 막대한 수익을 안겨주었다. 여기에서 나온 광석 찌꺼기는 인근 강에 그대로 버려졌다. 1989년, 환경 피해와 얼마 되지 않는 수익 분배금에 분노한 지역 주민들은 광산에 전력을 공급하는 송전선을 폭파해 광산 운영을 중단시켰다.[15] 이에 파푸아뉴기니 정부는 상황을 수습하고자 군대를 투입했다. 주민들이 맞서 싸우면서 내전이 발발하자 2만 명이 목숨을 잃었다. 지금은 총격전이 멈춘 상태지만 광산 인근에서 살아가는 주민들에 따르면, 10억 톤이 넘는 광산 폐기물이 강 삼각주에 버려지면서 생활용수와 농경지가 오염되었다고 한다.[16]

이와 동시에 구리는 우리에게 그 어떤 금속보다 큰 혜택을 가져다 주었다. 전화는 구리 덕분에 발명될 수 있었다. 기차 노선은 구리 덕분에 운영될 수 있다. 병원은 구리를 활용해서 감염을 통제한다. 무엇보다 현대 사회의 생명 줄로, 전등과 컴퓨터, 스마트폰, 에어컨을 작동시키는 전기는 구리를 통해서 우리 곁으로 전달된다. 전기를 생산한 곳이 태양광 발전소든, 석탄 발전소든, 원자력 발전소든, 댐이든 전기를 전달하는 통로는 모두 구리로 만든다.

이 붉은 금속은 인류 문명의 태동기부터 여러 문화권에서 우리의 친구가 되어주었다. (구리를 뜻하는 영어 단어 copper는 고대 로마에서 유래했다.[17] 고대 로마의 주요 구리 산지가 지중해의 키프로스 섬이었기 때문에 로마인들은 거기에서 이름을 따와 구리를 키프리움 cyprium이라고 불렀다. 키프리움은 시간이 지나면서 쿠프룸cuprum을 거쳐 copper가 되었다.) 아마 고대인들은 구리가 다른 금속과 달리 상대적으로 순수한 상태로 발견되고 주조하기 쉬운 데다가 색깔마저 예뻐서 좋아했을 것이다. 여러 문화권은 선사시대부터 구리를 활용해서 간단한 무기나 도구, 장신구를 만들기 시작했다. 구리는 인류의 발전에 기여했다. 마크 미오도닉의 책 『사소한 것들의 과학*Stuff Matters*』에 따르면, "구리로 도구를 만들면서 인류의 기술 수준은 눈부시게 성장하기 시작했고, 이는 다시 다른 기술과 도시, 위대한 초기 문명이 발전하는 계기가 되었다."[18] 고대 이집트의 피라미드 건설에 쓰인 석재는 구리로 만든 끌로 조각냈다. 고고학자들은 이라크 북부에서 1만 년 전에 만들어진 구리 펜던트를 발굴했고, 이스라엘에서는 7,000년 된 구리 송곳을 발견했다.[19] 성서를 보면 구리가 얼마나 귀중한 재료였는지 잘 알 수 있다.[20] 「신명기」에서 하느님은 이스라엘 백성을 "먹을 것이 모자라지 않고 아무것도 부족함이 없는 땅이자, 돌에서는 쇠를 얻고 산에서는 구리를 캐낼 수 있는 땅"으로 인도하겠노라고 약속했다.

남아메리카, 사하라 사막 이남, 인도 반도에서 살아가던 고대인들도 구리의 존재를 잘 알고 있어서 구리로 종교 조각상에서부터 조리 도구에 이르기까지 온갖 물건을 만들었다. 북아메리카 원주민들은 기원전 5500년 전부터 오대호 지역에서 구리를 캤다.[21] 캐나다 서부의 하이다족은 금보다 구리를 더 가치 있게 여겼고, 이들에게 구리 방패는 부를 뜻하는 최고의 상징물이었다.[22]

기원전 3300년 전부터 중동, 유럽, 그리고 오늘날의 태국에 이르는 몇몇 지역에서는 구리를 녹인 다음에 주석을 조금 섞으면 청동이 된다는 사실을 알아냈다. 청동은 강도와 내구성이 뛰어난 금속이어서 도구와 무기의 성능이 획기적으로 개선되었다. 새로 탄생한 합금은 매우 중요한 자원으로 자리매김했고, 이후 약 2,000년간 청동기 시대가 열렸다. 청동으로 만든 화살촉, 창촉, 검, 갑옷은 중요한 군수품이 되었다. 수백 년 후에, 야금술사들은 구리와 아연을 합금해 황동을 만드는 방법을 알아냈고, 황동은 악기와 동전 및 다양한 실생활 용품에 사용되었다.

오랜 세월에 걸쳐 인류는 구리를 활용하는 여러 가지 방법을 찾아내서 우리 삶을 향상시켰다. 초창기 인쇄판은 구리로 만들었다. 브랜디, 코냑, 고급 위스키 양조장은 지금도 좋은 술을 빚어내기 위해서 구리로 만든 장비를 사용한다. 구리는 박테리아를 죽이기 때문에 오래 전부터 의료 기기에 이용되어왔다. 1700년대 후반, 영국 해군은 선체가 썩지 않도록 구리로 군함을 감싸는 방법을 알아냈다.[23] 식민지 시절, 영국에 저항하던 미국은 이 아이디어를 따라했다. 한밤중에 말을 달려 영국군의 침입 소식을 알린 것으로 유명한 폴 리비어는 미국 군함용 구리판을 처음으로 제작했다.

구리는 산업혁명이라는 대전환기에 맡게 된 역할 덕분에 인류에게 유용한 조력자의 수준을 넘어 문명에 없어서는 안 될 존재로 자리잡았다. 1830년대에, 새뮤얼 모스는 자신의 첫 전신기를 개발했다. 이 전신기는 구리선으로 전달되는 전기를 통해서 모스 부호 메시지를 전송했다. 소통이 즉각적으로 이루어지는 시대가 열리면서 우리 곁으로 빠르게 다가왔다. 1850년대에는 미국, 캐나다, 유럽 대다수 국가들이 구리선을 사용하는 전신 체계를 전국적으로 구축했다.[24] 얼마 뒤에는 전화기와 전력이 등장했는데, 여기에도 구리선으로 이루어진 방대한 통신망과 전력망이 필요했다.[25]

발명가들이 구리를 활용해서 통신 수단의 발전을 꾀하고 있을 때,

다른 쪽에서는 구리를 이용한 살상 무기를 고안하고 있었다. 프랑스의 무기 제조자들은 총격 시 총알이 형태를 잘 유지하도록 하기 위해서 황동과 같은 구리 합금으로 부드러운 납탄을 감싸는 방법을 생각해냈다.[26] 이 기술은 곧 널리 퍼졌다. 무기용 구리 수요가 빠르게 증가했고, 여기에 제1차 세계대전에 참전한 군대가 끊임없이 총알을 요구하면서 수요 증가세에 불이 붙었다. 1900년부터 1918년까지 전 세계 구리 생산량은 3배가 증가하여 연간 150여 만 톤에 이르렀다.[27]

그 많은 구리가 모두 어디에서 왔을까? 상당량은 미국 서부, 그중에서도 특히 애리조나, 유타, 몬태나 주에서 문을 연 대형 광산에서 채굴한 것이다. 구겐하임 가문을 대표하는 마이어 구겐하임은 이 시기에 구리 광산으로 큰 부를 쌓았다. 1882년, 훗날 아나콘다 구리 광산 회사로 거듭나는 몇몇 회사는 몬태나 주 뷰트에 있는 엄청난 광맥에서 작업을 시작했다. 1800년대가 저물어갈 무렵, 이 지역은 "지구상에서 가장 풍요로운 언덕"으로 불리며 미국이 사용하는 구리의 절반을 공급했다.

몬태나 주의 "구리 왕들"은 광산으로 몰려드는 수많은 이민자들의 노동으로 부를 거머쥐었다. 아나콘다는 부를 나눌 생각이 없었다. 티머시 르케인의 책 『대파괴 Mass Destruction』에 따르면, "아나콘다는 광부들의 오랜 노조 결성 투쟁을 무자비하게 짓밟고, 몬태나 주의 정치계와 지역 언론계를 쥐락펴락하고 검열하며 20세기의 상당 기간 동안 몬태나 주를 마치 회사 영지처럼 다스렸다."[28] 작업 환경이 열악한 탓에 광산에서는 파업이 정기적으로 발생했다. 화재와 낙석, 폭발 사고로 매년 노동자 수백 명이 사망했다. 이밖에 규토 먼지를 흡입해서 발생하는 질환으로 목숨을 잃는 사람도 수천 명에 달했다.[29] 1917년 뷰트에서는 미국 역사상 최악의 광산 사고가 일어났다.[30] 광산 내 갱도에서 화재가 발생해 좁은 지하 통로에서 연기와 유독 가스가 뿜어져 나왔고, 광부들은 탈출로를 가로막은 콘크리트 벽을 기어오르다가 질식하고 말았다. 이 사고로 168명이 목숨을 잃었다.

토양도 대규모 광산 개발과 암석 처리 과정에서 발생하는 오염물질로 몸살을 앓았다. 르케인의 책에 따르면, "광산에서 암석을 캐내는 과정보다 암석에서 구리를 꺼내는 과정이 환경에 더 큰 피해를 남겼다."[31] 폐암석과 광석 찌꺼기 더미에서 나오는 산성물질과 독성물질이 하천으로 스며들었다. 제련소에서 나오는 연기는 대기를 오염시켰다. 광산 인근에서는 소가 죽어나갔고 목장 주인들은 아나콘다를 고소했다. 하지만 승자는 아나콘다였다.[32]

이처럼 환경을 파괴하는 행위는 모두 합법이었다. 재레드 다이아몬드의 책 『문명의 붕괴』에 따르면, "초기 광산 회사가 그런 식으로 광산을 운영한 이유는 정부가 그들에게 아무것도 요구하지 않았기 때문이었다. 몬태나 주에서는 1971년이 되어서야 광산을 폐쇄할 때 광산 부지를 정화하도록 하는 법안이 통과되었다."[33] 현재 뷰트 광산이 폐쇄된 후에 남겨진 구덩이 600에이커에는 납, 카드뮴, 비소, 황산으로 가득한 6조5,000갤런의 독성 슬러지가 들어차 있다. 불운하게도 이 구덩이에 최근 들어 기러기 떼가 두 번 이상 내려앉았다. 그 결과 기러기 수천 마리가 떼죽음을 당했다. 이 구덩이는 뷰트 시 바로 옆에 위치하고 있다.

미국인이 구리 광산에 흥미를 잃은 것은 놀랄 만한 일이 아니다.

광산업이 점차 해외로 이전해가도 아쉬워하는 사람은 많지 않았다. 오늘날 미국은 전 세계 구리의 약 6퍼센트만 생산하고 있으며, 생산량 순위에서 칠레, 페루, 중국보다 뒤져 있다.[34] 현재 미국산 구리는 대개 애리조나 주에서 생산되는데, 이 지역마저 점점 불만이 고조되는 상황이다. 광산을 반대하는 목소리는 다른 곳에서도 영향력을 발휘하고 있다. 피닉스 시 인근 오크플랫 광산 같은 경우는 매장량이 어마어마할 가능성이 있음에도 불구하고, 오랫동안 환경 운동 단체와 아파치족이 개발을 저지해왔다.[35] 알래스카 주와 미네소타 주의 광산 상황도 마찬가지이다.[36]

구리 공급처로 새롭게 각광을 받는 곳은 중앙 아프리카이다. 중국 경제가 성장하면서 원자재 수요가 치솟자, 2000년대 초반부터 중앙 아프리카에 투자금이 쏟아졌다. 아프리카의 몇몇 국가들에서는 내부 분쟁이 격렬하게 이어져온 탓에 외국인이 발붙일 만한 곳이 많지 않았지만, 2000년대 들어 상황이 안정되자 자본가들이 전 세계에서 몰려들었다. 하비에르 블라스와 잭 파시가 현대 상품 무역의 역사를 다룬 책 『얼굴 없는 중개자들 The World for Sale』에 따르면, "오랜 세월 아프리카 대륙 곳곳은 너무 멀고 부패하고 낙후된 곳이라는 이유로 서구의 대형 기업들로부터 외면을 받아왔다. 이제 이들 기업은 서로 투자를 단행하려고 기를 쓰고 있다."[37] 투자 활동이 주로 이루어지는 곳은 콩고민주공화국이다. 콩고민주공화국은 서유럽 전체 면적의 3분의 2에 달하는 방대한 영토에 구리는 물론이고, 다이아몬드, 금, 코발트 등 각종 광물이 풍부하게 매장되어 있다. 콩고민주공화국이 해외에서 벌어들이는 수입의 80퍼센트는 광산업에서 나온다.[38] 하지만 이중에서 국민에게 돌아가는 몫은 거의 없다. 콩고민주공화국 사람들의 일일 생활비는 대개 3달러가 채 되지 않는다.[39]

콩고민주공화국이 각광받던 초기에 시카고 출신의 억만장자이자 현대 광산업의 거물인 로버트 프리들랜드도 투자 대열에 모습을 드러냈다. 프리들랜드는 1970년대 초에 오리건 주, 리드 칼리지에서 자신보다 나이는 어리지만 생각이 비슷한 스티브 잡스와 절친한 친구 사이가 되었다. 맞다, 우리가 알고 있는 그 스티브 잡스이다. 두 사람은 동양 사상과 종교에 매료되어 있었다. 월터 아이작슨이 쓴 잡스의 전기에 따르면, "일요일 저녁이면 잡스와 프리들랜드는 포틀랜드 서쪽 끄트머리에 있는 하레 크리슈나 사원에 갔다. 춤을 추며 목청껏 노래를 부르기도 했다."[40] 유명한 힌두교 스승과 시간을 보내기 위해서 함께 인도로 여행을 떠난 적도 있었다. 게다가 두 사람은 환각제를 좋아하는 취향마저 공유했다. 실제로 프리들랜드는 리드 칼리지에 들어왔을 당시, LSD 2만4,000정을 소지한 혐의로 유죄 판결을 받고 가석방 중이었다.

1974년, 프리들랜드는 포틀랜드 인근에 있는 삼촌 소유의 사과 농장으로 이사했다. 헨리 샌더슨의 책 『볼트 러시*Volt Rush*』에 따르면, "농장은 하레 크리슈나 사원에서 온 젊은이들이 사과 농장에서 일하며 명상을 하고 채식을 하는 히피 공동체가 되었다. 프리들랜드는 시타람 다스라는 이름으로 불렸고 겉모습이 꼭 '백인 크리슈나' 같았다. 잡스는 리드 칼리지를 중퇴하고 과수원에서 일하며 사과주 제조 일을 도왔다. 하지만 잡스의 말에 따르면 곧 프리들랜드는 이 공동체를 사업체처럼 운영하기 시작했다."[41] 이에 훗날 세상에 아이폰을 선보이는 잡스는 곧 프리들랜드의 "물질주의적" 욕구에 환멸을 느끼고 공동체를 떠났다.

프리들랜드는 (나중에 잡스가 그랬던 것처럼) 돈을 버는 행위가 그리 나쁘지 않은 선택이라고 판단했다. 1970년대 후반, 그는 몇몇 밴쿠버 금융가들과 힘을 합쳐 광산업계로 진출해서 소규모 금광 발굴에 골몰했다. 1992년, 프리들랜드는 자신과 관련된 콜로라도 금광이 강으로 독성물질을 유출한 탓에 화제의 인물로 떠오르며 독극물 로버트라는 별명을 얻었다. 그 와중에 그는 알래스카 주에서는 대규모 금광을, 캐나다에서는 그보다 더 큰 니켈 광산을 찾아냈고, 훗날 두 광산을 수십억 달러에 매각했다.

이후 프리들랜드는 광산업계의 거물이 되었다. (부업으로 영화계에도 진출했으며, 「크레이지 리치 아시안」을 비롯한 몇몇 영화 제작을 도왔다.) 그는 1996년부터 콩고민주공화국에 발을 담그기 시작했다. 당시 반군 지도자였던 로랑 카빌라를 만난 것이 계기였다. 헨리 샌더슨에 따르면, "프리들랜드는 카빌라의 집권을 옹호하기 위해서 텔레비전 방송에 출연했고, 그 대가로 구리 광산 마을인 콜웨지 외곽에 1만4,000제곱킬로미터에 달하는 땅을 얻었다."[42] 이 지역은 콩고민주공화국을 가로지르며 남쪽으로 잠비아까지 뻗어 있는 엄청난 광물 매장지의 중심부에 자리하고 있다. 이곳에서는 원주민들이 오래 전부터 광물을 채굴해왔고, 유럽 식민지 주민들 역시 수십 년 동안 광물을 채굴해왔지만, 내전이 발발하면서 2000년대 초까지 광물 생산이 사실상 중단된 상태였다. 프리들랜드의 회사 아이반호 마인스는 콩고민주공화국과 잠비아의 국경 지대 인근에 위치한 카모아에서 고순도 구리 광산을 발견했고, 2021년 들어 대규모 광산지가 새로 탄생하리라는 기대와 함께 구리 생산을 시작했다.

이 광산은 콩고민주공화국의 광산업계에 깊이 관여하는 여러 중국 기업들 중 한 곳과 합작 투자를 단행한 곳이다.[43] 중국은 그 어느 나라보다 구리를 많이 정제하고 소비하고 있으며, 소비량의 대다수를 외국 업체에 의존하고 있다. 그래서 콩고민주공화국이 외국계 투자를 허용하자마자 발 빠르게 투자 대열에 뛰어들었다. 이후 중국은 광범위한 채굴권을 얻는 대가로 콩고민주공화국의 사회기반 시설에 수십억 달러를 지원해오고 있다.[44]

프리들랜드는 구리 전도사 역할을 톡톡히 해내고 있다. 2022년 칠레 산티아고에서 열린 광산업계 콘퍼런스에서 그는 이런 말을 했다. "특히 화석연료 소비를 줄이거나 전 세계 수송 수단을 전동화하고자 하면서도 구리를 더 많이 생산하지 않는다면, 우리 인류는 더 이상 존속하지 못할 것입니다."[45] 이런 말도 덧붙였다. "미국의 전력망은 제대로 관리되지 않은 낡은 시스템으로 뒤범벅되어 있습니다. 중국이 건설 중인 현대적인 전력망과는 거리가 멉니다. 노후화가 아주 심각한 상태입니다." "풍력 발전을 하려면 구리가 필요합니다. 전력망을 현대화하려면 구리가 필요합니다.······석탄을 태우지 않는 길을 찾거나 탄화수소를 태우지 않는 길을 찾는다면 답은 구리로 이어집니다. 다른 대안은 없습니다." 프리들랜드는 자신이 새로 개발한 카모아 광산이 역사상 가장 깨끗한 구리를 생산할 것이라고 약속했다.

그러나 세계에서 구리를 가장 많이 생산하는 국가는 콩고민주공화국 반대편에 있다. 영토가 길쭉하고 인구가 적은 남아메리카의 국가 칠레는 전 세계 최대의 구리 생산국이라는 지위를 수십 년째 유지하고 있다. 칠레는 세계에서 구리 매장량이 가장 많으며 전 세계 구리 원재료의 약 4분의 1을 공급한다.[46] 미국에 구리를 가장 많이 공급하는 국가가 바로 칠레이다. 구리는 칠레에 어마어마한 부를 안겨주었지만 그와 동시에 환경 파괴와 수탈, 폭력 사태를 초래하기도 했다.

칠레에서 대규모 채굴 작업이 시작된 것은 100여 년 전, 몬태나 주의 현금 부자 아나콘다가 사업을 해외로 확장하면서부터였다. 아나콘다는 칠레 북부 추키카마타에 있는 광산을 하나 확보했는데, 이곳은 원주민들이 오래 전부터 구리를 캐오던 곳이었다.[47] 한동안 추키카마타 광산은 세계에서 가장 거대한 노천 광산이었다. 이곳으로 이어지는 길은 상태가 좋지 않았다. 노동 환경은 몹시 열악했고 파업이 잦았다.[48] 광부의 아내들은 회사 식료품점이 제공하는 식재료를 사기 위해 길게 줄을 서야 했고, 광부의 자녀들은 아빠의 직종에 따라 진학하는 학교가 결정되었다.[49]

추키카마타 광산의 열악한 실태에 충격을 받은 사람들 중에는 1952년 3월에 이곳을 방문한 에르네스토 체 게바라도 있었다. 그는 자신의 책 『모터사이클 다이어리 *Motorcycle Diaries*』에 "우리는 광산에 있는 묘지가 전해주는 교훈을 잊지 말아야 한다. 수많은 사람들이 광산에서 분진과 혹독한 날씨, 붕괴 사고로 목숨을 잃지만 그중 여기에 묻히는 사람은 극소수이다"라고 기록했다.[50] 1970년, 칠레 국민이 사회주의자 살바도르 아옌데를 대통령으로 선출하자, 아옌데는 집권 초에 추키카마타를 비롯한 구리 광산을 국영화했다. 이들 광산의 소유주였던 미국인들은 분통을 터뜨렸다. 3년 후, 아옌데 정권은 미국이 지원하는 군부 세력이 쿠데타를 일으킨 탓에 무너지고 말았다.

오늘날 추키카마타 광산은 칠레 국영기업인 코델코가 운영한다. 광산 단지는 칠레 최북단 아타카마 사막의 언덕 아래를 따라 넓게 펼쳐져 있다. 이곳은 지구상에서 가장 건조한 곳 중 하나여서 식생을 찾아보기 힘들고, 암석과 모래밭이 쫙 펼쳐지며 저 멀리로는 눈 덮인 안데스 산맥이 보인다. 이 광산의 구덩이는 그 자체만으로도 몹시 거대해서 폭이 1.6킬로미터 이상에 길이가 3.2킬로미터이며 깊이는 거의 1.6킬로미터에 달한다. 구덩이는 각종 건물과 집채만 한 트럭으로 가득한 도로, 거대한 기계 장치, 우뚝 솟은 굴뚝으로 이루어진 광산 단지의 중심에 위치한다. 산비탈에 파인 이 구덩이는 먼지로 덮여 있으며, 모르도르(반지의 제왕에서 악의 군주 사우론이 다스리는 지역/역주) 외곽에 위치한 산업시설이라도 되는 듯이 연기를 내뿜는다.

그러나 광산이 주변 환경에 미치는 영향은 이보다 훨씬 심각해서, 엄청난 위력의 폭탄이 터지고 난 뒤에 충격파가 퍼지는 것과 같은 양상을 보이고 있다. 광산이 가동되면서 주변 땅은 어느 곳 할 것 없이 흉터가 생겼고, 불모지가 되어버렸다. 광석 찌꺼기 더미는 회색과 갈색 층을 이룬 채 수 킬로미터에 걸쳐 쌓여 있다. 광석 찌꺼기 더미는 평평한 정상부와 딱 떨어지는 모양새를 제외하면, 주변의 자연 지형과 크기가 비슷해서 언덕으로 착각하기 쉽다. 여기로 폐암석을 실어나르는 트럭과 비교하면 트럭은 크기가 벌레만 해 보인다. 광산 단지를 행진하듯이 가로지르는 송전탑은 군량을 실어나르는 군인처럼 전기를 실어나른다. 근처에는 맨해튼 크기만 한 침전지가 있는데, 이 침전지 바닥에는 시커멓고 두꺼운 플라스틱 층이 있으며, 흙과 암석

으로 만든 둔덕 안쪽에는 오염수가 들어 있다.[51]

거기에 더해 우리 눈에는 보이지 않는 곳도 피해를 입고 있다. 추키카마타 광산과 인근 광산은 아타카마 사막의 지하수층과 하천에서 엄청난 양의 물을 끌어온다.[52] 추키카마타 광산에서 멀지 않은 곳에는 현재 세계 최대의 구리 광산으로 꼽히는 에스콘디다 광산이 있다. 이곳은 물을 과도하게 끌어온 탓에 칠레 정부로부터 제재를 받았으며, 그래서 이제는 160킬로미터 떨어진 태평양에서 염분을 제거한 바닷물을 3킬로미터 넘게 퍼올려야 한다.

추키카마타 광산에서 약 50킬로미터 떨어진 로아 강 인근에는 작은 집들이 늘어서 있는 라사나 마을이 있는데, 이곳 촌장인 레오넬 살리나스는 광산이 얼마 되지 않는 물마저 고갈시키고 있다고 말한다. 이 때문에 농경지가 메말라가자 대다수의 원주민들이 도시로 떠나야 하는 처지에 내몰렸다. "우리에게 익숙하던 풍경이 사라지고 있어요. 우리는 개발과 현대화를 반대하지는 않아요. 하지만 그로 인한 부작용은 공평하게 부담해야 한다고 봐요." 살리나스가 말했다.

인근 농촌 마을 치우치우의 촌장 디나 파니레도 같은 심정이다. "오랫동안 광산 때문에 피해를 입어왔어요. 예전에는 이곳에 아름다운 샘과 습지가 있었어요. 지금은 사라져버렸지요. 돈은 다른 지역 사람들이 벌어가는데 그 대가는 여기 있는 우리가 치르고 있는 거예요." 파니레가 말했다.

이들 광산에서 생산되는 값진 금속은 파렴치한 범죄자들을 불러들이기도 한다. 절도범들은 공장에서 구리판을 훔치는가 하면,[53] 전기 통신 시설에서 전선을 훔치기도 해서 수만 가구가 정전 사태를 겪고는 한다.⁵⁴ 하지만 영화에서나 볼 법한 칠레의 열차 강도는 따라올 자가 없다.⁵⁵ 보름달이 뜨던 날, 픽업트럭을 타고 온 강도들이 아타카마 고산지대 광산에서 해안으로 구리판을 실어나르는 기차 옆을 따라 달렸다. 일당은 기차 위로 뛰어올라 80킬로그램짜리 구리판을 동여맨 밧줄을 자르고는 구리판을 트럭 적재함에 던진 뒤 어둠 속으로 사라졌다.

사안이 무척 심각했기 때문에 칠레 경찰은 구리 절도 사건을 전담하는 특별 수사팀을 꾸렸다. 하지만 내가 칠레를 방문했던 2022년에도 열차에서 구리를 훔쳐가는 사건이 정기적으로 발생했다. 열차뿐만이 아니었다. 2023년 1월, 칠레에서는 근래 들어 가장 대담한 강도 사건이 발생했다.⁵⁶ 트럭을 몰고 온 남성 10명이 칠레를 대표하는 항구에서 감시 카메라를 부수고 직원 몇 명을 제압한 후 400만 달러어치의 구리가 가득 담긴 코델코의 컨테이너 10여 개를 훔쳐 달아났다.

다른 금속 역시 도난당하고 있으며, 칠레 이외의 국가에서도 그런 일이 벌어지고 있다. 미국 당국은 최근 니켈 200만 달러어치를 훔친 절도단을 검거했다.⁵⁷ 2018년, 네덜란드에서는 절도범들이 한 창고에서 1,000만 달러 상당의 코발트를 훔쳤다.⁵⁸ 그러나 구리는 그 어느 금속보다 암시장이 크게 형성되어 있는 것으로 보인다.

매년 도난당하는 구리가 얼마나 많은지는 아무도 모르지만, 그 규모는 매우 커서 어쩌면 10억 달러 단위에 이를지도 모른다. 2021년에는 정말이지 대담한 사건이 일어났다.⁵⁹ 당시 한 스위스 무역상은 중국 회사가 튀르키예산 구리판 4,000만 달러어치를 구매하는 거래를 중개했다. 컨테이너선이 중국에 도착했을 때 그 안에는 구리 색을 칠한 돌멩이가 한가득 실려 있었다. 그보다 한 술 더 떠서, 2023년에는 유럽 최대의 구리 생산업체 아우루비스가 구리와 기타 금속 2억 달러어치를 도난당한 일도 있었다.[60]

미국에서 일어나는 대규모 절도 사건은 내부자의 소행인 경우가 많다. 2013년, 애리조나 주 경찰은 아사르코의 광산에서 생산한 구리 덩어리 8,000만 달러어치를 훔친 일당을 검거했다.[61] 범행에 가담한 광산 노동자들이 공범이 몰고 온 트럭이 들어오도록 문을 열어주었고, 트럭은 구리 덩어리를 싣고서 바로 빠져 나갔다. 이들이 캘리포니아 재활용업자에게 구리를 팔면, 재활용업자는 구리가 고철처럼 보이도록 검게 칠하고는 중국으로 보냈다. 범죄의 전말을 파헤치기까지는 용기가 필요했다. 한 수사관은 수사를 진행하다가 자신이 드나드는 문에 매달려 있는 염소 머리를 발견하기도 했다.

미국 내 구리 절도범은 대개 돈을 쉽게 벌고자 하는 한탕주의자들이다. 구리는 누구나 손쉽게 접근할 수 있는 곳에 방치된 경우가 많다. 버려진 건물에서 전선 잘라내기, 아파트 뒤편에 놓인 에어컨 깨부수기, 한적한 교외 거리에서 맨홀 뚜껑 훔치기에는 별다른 기술이 필요하지 않다. 구리 절도범은 매년 수없이 많이 보고된다. 이들이 챙긴 노획품으로는 소화전,[62] 3톤짜리 종,[63] 오빌 라이트(라이트 형제 중 동생/역주)의 흉상,[64] 재키 로빈슨(야구선수/역주)의 동상, 사람의 유골이 담긴 유골함 등이 있다.

구리 절도는 훔쳐간 구리 그 자체의 값어치보다 훨씬 막대한 피해를 남긴다. 절도범이 구리 전선을 잘라간 탓에 캘리포니아 주에서는 식수 공급이 끊겼고, 미주리 주에서는 가로등이, 워싱턴 주에서는 활

주로의 조명이 꺼졌으며, 뉴욕에서는 지하철 운행이 전면 중단되었다. 미국 에너지부의 추산에 따르면, 구리 절도 행위로 인해서 주요 기반 시설과 기업이 매년 10억 달러 상당의 피해를 입고 있다.[65] 다른 나라의 사정도 마찬가지이다. 아르헨티나 통신업체 텔레포니카는 도난당한 케이블을 교체하는 작업에 매년 1,800만 달러 이상을 지출한다. 스페인 경찰은 최근 오수처리장에서 구리 58톤을 훔친 혐의로 16명을 검거했다.

인명 피해 규모도 상당하다. 구체적인 숫자는 아무도 모르지만 지난 10여 년간 발행된 지역 신문 기사를 훑어보면, 전기가 통하는 구리선을 훔치다가 감전사한 사람만 수십 명이었고, 이들을 막으려다가 살해당한 경비원도 한 명 있었다.[66]

남아프리카공화국에서는 가난이 만연하고 경찰력이 부실한 상태에서 금속 가격이 치솟자 구리 절도가 성행했다. 범죄자들은 공급망의 각 단계마다 금속을 빼돌렸다. 광산은 그 자체로 주요 표적이었다. 남아프리카공화국은 백금과 금을 비롯한 귀금속이 막대하게 매장되어 있고 귀금속을 채굴하는 광산도 많다. 광산은 지하 갱도와 터널이 깊숙이 얽혀 있어서 이곳을 밝힐 조명과 채굴 장비에 사용할 전력이 필요하다. 전력은 아주 기다란 전선을 통해서 전달되는데, 전선은 눈에 잘 띄지 않는 곳에 아무런 보호 조치 없이 방치되어 있다. 생계가 막막한 수많은 사람들은 전선 안에 들어 있는 금속을 얻기 위해 날마다 목숨을 건다.

사람들은 이런 도둑을 "자마자마zamazama"라고 부르는데, 그 말은 줄루어로 "기회를 잡다"라는 뜻이다. 불법 광부들은 밧줄이나 수

제 사다리를 이용해서 갱도로 내려간 다음에 미로 같은 터널 속으로 들어간다. 그곳에서 이들은 지하 캠프를 차린다. 지하에는 수많은 자마자마들이 살아가고 있으며, 그들 중 일부는 터널에서 몇 주일이나 몇 달을 보내기도 한다. 기자 키몬 드 그리프가 「뉴요커 The New Yorker」에 기고한 기사에 따르면, "아래로 내려가면 온도가 38도를 넘어가기도 하고, 숨이 막힐 정도로 습하기도 하다. 낙석도 자주 발생해서 구조대원들은 자동차만 한 바위에 깔린 시체를 만나기도 한다."[67] 지상으로 나온 사람들은 "햇빛 부족 때문에 낯빛이 창백하며", 터널에서 먼지를 들이마신 탓에 결핵에 걸리는 경우도 많다.

이들 중 일부는 수작업으로 암석에서 금을 비롯한 귀금속을 캐낸다. 구리를 목표로 삼아 전선이나 기계 장치에서 구리를 뜯어내는 사람도 있다. 자마자마는 사용되지 않는 터널에 노획물을 쟁여놓았다가 밤이 되면 노획물을 지상으로 끌어올려 준비해둔 차량에 싣는다. 금속 절도는 놀라울 정도로 빈번하고 피해가 심각한 범죄이다. 임플라츠라는 광산 기업은 2021년에만 전선 절도 사건이 800건 이상 발생했다고 보고했다. 전선을 도난당한 광산은 그때마다 몇 주씩 운영을 중단해야 한다.

금속 절도는 생계 수단으로서 너무나 위험한 일이기도 하다. 불법 채굴자들은 폭우나 가스 폭발 등의 사고로 무수히 죽어가고 있다.[68] 2021년, 한 광산 기업이 자마자마들이 지하에 있는 동료들에게 물과 음식을 전달하는 용도로 사용하던 환기 통로를 막아버렸다.[69] 곤란한 상황에 놓인 불법 채굴자들은 폭발물을 터뜨려 환기 통로를 열었다. 경찰과 경비들이 도망치는 자마자마들과 격렬하게 싸웠다. 그 결과 최소 8명이 목숨을 잃었다.

땅 위에서는 갱단이 남아프리카공화국 항구로 구리를 싣고 가는 트럭 수십 대를 탈취해 수백만 달러어치의 구리를 훔쳐 달아나고 있다.[70] 이들이 전력망을 깡그리 약탈해가는 일도 너무나 빈번하게 발생해서 남아프리카공화국 전체가 그 영향을 받고 있다. 2021년, 철도 회사 트랜스넷은 전력선 1,000킬로미터 이상을 도난당했다고 보고했다. 철도 전력선은 수천 킬로미터나 뻗어 있는 데다가 대부분 무방비 상태이기 때문에 손쉬운 먹잇감이 되고 있다. 경비를 세워놓아도 별반 도움이 되지 않을 때가 많다. 초국가적 범죄에 대항하는 한 단체에 따르면, "과거에는 경비원 2명이 억제력을 발휘했을지 몰라도, 지금은 중무장 갱단이 20-30명씩 무리지어 순찰차에 총격을 가하는 일이 빈번하다. 더군다나 갱단은 진압 작전을 방해하고자 땅에 구덩이를 파놓거나 뾰족한 물체를 던져놓기도 한다."

휴대전화 기지국, 수도관, 전력 발전소도 이와 비슷하게 공격받고 있다. 절도범들은 지하 케이블을 들어내는 파견 근로자로 변장하거나, 전력 회사 직원과 공모하거나, 아니면 그냥 총과 사륜구동 트럭을 동원해서 지하 케이블을 걷어간다.[71] 2022년 초 요하네스버그에서는 6주일 동안 케이블 절도 사건이 매일 평균 5건씩 보고되었다. 남아프리카공화국 정부는 금속 절도로 인해서 매년 국가 경제가 20억 달러 이상 손실을 입고 있다고 추산했다.[72]

남아프리카공화국 국민들은 크나큰 대가를 치르고 있다. 열차 운행이 취소되고, 단전과 단수, 통신 두절 상태가 몇 시간 혹은 며칠씩 이어지고 있다. 요하네스버그의 병원은 구리 배관, 전선, 기계 장치

절도 때문에 문을 닫았다.[73]

금속 절도는 비극적인 결과로 이어지기도 한다. 맨홀 뚜껑이 도난당한 뒤로 어린아이들이 맨홀에 빠져 사망하는 사고가 일어났다. 지난 몇 년 동안 요하네스버그에서만 절도범 20명 이상이 감전사로 사망했다.[74] 경찰이나 심지어 다른 절도범에게 살해당하는 사람도 생겨났다. 2022년 초 요하네스버그에서는 총 21명이 사망한 대형 살인 사건이 두 건 발생했는데, 경찰은 전선을 절도하는 갱단 사이의 마찰이 사건의 원인이라고 보고 있다.[75] 기업에 고용되어 구리를 지키는 임무를 맡은 경비원들도 부상을 입거나 살해되고 있다. 자신의 트럭에서 총에 맞아 숨진 모카디 모코에나처럼 말이다.

단전과 단수 사태에 지친 일부 남아프리카공화국 주민은 직접 나서서 문제를 해결하고 있다. 구리 절도 사건이 끊이지 않자, 가난한 마을에서는 자경단이 직접 나서서 폭력을 행사하기에 이르렀다. 절도범으로 의심받는 사람은 구타를 당했고, 더러는 목숨을 잃었다. "도둑놈들은 말로 해봐야 들어먹지를 않아요." 전선 절도범을 때려죽인 마을의 한 주민이 지역 언론사와의 인터뷰에서 말했다.[76] 범죄자가 아닌 사람이 희생되는 사건도 발생했다. 2023년 3월, 한 전력 회사의 직원 4명은 요하네스버그 교외에서 전선 도둑으로 오인받은 탓에 목숨을 잃고 말았다.[77]

단전 사태를 향한 분노는 반反이민 정서로 번지기도 한다. "두둘라Dudula(줄루어로 돌아가라는 뜻/역주) 시위"를 벌이며 이민자를 배척하는 단체들은 금속 절도범이 인근 국가에서 넘어온 이민자들이라는 소문을 널리 퍼뜨리고 있다. 그 결과는 예상대로 비극적이었다.[78]

2022년 4월, 요하네스버그 외곽 마을 핌빌의 주민들은 누군가 전선을 훔쳐간 탓에 며칠 동안 단전이 이어지자 분노가 치밀었다. 주민들은 근처 불법 정착지에 거주하는 레소토 출신의 이민자들에게 비난의 화살을 돌렸다. 두둘라 시위대는 시위 행렬을 이끌고 불법 정착지로 향했고, 그곳에서 정착지 주민들과 대치했다. 누군가 총을 꺼내들었고, 방아쇠를 당겼다. 5명이 부상을 입고 1명이 목숨을 잃었다.

남아프리카공화국 정부와 광산 회사는 해결책을 찾고자 애쓰고 있다. 철도와 전력 회사는 구리 전선을 알루미늄이나 구리-망간 합금 전선으로 교체하고 있지만, 전도성과 내부식성 면에서 구리와 견줄 만한 금속은 없다. 2022년 말, 남아프리카공화국 정부는 절도 행위를 근절하기 위해서 특단의 조치를 취했다. 도난당한 구리가 해외로 팔려나가지 않도록 구리 수출을 전면 중단한 것이다. 그러나 남아프리카공화국 언론계의 주요 소식을 통해서 판단해보자면, 절도범들은 이런 조치가 내려졌다는 사실을 잘 알지 못하는 듯하다.

이렇게 구리가 아프리카에서 범죄 조직의 자금줄 역할을 하고 있는 사이에, 유럽에서는 다른 금속이 대규모 전쟁의 자금줄 역할을 하고 있다.

5

배터리

2022년 2월 24일 아침, 러시아 군이 탱크를 몰고 우크라이나 국경을 침공했다. 전 세계는 충격에 휩싸였다. 러시아의 푸틴 대통령이 몇 달에 걸쳐 이웃 나라 우크라이나를 위협하기는 했지만, 그렇다고 우크라이나를 대대적으로 침공하리라고 예상한 사람은 아무도 없었다. 우크라이나 군은 격렬하게 맞서 싸웠다. 미사일과 포탄이 하늘을 가득 메웠고, 고속도로는 전쟁터가 되었다. 민간인들은 살길을 찾아 피난길에 나섰다.

한편, 전장에서 수천 킬로미터 떨어진 곳에서는 또다른 종류의 공포가 전 세계 원자재 시장을 휩쓸고 있었다. 원자재 시장이 두려워하는 대상은 전쟁이 아니라 경제와 관련된 것이었다. 러시아는 세계 시장에 막대한 양의 천연자원을 흘려보내고 있었는데, 전쟁 때문에 그 길이 끊기게 생긴 것이었다. 원자재상들은 주로 유럽의 주요 에너지원인 러시아산 석유와 천연가스에 주목했다. 하지만 그중 일부는 인지도는 낮지만 중요성은 매우 큰 니켈에 촉각을 곤두세웠다.

러시아는 고품질 니켈을 전 세계에서 가장 많이 수출한다. 러시아의 침공 이후 공급망 붕괴와 공급 중단 사태를 염려한 원자재상들은 니켈을 사들이기 시작했다. 니켈 값은 크게 뛰었다.[1] 단 24시간 만에 두 배 넘게 오르더니 1톤당 10만 달러를 기록했다. 세계 최대 금속거래소인 런던 금속거래소는 광풍을 가라앉히기 위해서 일주일간 니켈 거래를 중단시켰다. 수십억 달러 상당의 거래가 취소되었다. 덴마크 삭소 투자은행 임원인 올레 한센은 CNBC와의 인터뷰에서 "현재 시장은 수요와 공급이 아니라 공포에 의해 움직이고 있기 때문에 매우 위험한 상태"라고 말했다.[2]

사람들이 잘 알지도 못하는 금속이 왜 이리도 세상을 떠들썩하게 달굴까? 그 이유는 니켈이 전기-디지털 시대의 핵심 기술인 배터리의 결정적인 소재이기 때문이다.

배터리는 여러모로 중요한 물건이다. 배터리는 전력으로 움직이는 크고 작은 기기 안에서 에너지를 저장하는 장치이며, 스위치를 켰을 때 전력을 내보낸다. 도로 위를 달리는 전기차, 트럭, 자전거, 소형 오토바이에는 배터리가 들어 있다. 노트북, 스마트폰, 디지털카메라, 블루투스 스피커, 드론, 무선 진공청소기 역시 마찬가지이다. 현대인은 배터리로 작동하는 기기가 없으면 일상생활이 불가능하다. 아직 전기차는 주로 선진국에서나 볼 수 있지만 배터리는 어느 나라에나 있다. 전 세계에서 리튬-이온 배터리로 작동하는 휴대용 기기를 소유한 사람은 50억 명으로 추정된다.[3]

현재 유통 중인 배터리 수십억 개는 향후 수년간 생산해야 할 배터리에 견준다면 극히 일부에 지나지 않는다. 디지털 기기에 들어가는 배터리는 당연히 앞으로도 필요하겠지만, 에너지 전환을 이루기 위해서는 배터리가 기하급수적으로 더 많이 필요해질 것이다. 우리가 태양광 발전소와 풍력 발전소를 아무리 많이 짓는다고 해도 태양이 떠오르지 않고 바람이 불지 않는다면 전력을 생산할 수 없다. 태양광과 풍력 에너지를 필요한 즉시 사용할 수 있도록 보장하는 방법은 에너지를 배터리에 저장해놓는 방법밖에 없다. 이 방법은 자동차나 전동 드릴처럼 작동하는 기기에만 해당되는 것이 아니다. 가정과 공장, 사무실 그리고 심지어 전력망 안에서도 커다란 배터리가 필요할 것이다. 바로 이 때문에 테슬라와 같은 기업들은 이미 가정과 기업에 건물만 한 크기의 배터리 시스템을 제공하고 있다.

현재 전기차와 디지털 기기는 주로 리튬-이온 배터리를 사용한다. 리튬-이온 배터리는 세 부위로 구성된다.[4] 배터리의 한쪽 끝에는 일반적으로 니켈, 코발트, 망간을 조합해서 만드는 양극cathode이 있다. 반대편에는 탄소의 한 형태인 흑연으로 만드는 음극anode이 있다. (전 세계의 흑연은 주로 중국에서 생산되고 가공된다. 그렇지 않은 흑연도 물론 있다. 이슬람국가ISIS에 시달려온 모잠비크도 흑연을 생산한다.[5]) 리튬은 양극에도 저장되고 음극에도 저장된다. 우리가 배터리로 작동하는 기기를 켜면, 리튬 이온은 음극에서 양극으로 흐른다.[6] 이 과정에서 리튬 이온은 기기 안으로 흘러드는 전류를 발생시킨다. 기기에 플러그를 꽂아 배터리를 충전시킬 때는 앞에서 말한 과정이 반대로 일어나서, 리튬 이온이 양극에서 음극으로 되돌아간다.

연구자들이 리튬 기반의 에너지 저장 장치를 고안하기 시작한 때는 1912년이지만,⁷ 현대적인 리튬 배터리는 1970년대가 되어서야 개발되었다.⁸ 리튬 배터리 연구를 가장 많이 후원한 조직은 역설적이게도 세계 최대의 화석연료 회사 중 한 곳이었다. 당시 엑손은 기후 변화를 걱정하는 쪽은 아니었다. 그보다는 여느 서구 기업(과 정부)처럼, 1973년에 일어난 OPEC의 석유 금수조치를 겪으면서 외국 에너지 업체에 약점이 잡혀 있다는 사실에 불안해하고 있었다. 엑손은 대안을 찾고자 과학자들을 모집했다. 그중에는 스탠퍼드에서 온 젊은 연구자 스탠리 휘팅엄도 있었다.⁹ 수년 후에 그는 기자 회견장에서 이렇게 말했다. "우리는 배터리와 관련된 아이디어를 떠올렸어요. 나는 뉴욕으로 가서 이사회에 그 소식을 전했죠. 이사회는 '좋은 아이디어 같다!'고 평했고 일주일 만에 주요 프로젝트 자금을 지원해주었어요."¹⁰

당시에는 오늘날에도 자동차용으로 사용하는 납 축전지가 시장을 지배하고 있었다. 휘팅엄과 그의 팀 동료들은 금속 중에서 가장 가벼운 리튬을 이용하는 방안을 생각했다. 그렇게 하면 배터리의 에너지 밀도를 높일 수 있기 때문에, 똑같은 양의 주스를 훨씬 작고 가벼운 용기에 담을 수 있게 되는 셈이었다. 엑손의 배터리 프로젝트는 나중에는 중단되고 말았지만, 휘팅엄과 동료 연구자들은 다른 곳에서 연구를 이어갔다. 이들의 아이디어는 널리 알려졌다. 1980년대 들어 휴대용 기기가 점차 커다란 인기를 얻자, 제조업체들은 리튬-이온 배터리 제작에 뛰어들었다.

1991년, 소니는 리튬-이온 배터리를 탑재한 캠코더를 선보였다. 작고 강력한 배터리 덕분에 비디오카메라, 노트북, 스마트폰 등의 각종 기기는 크기가 작아지면서도 작동 시간이 길어졌다. 배터리 덕분에 가전제품 시장은 엄청난 호황을 맞이했고 그 흐름은 지금까지도 이어지고 있다. 리튬-이온 배터리는 가격이 꾸준히 하락하고 있고, 성능은 강력해지고 있으며, 더욱더 널리 사용되고 있다. 2019년, 휘팅엄과 다른 두 핵심 연구자는 노벨상을 수상하는 영예를 안았다. 노벨 위원회는 리튬 배터리가 "전선줄과 화석연료가 필요 없는 시대의 기틀을 마련했다"고 평가했다.

배터리를 자동차 동력원으로 사용하는 기술은 옛 아이디어를 새로 활용하는 방안이었다. 사실 1900년대 초에는 전기차(주로 납 축전지를 사용했다[11])가 석유를 사용하는 차보다 더 많았다. 하지만 초창기 배터리는 성능이 그다지 좋지 않았던 반면에 화석연료는 값이 저렴했기 때문에, 이후 한 세기 동안은 내연기관 차량이 주류로 자리 잡았다.

그런 흐름은 2008년 테슬라가 리튬-이온 배터리를 탑재한 첫 번째 양산형 전기차 로드스터를 출시하면서 바뀌기 시작했다. 에너지 밀도가 높은 리튬-이온 배터리는 초기 전기차가 잃어버린 입지를 되찾아오고 있다. 아직 도로에서는 휘발유와 경유 차량이 대세이지만, 전기차는 당초 예상보다 빠르게 점유율을 높여가고 있다. 또 매년 전기 수십억 와트시를 저장할 만큼의 리튬-이온 배터리를 생산하는 "기가팩토리Gigafactory"가 전 세계에 들어서고 있다. 컨설팅 회사인 벤치마크 미네랄 인텔리전스에 따르면, 2019년부터 2022년까지 리튬-이온 배터리 공장에 새로 투자하겠다고 발표된 금액은 3,000억 달러가 넘는다.

현재 미국은 전체 리튬-이온 배터리의 10퍼센트 미만을 생산하고 있지만,[12] 제너럴모터스, 도요타, 포드 등 거대 기업들이 미국 정부로부터 대출과 보조금을 받아 수년 내로 미국에 배터리 공장을 짓겠다고 발표했다. 정책 지원자들은 미시간 주에서부터 아래로 조지아 주와 노스캐롤라이나, 사우스캐롤라이나 주에 걸쳐서 전기차 관련 제조 시설 및 재활용 사업장이 가득 한 "배터리 벨트"가 생겨나고 있다고 이야기한다. 새로 등장한 배터리 산업은 주변 풍경을 바꿔놓고 있다. 2023년 「워싱턴 포스트*Washington Post*」는 조지아 주의 작은 도시 인근에 26억 달러를 들여 새로 공장이 세워졌다는 소식을 보도했다. "[조지아 주] 커머스 시 북쪽에 있는 배터리 공장은 눈에 확 띄는 곳이다. 이곳은 85번 주간 고속도로 위로 거석처럼 우뚝 솟아 있으며, 회색 벽체로 감싸인 여러 고층 건물과 광활한 주차장이 800미터 가까이 뻗어 있다."[13] 블룸버그NEF의 추정에 따르면, 북아메리카의 배터리 생산량은 2030년까지 7배 증가할 것이다.[14]

그렇다고 해도 중국과의 격차는 여전히 크게 벌어져 있을 것이다. 중국은 오랫동안 자국의 배터리 산업을 육성한 덕분에 다른 국가들에 비해 크게 앞서 있다. 전기차는 중국 정부의 최우선 과제이다. 에너지 전문가 대니얼 예긴이 자신의 책 『뉴 맵*The New Map*』에서 설명했듯이, 전기차는 적어도 세 가지 측면에서 중국에 유용하다. 첫째, 중국은 전기차를 통해서 심각한 대기오염을 줄일 수 있다. 둘째, 외국산 화석연료에 대한 의존도를 낮출 수 있다. 셋째, 중요한 산업 분야에서 주도권을 쥘 수 있다. 예긴의 책에 따르면, "중국은 자동차 생산 분야에서 출발이 늦었기 때문에 세계 내연기관 자동차 시장에서 기술력을 따라잡고 주요 국가로 등극하기가 쉽지 않았을 것이다. 하지만 전기차는 모두가 새로 시작하는 게임이고, 주도권을 확고하게 잡은 업체가 없다. 국가 배터리 사업을 빠르게 성장시키면, 일자리가 증가할 뿐만 아니라 자동차 분야에서 강력한 수출국이자 주도권을 쥔 나라로 발돋움 할 수 있는 발판이 마련될 것이다."[15]

중국은 전기차 산업뿐만 아니라 전기차용 배터리 공급망 전체를 구축하는 놀라운 일을 해냈다. 전 세계에서 생산되는 코발트, 니켈, 망간, 흑연은 대부분 중국이 정제한다. 배터리 양극재와 음극재는 4분의 3 이상을 중국이 생산한다. 리튬-이온 배터리도 전체 생산량의 약 70퍼센트 이상을 중국이 만든다.[16] 중국 푸젠 성에 자리한 세계 최대의 배터리 제조업체 CATL은 전 세계 전기차 배터리의 3분의 1가량을 생산해 테슬라나 BMW와 같은 회사에 판매한다.[17] CATL의 시장 가치는 제너럴모터스와 포드를 합친 것보다 더 높다. 회사가 눈부신 성장을 일구자, 사내에서는 구글이나 페이스북보다 더 많은 억만장자가 탄생했다.[18] 여기에 더해 중국 소비자들도 정부의 넉넉한 보조금에 힘입어[19] 중국 이외의 국가에서 판매되는 숫자보다 더 많은 전기차를 구매하고 있다.[20]

다만 그런 중국마저 지질만큼은 마음대로 통제할 수가 없다. 정제소와 공장, 자동차 전시장은 중국 국경 안쪽에 집중되어 있지만, 전기차를 만드는 원재료는 그렇지가 않다. 배터리를 지금처럼 대량으로 생산하려면 천연자원이 어머어마하게 많이 필요하다. 실제로 전기차와 전기차 배터리는 핵심 금속의 수요 증가를 부르는 가장 큰 요인이다.[21] 중국은 이들 천연자원의 상당수를 외국에 의존한다. 외국

의존도가 높은 금속 중 하나가 바로 니켈이다.

니켈

러시아 노릴스크의 역사는 거칠고 난폭하고 짧다.[22] 탐험가들은 1920년대 들어 시베리아 최북단에 있는 외딴 반도에서 니켈, 구리, 코발트 등의 광물 매장지를 발견했다. 소련의 독재자 이오시프 스탈린은 이 광물 매장지를 원했으나, 기온이 1년 내내 영하에 머무는 곳에서 산업단지와 도시를 건설할 노동자를 찾는 것이 문제였다. 스탈린은 죄수들을 강제 동원하는 방식으로 문제를 간단히 해결했다. 노릴스크 노동 교화소가 1955년에 문을 닫기 전까지 죄수 30만 명이 이곳을 거쳐간 것으로 추정된다. 이중 최소 1만6,000명이 영양실조와 질병, 그리고 이따금 실시되는 처형으로 사망했다. 가족에게 그나마 위안이라고 한다면, 이들이 지은 노릴스크 니켈이라는 회사가 소련에서 가장 중요한 금속 공급 업체 중 하나가 되었다는 점이다.

인류는 오래 전부터 니켈을 사용해왔지만, 사실 니켈의 존재를 알아차린 지는 얼마 되지 않았다.[23] 니켈은 구리나 철이 들어 있는 광석에 섞여서 채취되는 때가 많았고, 도구와 무기, 갑옷에 은빛 광택을 더해주는 소재로 고대 대장장이들로부터 사랑받았다. 1750년, 작센 지방의 야금술사들은 평소보다 색이 옅은 구리 광석을 발견했다. 이 광석을 가공하자 예전에는 보지 못한 아주 밝고 단단한 은빛 금속이 탄생했다. 그 모습에 놀란 이들은 이 금속에 "도깨비 구리" 혹은 "악마가 깃든 구리"라는 뜻의 쿠페르니켈kupfernickel이라는 이름을 붙였다. 이듬해 스웨덴의 한 광물학자가 해당 원소를 분리했고 여기에 니켈이라는 명칭을 부여했다. 니켈은 무기와 도구에 들어가 광택을 더하고 무게를 줄이고 내부식성을 높이는 소재로 판명되었다. 많은 국가들이 니켈을 활용해서 광택이 나고 내구성이 좋은 동전을 주조했으며, 니켈이라고 불리는 미국의 5센트 동전도 그런 사례에 해당된다 (다만 특이하게도 미국의 니켈 주화는 주로 구리로 만든다[24]).

1820년대 들어 과학자들이 철에 니켈을 섞으면 강도와 내부식성이 향상된다는 사실을 발견하면서 니켈은 근대 사회의 중요한 금속으로 자리를 잡는다. 성능이 개선된 강철은 곧 총, 탄약, 그리고 전함 등의 운송 수단에 사용되기 시작했다. 그러다가 1913년 들어 영국의 한 금속학자가 탄소, 크롬, 니켈, 강철을 혼합해 녹이 슬지 않는 "스테인리스" 스틸을 만들어냈다. 스테인리스 스틸은 주방용 수도꼭지, 냉장고, 수저를 비롯한 모든 물품에서 아주 유용하게 사용되었다.

스테인리스 스틸은 전 세계가 생산하는 니켈의 주요 수요처이지만, 지금은 배터리용 니켈의 수요가 빠르게 증가하고 있다. 이는 전 세계 배터리 제조업체가 니켈이 들어가는 배터리를 점점 더 많이 만들고 있을 뿐만 아니라 배터리에 들어가는 니켈의 양을 더 늘리고 있기 때문이기도 하다. 배터리는 니켈이 많이 들어갈수록 에너지를 더 많이 저장할 수 있으며, 그 말은 전기차의 1회 충전 주행거리가 길어진다는 뜻이다. 예를 들면, 테슬라 전기차에 들어가는 일반적인 배터리의 경우 총 무게의 80퍼센트가량이 니켈이다.[25] 배터리 업계의 니켈 소비량은 2021년에만 73퍼센트 치솟았다.[26] 이런 니켈을 가장 많이 공급하는 곳이 바로 노릴스크이다.

스탈린의 사후에 새로 들어선 소련 정권은 급여 노동자를 선호해서 강제 노동을 단계적으로 줄였다. 소련이 무너지며 국영기업이 민영화되던 시절, 러시아의 대외무역부 관료인 블라디미르 포타닌은 노릴스크 니켈을 인수했다.[27] 포타닌은 노릴스크 니켈을 통해서 러시아에서 가장 부유한 신흥 재벌 반열에 올랐으며, 그의 순자산은 300억 달러 이상으로 추정된다. 노르니켈이라고도 불리는 노릴스크 니켈은 현재 코발트, 구리, 백금의 주요 공급업체인 동시에 고품질 니켈의 세계 최대 생산업체이다. 노르니켈은 전 세계 배터리 업체를 고객으로 두고 있다. 노르니켈은 2022년에 발간한 연례 보고서를 통해서 "당사는 저탄소 경제와 녹색 교통수단 개발에 필요한 핵심 금속을 생산합니다"라고 공표했는데, 이는 안타깝게도 정확한 표현이다.[28]

그 과정에서 노르니켈은 지구 환경에 치명상을 남기며 또다른 오명을 얻었다. 2021년, 기자 마리안 라벨은 잡지 「언다크Undark」에 게재한 폭로 기사에서 "노르니켈이 배출한 오염물질은 세계에서 탄소를 가장 많이 흡수하는 곳 중 하나인 타이가 지대, 즉 북방 침엽수림 지대를 나무가 죽어가는 황무지로 만들어놓았다"고 썼다.[29] 당시 노르니켈이 내뿜는 황 오염물질은 미국 전체가 내뿜는 양과 맞먹었다. 라벨의 기사에 따르면, "인공위성으로 조사해보면 인간이 만든 발전소, 유전, 제련소 중 그 어느 것도 그만큼의 이산화황 오염물질을 배출하지 않는다. 지구상에서 노르니켈 이상으로 황을 배출하는 것은 화산 폭발밖에 없다.……하지만 화산은 휴면기에 들어가면 배출량이 줄어드는 반면, 지난 80여 년간 노르니켈의 오염물질 배출량은 비슷한 수준을 유지하거나 증가해왔다." (회사는 이후 황 배출량을 크게 줄였다고 주장한다.) 설상가상으로 2020년에는 회사의 대형 연료 탱크가 무너지면서 거품이 일렁이는 붉은 경유 약 2만 톤이 암바르나야 강과 다른 하천으로 유출되었다. 당시 푸틴 대통령은 비상사태를 선포했다. 노르니켈은 러시아 역사상 가장 높은 벌금인 20억 달러를 부과받았고, 오염 방지를 위해서 수십억 달러를 더 부담하겠다고 약속했다.

이런 사건들이 있었는데도 노르니켈의 지위는 여전히 건재하다. 노르니켈은 2021년 단 한 해 동안 니켈을 팔아 36억 달러를 벌어들였다.[30] 노르니켈이 중요하다는 사실은 러시아가 우크라이나를 침공한 지난 2년 동안 서방 국가의 제재 대상에서 조용히 빠져 있었다는 점에서 명확히 드러난다. 우크라이나 전쟁 첫 해, 포타닌은 국제 사회로부터 제재를 받아 자산이 동결되고 일부 국가에 입국이 금지되었다. 하지만 우크라이나 침공 사태가 10개월째로 접어든 2022년 말에도 노르니켈이 생산한 금속은 여전히 세계 시장으로 자유롭게 흘러 들고 있다.[31] 실제로 그해 유럽연합과 미국의 러시아산 니켈 수입량은 **증가했다**.[32] 2024년 봄이 되어서야 미국과 영국은 러시아산 구리와 니켈을 비롯한 기타 금속의 수입을 금지했다.

서구권 국가 정상들은 수년 동안 니켈 공급망에 대해서 심각하게 우려해왔다. 2021년에 미국 정부는 보고서를 통해 곧 고품질 니켈이 "심각하게 부족해지는" 상황이 닥칠 수 있다고 경고했다.[33] 2020년, 테슬라의 CEO 일론 머스크는 광산 기업을 향해 "제발 니켈을 더 많이 채굴해달라. 니켈을 효율적이고 친환경적인 방식으로 채굴한다면 테슬라가 장기간의 대형 계약을 맺겠다"라고 부탁했다.[34] 노르니켈이 위치한 지역의 원주민들은 머스크에게 공개서한을 보내서 노르니켈은 조상이 물려준 땅을 "달나라"처럼 보이도록 만들었으니 노르니 켈이 이에 대한 보상을 하기 전에는 구매 계약을 맺지 말아달라고 요청했다.[35] 머스크는 아무런 답변을 내놓지 않았다. 아마도 그 이유는 머스크와 나머지 니켈 업계의 눈길이 시베리아로부터 남태평양 그리고 급성장 중인 인도네시아로 옮겨가고 있기 때문일 것이다.

니르와나 셀레는 뜻하지 않게 틱톡 스타가 되었다.[36] 이 스물한 살의 인도네시아 여성이 직업학교를 졸업하고 처음으로 얻은 직장은 술라웨시 섬에 있는 중국 소유의 니켈 제련소 PT 건버스터니켈 인더스트리였다. 셀레는 산업 현장을 배경 삼아 자신이 크레인 제어실에서 일하는 영상을 찍었다. 히잡 위에 안전모를 쓴 그녀는 미소를 지으며 용융 금속이 담긴 컨테이너를 옮기거나 립싱크로 팝송을 따라 불렀다. 이 영상은 조회 수가 수백만 회를 기록했다. 2022년 12월에는 달달한 음악이 흘러나오는 가운데 스쿠터를 타고 공장 밖 자갈길을 달리는 게시물이 마지막으로 올라왔다.

 이 영상을 찍고 나서 나흘 뒤, 셀레는 크레인 제어실에서 야간 근무 중이었는데 현장에서 석탄 분진이 누출되어 폭발로 이어진 탓에 화재가 발생하고 말았다. 「바이스 뉴스*Vice News*」에 따르면, 셀레와 셀레의 동료 마데 데트리 하리 조나단은 화염이 치솟는 제어실 안에 갇혀 있었다. 누군가가 당시 상황을 촬영한 영상을 보면 비명 소리가 들린다. 셀레와 조나단은 불에 타고 말았다. 남은 것이라고는 그들의 뼈뿐이었다.

 불이 난 27억짜리 공장은 가동된 지 1년밖에 되지 않았지만, 이곳에서 사망한 사람은 셀레와 조나단뿐만이 아니었다.[37] 한 불도저 운전자는 산사태에 휩쓸려 바다로 떠내려갔다. 또다른 노동자는 용융 슬래그 통에 빠졌다. 셀레와 조나단의 죽음 앞에서 동료들의 인내심은 한계에 다다랐다. 인도네시아인 동료 수백 명은 정의와 안전 조치 개선을 요구하며 파업에 나섰다. 2023년 1월, 파업은 혼란으로 치달았다. 인도네시아 노동자들은 기숙사에 불을 지르고 중국 경비와 몸싸움을 벌였다. 아수라장 속에서 두 노동자가 사망했다. 500명이 넘는 경찰과 군인들이 혼란을 수습하기 위해서 파견되었다. 그러나 불과 6개월 후, 또다시 화재가 발생하여 1명이 죽고 6명이 부상을 입었다.[38] 그리고 다시 6개월 후, 건버스터가 인근에서 운영하는 다른 니켈 공장에서 폭발 사고가 발생한 탓에 노동자 18명이 사망했다.[39]

건버스터 공장에서 발생한 다수의 인명 사고는 인도네시아가 막대한 광물 자원을 바탕으로 전기차 업계에서 우위를 차지하고자 하는 과정에서 나타난 끔찍한 부작용의 일부일 뿐이다. 인구가 3억 명에 가까운 인도네시아는 니켈 매장량이 풍부하며, 수년 동안 전 세계에서 니켈 원재료를 가장 많이 생산해왔다. 하지만 2020년 들어 인도네시아 정부는 가공하지 않은 니켈의 수출을 금지하고 정제 과정을 거친 니켈만 수출할 수 있게 허용했다.[40] 정부의 목표는 외국 구매자들이 인도네시아에 부가가치가 높은 정제 시설과 제조 시설을 짓도록 투자를 이끌어내는 것이었다. 인도네시아 대통령 조코 위도도는 「블룸버그 비즈니스위크*Bloomberg Businessweek*」와의 인터뷰에서 "배터리 제조만 담당하는 방식은 우리가 원하는 게 아닙니다. 그건 반쪽에 불과하니까요. 우리는 전기차를 인도네시아 안에서 만들고자 합니다"라고 말했다.

인도네시아의 노림수는 경제적 관점에서 보자면 성공을 거뒀다. 투자가 밀려들었고 생산량이 치솟았다.[41] 항상 그렇듯이 건버스터의 모기업을 비롯한 중국 기업들이 그 흐름을 이끌었다. 「블룸버그」에 따르면, 중국계 기업은 술라웨시 섬과 니켈이 풍부한 다른 섬의 니켈 제련소와 정제소 및 기타 시설에 총 140억 달러 이상을 투자했다.[42] 포드와 비중국계 다국적 기업들은 수십억 달러를 더 투자하고 있다.[43] 테슬라는 술라웨시에 자리잡은 기업과 수십억 달러 규모의 계약을 체결했으며, 향후 인도네시아에 자체 제조 시설을 세우는 방안도 고려 중이다. 니켈 원자재 수출 금지 조치 이후 2년 동안 인도네시아의 니켈 수출액은 10배가 늘어 300억 달러에 이르렀다.[44]

그러나 그에 따른 환경 피해는 엄청나다. 광산과 그와 관련된 기반 시설을 짓기 위해서 술라웨시에서만 2만1,000에이커가 넘는 열대우림이 사라졌다.[45] 이는 미국령 버진 아일랜드에서 가장 큰 섬인 세인트토머스 섬보다 약간 더 큰 수준이다. 광석 찌꺼기를 비롯한 광산 폐기물은 하천과 수로를 오염시켰다.[46] 광산이 배출하는 오염물질 중에는 에린 브로코비치가 반대 캠페인을 벌인 것으로 유명한 독성물질인 6가 크롬이 있다. 「가디언 The Guardian」에 따르면, 이 6가 크롬이 일부 지역에서는 식수에 스며들었다.[47] 6가 크롬은 주요 니켈 생산국 중 하나인 필리핀의 광산에서도 발견되었다.[48] 2017년에는 필리핀 내의 10여 곳이 넘는 니켈 광산이 주변 환경에 미치는 피해 때문에 운영을 중단했다. 그럼에도 필리핀에서는 니켈 채굴이 빠르게 늘어나고 있으며 이에 따라 현지 시위대와 경찰이 물리적으로 충돌하는

사태가 벌어지고 있다.[49]

니켈로 인한 환경 피해는 채굴 과정보다 부가가치를 높이기 위한 가공 과정에서 훨씬 심각하게 나타난다. 니켈은 기본적으로 황화물이나 라테라이트laterite에 들어 있다.[50] 둘 모두 배터리용 금속이 되기 위해서는 정제 과정이 필요하지만, 니켈 황화물은 라테라이트에 비해 처리 과정이 훨씬 간결하다. 러시아에는 황화물이 많다. 반면 대다수 동아시아산 니켈은 품질이 낮은 라테라이트이다. 라테라이트 니켈을 정제하는 과정은 상당히 지저분하고 복잡하다. 대개 라테라이트 니켈은 광석을 분쇄한 다음 섭씨 200도 이상으로 가열하고 황산과 혼합한 뒤 압력을 가해 니켈을 분리하는 고압산침출법을 적용한다. 고압산침출법을 거치고 나면 후속 조치가 필요한 산성 폐기물 수백만 톤이 발생한다. 인도네시아 주민들은 고압산침출법을 적용하는 제련소에서 흘러나오는 유출수 때문에 강이 검붉은 색으로 변했다고 말한다.[51] 2019년, 파푸아뉴기니에 들어선 중국계 니켈 제련소는 북동부 해안을 따라 폐기물 3만5,000톤을 유출했고,[52] 이로 인해서 바다가 심각하게 오염되자 파푸아뉴기니 정부는 국가의 주요 산업 중 하나인 어업을 일시적으로 중단시켰다. 유출 사고는 해당 제련소가 법망을 교묘히 피해가며 온갖 광석 찌꺼기를 바다에 곧장 버려오던 차에 터졌다.

여기에 더해서 대기 중으로 방출되는 오염물질도 있다. 니켈 제련소는 높다란 굴뚝으로 이산화황을 비롯한 오염물질을 내뿜는다.[53] 2023년 「뉴욕 타임스」가 보도한 기사에 따르면, 술라웨시의 니켈 공장 인근 주민들은 "폐기물 더미에서 쏟아지는 먼지와 매연을 내뿜는

굴뚝, 온종일 광석을 싣고 오가는 트럭들의 소음에 불만을 토로하고 있다. 상황이 심각한 날에는 마스크를 쓰는데도 숨쉬기가 불편하다."[54] 니켈을 가공하는 작업은 에너지도 막대하게 소비하는데, 인도네시아에서는 전기를 주로 석탄 화력 발전소에서 생산한다. 그렇다. 탄소 중립을 위한 배터리를 만들기 위해서 탄소가 가득한 석탄을 엄청나게 많이 태우는 것이다.

이런 상황에도 불구하고 동남아시아 국가들은 니켈 산업을 확장하고 있다. 남태평양의 작은 섬, 프랑스령 뉴칼레도니아에는 전 세계 니켈의 4분의 1이 매장되어 있을 것으로 추정된다. 이처럼 막대한 광물 자원을 가지고 있다고 해서 그것을 꼭 축복이라고 볼 수는 없다. 뉴칼레도니아는 원주민인 카나크족이 금속 전리품의 분배 문제를 놓고 유럽계 정착민의 후손이나 다른 이주민들과 충돌을 빚으면서 폭력 사태가 주기적으로 발생했다. 니켈을 둘러싼 내부 혼란 때문에 2021년에는 지방 정부가 무너지고 말았다.[55]

한편, 미국에는 니켈 광산이 미시건 주에 딱 한 곳밖에 없다.[56] 이 광산은 2026년이면 자원이 바닥날 것으로 보인다. 미네소타 주에 니켈 광산이 하나 더 있기는 하지만 이곳은 2005년 이후 소송과 허가 문제로 운영이 중단된 상태이다.[57] 미국에서 채굴한 니켈은 가공을 하려면 해외로 보내야 한다. 한두 회사가 미국에 니켈 정제소를 짓고자 노력 중이지만, 현재까지는 니켈 정제소가 한 곳도 없다.

니켈은 온갖 문제를 일으키고 있는데도 여전히 전망이 좋다. 각 기업은 이전 세대보다 니켈이 훨씬 더 많이 들어가는 배터리를 개발하고 있다. 그 이유는 이들 기업이 니켈보다 훨씬 평판이 나쁜 핵심 금속의 사용량을 줄이고 싶어하기 때문이다.

코발트

모든 핵심 금속을 통틀어 코발트만큼 단일 공급원에 크게 의존하는 금속도 없을 것이다. 푸른빛이 도는 코발트는 전 세계 공급량의 70퍼센트 이상[58]이 콩고민주공화국에서 나온다.[59] 콩고민주공화국은 반복되는 내전과 고질적인 부패, 극심한 가난으로 인해 지구상에서 가장 혼란스러운 국가 중 하나이다.

콩고민주공화국에서 최악으로 꼽히는 광산들은 악몽 속 풍경을 그대로 옮겨놓은 듯하다. 연구자 싯다르트 카라의 책 『코발트 레드 Cobalt Red』에 따르면, "콩고산 코발트로 제품을 만들어 판매하는 거대 기업은 수백조 달러의 가치를 평가받지만, 그 코발트를 채취하는 사람들은 극심한 가난과 엄청난 고통 속에서 하루하루 근근이 생계를 이어간다. 이들은 외국계 광산 기업이 독성물질 폐기장처럼 취급하는 최악의 환경에서 살아간다."[60]

그중에서도 가장 끔찍한 곳은 영세 광산이라고 불리는 소규모 무허가 광산이다. 영세 광산에서 일하는 사람은 20만 명 정도로 추정되며, 이들은 콩고민주공화국에서 나오는 전체 코발트의 15-20퍼센트를 생산한다. 걸친 것이라고는 반바지와 티셔츠, 슬리퍼뿐인 남성들은 손전등을 머리에 동여매고는[61] 하루 종일 깊고 좁은 지하 터널 속에서 수작업으로 코발트를 채굴한다.[62] 이곳에서 안전모와 보안경은 찾아보기 어렵다. 이들이 들이마시는 위험한 먼지는 여기서는 그다지 큰 걱정거리가 아니다. 조잡하게 파놓은 터널이 무너져서 사람이 생매장되는 일이 때때로 벌어지기 때문이다. 2010년대 후반에는 산사태가 일어나 한꺼번에 수십 명이 사망한 적도 있다. 광부가 채취한 코발트는 밧줄에 묶거나 등에 짊어진 자루에 담아 지상으로 운반한다. 운반해온 광석은 여성과 수많은 아이들이 분류하고 세척하고 분쇄한다.[63]

콩고민주공화국의 코발트 광산에서 일하는 아이들의 수가 얼마나 되는지는 아무도 모르지만, 분명 수천 명에서 수만 명은 될 것이다. 2019년에 유럽의 한 연구팀이 콩고민주공화국 광산 수십여 곳을 돌아본 뒤에 작성한 보고서에 따르면, "아이들은 자기 몸무게보다 무거운 광석 자루를 계속해서 옮겨야 한다. 이들은 보안 요원으로부터 신체적 학대와 구타, 채찍질, 익사 위협을 당할 뿐만 아니라 약물 남용, 폭력, 성 착취에 노출될 때가 많다."[64] 이들 중에는 일곱 살 난 어린아이도 있다. 광산에서 일하지 않는 아이도 코발트로부터 영향을 받는다. 연구 결과를 보면, 광산 근처에 사는 어린이들은 선천적 결함이 많으며, 혈액과 소변 검사에서 코발트 농도가 높게 나타난다.[65]

콩고민주공화국의 코발트는 주로 영세 광산이 아니라 대규모 시설을 갖춘 광산에서 생산되며, 이중 많은 곳에서는 구리도 함께 나온다. (구리 광석은 코발트와 니켈을 함유하는 경우가 많아서 코발트와 니켈을 부산물로 분리할 수 있다.) 이런 광산은 근로자에 대한 대우가 더 좋은 편이기는 하지만 그것도 어디까지나 상대적인 이야기일 뿐이다. 현지 정부 기관에 따르면, 이들 광산에서는 착취에 가까운 낮은 임금, 위험한 근로 환경, 신체적 학대가 만연해 있다.[66] 광산 인근에서 살아가는 주민들 역시 고통받고 있다. 국제사면위원회가

2023년 4월에 발간한 보고서를 보면, "콩고민주공화국에서 코발트, 구리 광산이 대규모로 확장되는 과정에서 공동체는 모조리 퇴거당하고 인권은 구타, 성폭행, 방화 등의 행위로 심각하게 유린당했다."[67]

치명적인 사고도 끊임없이 발생하고 있다. 2018년, 무탄다 광산에서는 산성 물질을 가득 실은 트럭이 전복되어 18명이 사망했다.

이렇듯 코발트는 니켈보다 폐해가 더 심각하지만 비교적 최근까지도 국제 사회는 별다른 관심을 기울이지 않았다. 1735년에 처음 채굴된 코발트는 초기에는 주로 제트 엔진의 날개를 강화하는 용도로 사용되었다. 하지만 2010년대 들어 자동차 제조업체들이 전기차에 관심을 가지면서 전기차 배터리를 제조하려면 코발트가 많이 필요하다는 사실을 알게 되었다. 우리가 사용하는 스마트폰에는 코발트가 약 7그램 정도 들어가는 데 비해, 전기차 배터리에는 10킬로그램이 넘는 코발트가 필요하다.[68] 1970년대부터 2009년까지 전 세계는 매년 평균 3만8,000톤의 코발트를 생산했다. 그후 10년 동안 배터리용 수요가 증가하면서 전 세계 코발트 생산량은 4배 증가했다.[69]

이렇듯 코발트를 찾는 수요가 급증하던 시기는 세계 시장이 콩고민주공화국의 풍부한 광물에 다시 접근할 수 있게 된 시기와 맞물렸고, 그러자 구리 업계의 거물인 로버트 프리들랜드와 같은 인물들이 이곳에 관심을 가지게 되었다. 자국의 역사를 조금이라도 알고 있는 콩고민주공화국 사람이라면, 외국인이 몰려들기 시작하는 모습을 보고 몸서리를 쳤을 것이다. 콩고민주공화국이 세계 경제와 엮이면서 겪은 역사는 말로 표현할 수 없을 만큼 참담하다. 콩고민주공화국은 1800년대 후반에 벨기에의 식민지로 전락했다. 벨기에의 탐욕스러운 국왕 레오폴드 2세는 스스로를 콩고자유국의 주인으로 선포하고, 이 나라를 거대한 고무 플랜테이션으로 바꾸고는 사람들을 노예로 부렸다. 수많은 사람들이 벨기에 정권에 의해서 불구가 되거나 목숨을 잃었다. 당시 벨기에 정권의 목표는 지금과 마찬가지로 원재료를 채취하고 제품을 만들어 부유한 외국 구매자에게 판매하는 것이었다. 콩고민주공화국의 고무는 지금 이 나라의 구리와 코발트가 전기차 배터리 시장에 공급되는 것과 마찬가지로, 호황기를 맞은 자동차 타이어 시장으로 흘러들어갔다.

그로부터 시간이 제법 흐른 뒤에도 콩고민주공화국은 혼란스러웠다.[70] 내부 분쟁과 지역 분쟁이 잇따르며 수백만 명이 목숨을 잃었고, 외국계 기업은 발붙이기가 어려웠다. 하지만 2000년대 초에 마침내 분쟁이 잦아들자 광산 기업이 되돌아왔다.

광산 기업이 계약을 맺으려고 했을 때, 그들을 기다리고 있던 사람은 이스라엘의 기업가 댄 거틀러였다.[71] 그는 전직 다이아몬드 중개상으로 콩고민주공화국의 대통령인 조제프 카빌라와는 오랜 친분이 있었다. 코발트와 구리 채굴권을 놓고 기업들이 줄을 서자, 거틀러는 대가로 수백만 달러를 받고는 적절한 정부 관리와 연결시켜주었다. 헨리 샌더슨의 책 『볼트 러시』에 따르면, "거틀러와 콩고민주공화국의 고위급 인사들은 레오폴드 2세 이후 그 누구보다 많은 돈을 벌었다."[72] 거틀러는 뇌물 수수와 부패 혐의로 조사를 받아왔지만, 지금까지 유죄 판결이 나온 적은 한 번도 없었다.[73]

거틀러와 가장 관계가 깊은 기업 중 하나는 스위스계 다국적 기업인 글렌코어이다. 글렌코어는 코발트, 니켈, 구리 등 에너지 전환에 필요한 핵심 금속을 생산하는 주요 업체이다. 그렇다고 해서 글렌코어를 "청정 에너지" 기업이라고 볼 수는 없다. 글렌코어는 세계에서 석탄을 가장 많이 생산하는 기업 중 하나이기도 하기 때문이다. 이 거대 원자재 기업은 부도덕하고 능수능란한 기회주의자 마크 리치가 1974년에 설립했다.[74] 마크 리치는 아파르트헤이트(인종 차별 정책/역주) 시절의 남아프리카공화국, 그리고 미국 인질이 억류된 시기의 이란과 함께 사업을 한 전적이 있다. 그는 미국 정부로부터 탈세, 공갈, 사기 혐의로 기소되었지만, 2001년에 빌 클린턴 대통령으로부터 사면을 받았다. 글렌코어는 마크 리치의 경영 스타일을 지금도 이어가고 있으며, 콩고민주공화국에 뇌물 수백만 달러를 지급한 사실을 인정한 바 있다.[75]

중국의 건설사들 역시 정부의 지원 아래 콩고민주공화국의 부를 양손 가득 거머쥐고 있다. CATL을 비롯한 중국계 기업은 콩고민주공화국의 코발트 광산을 80퍼센트 넘게 소유하고 있는 것으로 추정된다. 베이징에서 근무하는 관리자들은 노트북에서 흘러나오는 실시간 영상을 통해서 노동자들을 지켜본다.[76] 영세 광산에서 채굴한 코발트의 주요 구매자는 중국계 중개인이다.[77]

중국계 기업은 콩고민주공화국의 도로와 항만도 건설하는데, 이렇게 하면 금속을 중국으로 가져오기가 수월해진다. 채굴지의 소유자가 누구든 간에 콩고민주공화국에서 채굴된 코발트 광석은 거의 중국으로 향한다. 중국에 있는 정제소는 전 세계 코발트의 절반 이상과 콩고민주공화국산 코발트 광석의 90퍼센트가량을 처리한다.[78] 중국에서 가공한 코발트는 소니, 파나소닉, 제너럴모터스, 애플과 같은 기업으로 팔려나간다.[79] 백악관은 2021년에 발간한 보고서를 통해서 코발트 산업은 "중국이 배터리용 핵심 소재 분야에서 경쟁력을 확보하게 된 가장 포괄적인 방법 중 하나"라고 공표했다.[80]

중국에는 언론의 자유가 없기 때문에 중국 기업은 부정적인 여론을 우려하지 않아도 되는 이점을 누린다. 콩고민주공화국 내의 영세 광부들, 그중에서도 특히 어린이들의 근로 환경은 핵심 금속과 관련된 인권 문제들 중에서 관심을 가장 많이 받는 사안이다. 최근 국제사면위원회, 「뉴욕 타임스」, 「가디언」, 「알자지라 *Al Jazeera*」 영문판을 비롯한 여러 기관이 콩고민주공화국의 광산 실태를 조사한 기사를 내보냈다. 물론 아동 노동은 콩고민주공화국만의 문제가 아니다. 에런 페르자노프스키의 책 『수리할 권리』에 따르면, "전 세계 주석의 약 3분의 1은 인도네시아의 무허가 광산에서 생산되는데, 이런 곳은 붕괴 사고가 잦고 어린이를 노동자로 동원한다. 볼리비아 포토시에 위치한 세로 리코 광산에서는 여섯 살배기 어린이가 몹시 깊고 좁은 구덩이에서 은과 아연을 채굴하는 고된 일을 떠맡는다. 매년 어린이 수십 명이 목숨을 잃는다."[81] 미국 정부 역시 중국을 향해 태양광 패널용 폴리실리콘 공장이 어린이를 고용하고 있다며 비난했다.[82] 부끄러운 사례는 수없이 많다. 광산업계와 전자산업계 종사자들은 코발트 광산이 대중에게 끔찍한 곳으로 인식되고 있다는 점을 잘 알고 있다. 콩고민주공화국은 영세 채굴에서 비롯되는 문제를 바로잡겠다고 약속했다.[83] 하지만 최근 들어 몇몇 개선 조치가 단행되었음에도 불구하고 아동 노동이나 근로 환경과 관련된 기본적인 문제는 여전히 숙제로 남아 있다.

휴대전화나 자동차를 만드는 많은 기업들은 주주들을 안심시키는 차원에서 자사 제품에 들어가는 배터리에 아동이 채굴한 코발트를 사용하지 않겠다고 약속했다. 더불어 원재료를 생산하는 광산을 감찰할 목적으로 외부 감시관을 고용하는 방안도 내놓았다.[84] 그러나 비평가들은 이런 조치가 효과적이지 않다고 주장한다.[85] 콩고민주공화국의 코발트 광산을 감찰하는 기관에서 일했던 브리티시컬럼비아 대학교의 연구원 라파엘 데베르트는 "그런 방법은 효과가 제한적이에요. 감시관은 광산에 하루나 이틀쯤 가서 현장을 둘러보고 문서를 몇 건 살펴봐요. 운영 정책이 제대로 마련되어 있는지 살펴보는 거죠. 하지만 그곳의 실상을 제대로 알아볼 수는 없어요"라고 말한다.

기업 이미지를 깨끗하게 유지하는 또다른 방법은 콩고민주공화국산 코발트를 더 이상 구매하지 않는 것이다. 예컨대, 독일의 자동차 회사 BMW는 코발트 구입처를 모로코와 오스트레일리아로 옮겼다고 밝혔다. 산업계는 콩고민주공화국을 대체할 곳을 찾기 위해 다른 지역에서 이루어지는 채굴 활동을 장려하고 있으며, 그런 곳 중 하나가 바로 아이다호 주이다. 아이다호 주는 미국 유일의 코발트 광산이 있던 곳이며, 면적이 1만380에이커에 이르던 그 광산은 1980년대에 문을 닫았다. 2022년, 마이클 홀츠가 「애틀랜틱 The Atlantic」에 실은 기사에 따르면, "그 무렵 주변 하천은 생명체가 사라진 곳이었다. 중금속 오염 때문에 물고기와 수생 곤충이 떼죽음을 당했다."[86] 환경보호국은 이 지역을 미국에서 오염이 가장 심한 곳으로 지정했으며, 그 이후로 정화 작업이 계속해서 이어지고 있다. 사정이 이런데도 미국 정부는 아이다호 주에서 코발트 광산 한 곳에 새롭게 운영 허가를 내주었고, 몇몇 광산은 허가를 받기 위해서 대기 중이다.[87] 요즘 시대에 맞는 규제를 마련한다고 해도 코발트 광산은 아이다호 주에 커다란 영향을 미칠 수밖에 없다. 하지만 정부의 결정은 콩고민주공화국산 코발트에 대한 의존도를 줄이기 위한 합리적인 절충안이 될 수 있을 것이다. 금속 채굴과 관련된 사안에서는 좋다 혹은 나쁘다가 아니라 나쁘다 혹은 덜 나쁘다 사이에서 선택을 내려야 한다.

어쨌거나 콩고민주공화국은 코발트 매장량이 전 세계 나머지 국가의 매장량을 모두 합친 것만큼 많은 것으로 추정될 정도로 막대하기 때문에 앞으로도 중요한 공급자로서의 지위를 유지할 것이다.[88] 그 말은 지금까지 우리가 살펴본 내용에도 불구하고 그 안에서 기회를 찾을 수도 있다는 뜻이다. 콩고민주공화국이 처한 상황은 전적으로 나쁘다고만은 볼 수 없다. 영세 채굴은 험한 일이지만 누군가에게는 선택 가능한 유일한 일자리이다. 콩고민주공화국 사람들은 코발트 채굴이 아니면 다른 일을 찾으면 된다는 식으로 선택할 수 없다. 그들은 코발트 채굴을 하지 않으면 굶어야 한다. 『코발트 레드』에 등장하는 한 광부는 이렇게 말했다. "이곳 주민들이 택할 수 있는 일은 이것밖에 없어요. 어쨌거나 코발트는 파기만 하면 돈이 되니까요."[89] 배터리 제조업체가 내일 당장 콩고민주공화국산 코발트를 구매하지 않는다면, 주주나 고객들 입장에서는 마음이 편하겠지만 극도로 가난한 수많은 사람들은 일자리를 잃고 만다. 모든 결정에는 대가가 따른다. 모든 기회에는 위험이 따른다. 아마도 기업이 택할 수 있는 더 좋은 방안은 콩고민주공화국을 대신할 대안을 찾는 쪽이라기보다는 현지 광산이 환경과 노동자를 보호하는 기준을 마련하도록 돕는 쪽일 것이다.

　배터리 제조업체가 택할 수 있는 방안 중에는 코발트와 니켈의 함량을 점차 줄여가는 것도 있다. 리튬 이온 배터리 개발에 공헌한 휘팅엄은 노벨상을 받은 후에 어느 인터뷰에서 콩고민주공화국 광산에서 일어나는 학대 행위가 자신에게 동기를 부여한다고 말했다. "지금 우리는 배터리에 코발트를 넣지 않는 방법을 개발 중이에요. 다들 코발트 첨가량을 최대한 줄여보겠다는 마음이 강하죠."[90]

　코발트나 니켈을 넣지 않는 배터리는 이미 검증된 제조법이 존재한다. 중국에서는 리튬-인산철 배터리로 작동하는 전기차가 점점 많아지고 있다. 리튬-인산철 배터리는 생산비가 저렴하기는 하지만 니켈-코발트 배터리에 비해 에너지 밀도가 낮다. 단점은 이것 말고도 더 있다. 전 세계의 인광석은 주로 모로코와 사하라 서부에 존재하지만, 이곳은 오래 전부터 분리주의 운동이 들끓고 있다.[91] 플로리다도 주요 인광석 생산지이지만, 생물다양성 센터는 이 지역의 인광석 광산이 "토착 동식물을 쫓아내고 광활한 면적의 소중한 서식지를 파괴해 예전과 같은 자연 상태로 돌아갈 수 없게 되었다고 경고한다."[92] 인산염은 주로 전 세계에서 비료를 생산할 때 사용되는 재료여서 배터리 업체 쪽의 수요가 급증하면 농사용 비료 값이 상승할 여지가 있다. 아다마스 인텔리전스 소속 애널리스트인 라이언 카스틸루에 따르면, 현재 리튬-인산철 배터리에 들어가는 철과 인산염은 값이 매우 저렴하기 때문에 재활용할 만한 가치가 없다. 이 때문에 나중에 대량으로 폐기될 가능성이 있다. 카스틸루는 "오늘 시장에서 최고로 각광받던 기술이 내일이면 최악의 기술로 평가받을 수 있다"고 말한다. 모든 일에는 대가가 따르는 법이다.

　전기차 배터리는 니켈이나 코발트를 많이 넣든 적게 넣든, 배터리 소재로 철과 인산염을 사용하든, 사실상 모든 제품에는 또다른 핵심 금속인 리튬이 들어간다.

6

위험에 내몰린 사막

칠레 북부의 아타카마 사막 깊은 곳, 이곳에 있는 거대하고 얕은 인공 연못 수백 개 위로 태양이 내리쬔다. 45제곱킬로미터에 걸쳐 조각보를 이어놓은 듯한 인공 연못은 파란색, 초록색, 노란색으로 물들어 있는 것이 마치 고질라를 위한 소파 덮개용 천 같다. 엄밀히 말해서 이곳은 광산이다. 그러니까 땅 속에서 상당량의 금속을 추출하는 거대한 산업 현장이다. 하지만 이곳에서는 경유를 뿜어내는 드릴이나 덜컹거리는 컨베이어벨트는 물론이고 광부마저 눈에 띄지 않는다. 내가 서 있는 현장 한가운데의 청록색 연못가는 고요하다. 오로지 멀리서 움직이는 트럭과 사막 바닥 아래에서 미네랄이 풍부한 염수를 퍼올리는 소리만 들릴 뿐이다. 추출 과정은 대체로 조용하고 부드럽게 진행된다. 그저 햇빛과 중력만으로 연못의 물을 천천히 증발시켜서 리튬이 가득 든 황록색 수프로 농축시키는 것이다.

"추출 과정은 아주 자연스럽게 이뤄져요." 2022년 3월 기분 좋게 따스한 어느 날, 내게 시설을 안내해주던 알레한드로 부셰르가 말했다. 부셰르는 현재 아타카마 사막에서 리튬을 채굴하는 두 회사 중 더 큰 회사인 SQM의 홍보 대행인이다. "염수에는 아무것도 첨가하지 않아요. 화학 물질을 전혀 사용하지 않죠. 그래서 아주아주 깨끗하답니다."

이곳에서 사용하는 방법은 "친환경" 에너지 전환용 핵심 소재를 추출하는 방법으로 딱 알맞아 보인다. 리튬은 디지털 기기와 전기차용 배터리에 없어서는 안 되는 핵심 소재이다.[1] 리튬은 현존하는 가장 가벼운 금속으로, 기기의 무게를 크게 늘리지 않으면서 전력을 저장하는 용도로 안성맞춤이다. 현재, 전 세계에서 생산되는 리튬의 4분의 3은 배터리에 쓰인다.[2] 리튬을 찾는 수요 또한 급증하고 있다. 전 세계에서 이 부드러운 은백색 금속을 거래하는 시장은 2017년부터 2022년까지 7배 성장하여, 연간 거래액이 총 500억 달러에 이르렀다. 국제에너지기구의 추정에 따르면, 2050년에는 그 10배에 달하는 양이 거래되어야 전기-디지털 시대에 필요한 수요가 충족된다고 한다.[3]

아타카마 사막은 바로 그런 면에서 중요한 역할을 맡고 있다. 이 일대는 세계에서 리튬이 가장 많이 매장된 곳으로 알려져 있으며, 전 세계 리튬의 4분의 1 이상을 공급하고 있다.[4] 하지만 아타카마 사막의 광산은 지구 대기 보호에는 도움을 주고 있을지 몰라도 정작 아타카마 사막 자체는 황폐화시키고 있는지도 모르겠다.

여기서 우리는 또 한 번 어려운 문제에 맞닥뜨린다. 디지털 기술과 전기차의 확산은 궁극적으로 **대다수** 지역의 **대다수** 사람에게 도움이 될 것이지만, 정작 이 과정에서 가장 혹독하게 대가를 치르는 사람은 **일부** 지역의 **일부** 사람들이다. 리튬을 추출하는 작업은 전 세계 곳곳에서 커다란 피해를 낳고 있다. 아르헨티나에서는 염수를 퍼올리는 작업을 하다가 농작물에 물을 대는 하천이 오염되는 사건이 발생했다.[5] 중국에서는 한 경암형hard-rock 리튬 광산이 몇 차례 강물을 독성물질로 크게 오염시킨 탓에 물고기뿐만 아니라 강물을 마신 소와 야크가 폐사했다.[6] 짐바브웨에서는 불법 광부들이 총부리를 겨누며 주민들을 거주지에서 몰아냈다.[7] 세르비아에서는 거리 시위가 격렬하게 벌어지면서 광산 개발 계획이 취소되었다. 네바다 주에서는 원주민, 목장 주인, 환경 운동가들이 대규모 채굴 예정지가 원주민의 신성한 땅과 지역 생태계를 파괴할 것이라고 주장하며 투쟁을 벌이고 있다. 그리고 아타카마 사막에서는 리튬 광산이 안 그래도 지구상에서 가장 건조한 지역에서 엄청난 양의 물을 빨아들이고 있다. 여러 연구원과 원주민들은 이 때문에 사람과 토종 동식물의 생명 줄인 지하수가 사라지고 있다고 생각한다. 희귀 홍학이 서식하는 석호와 양, 염소, 야생 라마의 먹이가 되는 초목, 그리고 아타카마 사람들이 수천 년 동안 이어온 삶의 방식이 모두 위험에 처할 수 있다.

    리튬은 우주에서 가장 오래된 금속일지도 모른다. 과학자들은 빅뱅이 일어난 시점에 리튬이 수소, 헬륨과 함께 생성되었다고 생각한다. 인류는 또다른 스웨덴의 화학자 요한 아우구스트 아르프베드손의 연구를 통해서 꽤 늦은 시기인 1817년에 리튬을 발견했다. (스웨덴 사람들한테는 무슨 비결이라도 있는 것일까?) 리튬은 도자기 유약, 내한성耐寒性 윤활유, 고강도 타이어 등과 같은 제품을 제작할 때에 유용한 재료로 밝혀졌다.[8] 1949년에는 약사들이 소량의 리튬 섭취가 양극성 장애 환자의 기분을 안정시키는 데 도움이 된다는 사실을 알아냈다. 리튬은 지금도 그런 용도로 처방된다. 하지만 리튬은 1950년대 들어 미국 정부가 당시로서는 놀라운 기술인 수소폭탄 제조를 위해서 리튬을 비축하기 시작하면서부터 대량으로 생산되었다. 수소폭탄을 폭발시키는 물질은 사실 리튬과 수소의 화합물이다. 내 전기차 리프를 로스앤젤레스의 도로를 달리도록 해주는 성분이 도시를 연기가 자욱한 폐허로 만들어버릴 수도 있는 것이다.

그후 30여 년간, 전 세계 리튬은 사실상 노스캐롤라이나 주에 있는 두 광산에서 단단한 암석을 파내며 채굴했다.[9] 그러다가 남아메리카에서 리튬이 가득 든 염수가 발견되었다. 지금은 은퇴한 칠레의 지질학자 기예르모 총은 1970년대 초에 아타카마에서 리튬을 발견한 원정대 소속 연구원이었다. "당시는 상황이 매우 어려웠어요." 기예르모 총이 칠레의 해안 도시 안토파가스타에 있는 자택에 앉아서 말했다. 당시 그 지역에는 도로가 없었다. 밤이면 기온이 영하로 떨어져서 기예르모와 동료들은 텐트 속에서 오들오들 떨어야 했다. 사륜구동 트럭에 싣고 간 굴착 장비는 작업용으로 사용하기에는 적절하지 않았다. "지층이 악마의 가죽이라도 되는 듯이 단단하더라고요." 기예르모가 말했다. 하지만 6주일 동안 사막에서 구멍 수십 개를 뚫고 나자 그들은 무엇인가를 발견했다는 사실을 깨달았다. 그곳은 지금껏 찾은 곳들 가운데 가장 광대한 리튬 매장지였다. "지질학으로는 아무것도 찾지 못할 때가 많아요." 기예르모가 말했다. "그런 곳을 찾으려면……." 그는 하늘을 향해 눈을 굴리더니 "어휴!" 하면서 한숨을 내쉬었다.

아타카마 리튬 광산은 1980년대부터 운영을 시작했다.[10] 염수에서 리튬을 추출하는 작업은 암석을 발파하는 작업보다 돈이 훨씬 적게 들었고, 그 결과 칠레는 곧 세계에서 리튬을 가장 많이 공급하는 국가가 되었다.

아타카마 일대는 대체로 아주 메마르고 황량한 곳으로, 모래나 바위, 소금 따위로 뒤덮인 평지가 적갈색으로 적막하니 물들어 있다. 이 지역은 화성의 표면과 흡사한 곳이어서 나사의 탐사용 로버를 시험하는 장소로 이용되고 있으며, 또 워낙 별세계 같은 곳이다 보니 스타워즈 「만달로리안」 시리즈의 촬영지가 되기도 했다.

그러나 이곳에서도 생명체가 살아간다. 이곳의 원주민인 아타카메뇨는 적어도 1만2,000년 동안 이곳을 고향이라고 불러왔다.[11] 아타카마 사막에는 아타카메뇨의 선조가 돌에 새긴 상형문자와 푸카라라고 불리는 고대 석조 요새 유적이 흩어져 있다. 현재 아타카메뇨 마을은 리튬 광산의 동쪽 산기슭에 점점이 자리잡고 있다. 마을은 대개 안데스 산맥에서 내린 비와 눈 녹은 물이 흘러내리는 물길, 타마루고 나무와 키가 큰 풀이 무성한 녹지, 옥수수와 토마토 등의 농작물을 기르는 밭이 있는 산골짜기에 들어서 있다. 마을 사람들은 이 개울물과 지하수에 의존해 살아간다.

리튬 광산은 가장 가까운 마을에서 몇 킬로미터 떨어진 거대한 소금 평원(스페인어로 살라르salar라고 부른다)에 있다. 소금 평원 아래에는 엄청나게 많은 염수가 저장되어 있는데, 이 염수에는 수천 년간 축적된 염분과 리튬을 비롯한 광물이 가득 들어 있다. 땅 아래에서는 담수층과 염수층이 만나 섞이는 구역에서 일종의 경계층이 생긴다. 밀도가 높고 무거운 염수는 가벼운 담수를 표층으로 밀어내는데, 그러면 표층에서는 얕은 염호가 생성된다. 염호는 온갖 자그마한 생명체뿐만 아니라 이들을 먹고 살아가는 희귀한 홍학의 보금자리이다.

광산은 담수와 염수를 가리지 않고 빨아들인다. 광산 기업은 직원들의 식수와 생활용수, 장비 세척 용수로는 담수를 퍼올린다. 그리고 다채롭게 빛나는 연못에는 엄청난 양의 염수를 초당 수백 갤런의 속도로 퍼올린다.[12] 염수는 햇빛에 증발되도록 수개월 동안 가만히 둔다. 리튬 1톤을 생산하려면 10만 갤런이 넘는 염수가 필요하다.[13]

그러면 사막 아래에 있는 물의 총량은 끊임없이 줄 수밖에 없다.[14] 영국의 전문 잡지 「엔지니어링 & 테크놀로지 *Engineering & Technology*」는 단 하나의 기업이 1985년부터 2017년까지 아타카마 소금 평원의 염수를 증발시키는 과정에서 1,140억 갤런의 물이 사라진 것으로 추정했다.[15]

SQM은 이에 대해 기본적으로 문제 될 것이 없다는 입장을 취하고 있다. SQM은 회사의 공식 보고서를 통해서 자신들이 퍼올리는 담수는 "인근 지역의 식수와 농업용수에 지대한 영향을 미치지 않는다"고 발표했다.[16] 또 SQM은 자신들이 퍼올리는 엄청난 양의 염수도 담수가 담긴 지하수층이나 석호에 영향을 미치지 않는다고 주장한다. SQM의 수리지질학자 코라도 토레는 염수 그 자체는 "환경적으로 아무런 가치가 없다"고 말한다. 염수는 너무 짜서 식수나 농사용으로는 적합하지 않다. SQM의 연구원들은 수위를 관찰하는 수리지질학 센서망을 갖추고 있으며, 현장 연구와 위성사진을 통해서 석호와 식생, 야생 동식물의 생태도 감시하고 있다. 연구원들의 분석에 따르면 리튬 광산은 아타카마 생태계에 아무런 피해를 주지 않는다.[17]

내가 만난 아타카메뇨 사람들은 그 말을 믿지 않는다. 나는 SQM에서 수년 동안 일했거나 SQM이 지원하는 단체에서 일했던 사람들도 만났다. 그들은 모두 리튬 광산이 물을 너무 많이 끌어다 쓰는 탓에 그 물에 의존하는 모든 생명체가 위험에 처했다고 말했다.

물은 이따금 식수가 말라서 트럭으로 운반해와야 하는 지역에서 특히나 논쟁의 여지가 많은 문제이다. 수년 동안 아타카마에서 리튬을 채굴하는 SQM과 미국 기업인 앨버말은 서로 상대방이 염수를 허용치보다 많이 퍼올렸다고 고소했지만, 그런 일로는 아타카메뇨의 근심을 덜어주지 못한다.[18] 칠레 환경 당국은 2016년에 감사를 실시하여 SQM이 염수를 과도하게 채취한 사실을 밝혀냈고,[19] 이에 따라 SQM은 염수 채취량을 줄여야 했다.[20] 아마도 다음 차례는 앨버말이 될 것으로 보인다. 2022년 4월, 칠레 정부는 앨버말이 지하수를 과도하게 퍼올렸다며 소송을 제기했다.[21] (아타카메뇨 중에는 특히 SQM에 원한을 품은 사람이 많다. SQM이 1990년대 들어 이곳에서 광산을 운영하면서 고용한 원주민 노동자들을 차별 대우했기 때문이다. 칠레의 전 독재자 아우구스토 피노체트의 사위가 SQM의 회장이었고,[22] 여전히 상당량의 주식을 보유하고 있다는 사실도 나쁜 평판에 기름을 끼얹었다.)

그러나 광산 기업이 이 지역에 일자리를 제공하고, 아타카마 지역민에게 임금을 지급하며, 소규모 태양광 시설이나 정수 시설 개발을 지원하고 있는 것도 사실이다.[23] 나는 아타카메뇨 협회장 마누엘 살바티에라에게 광산이 가져다준 혜택을 고려했을 때 광산이 지역민에게 좋은 곳인지 나쁜 곳인지를 물었다.

"아주 나쁜 곳이죠." 광산 때문에 "가축에게 먹일 먹이가 줄어들었어요. 농작물에 줄 물이 부족해서 농사는 못 해 먹게 생겼고요." 우리는 조그만 동네 호텔의 중정에 놓인 플라스틱 테이블에 앉아 있었다. 살바티에라는 긴 소매 셔츠를 입었고 검은 머리가 어깨까지 늘어뜨려져 있었다. 그의 앞 쪽에는 스마트폰과 아이패드, 열쇠고리에 달린 USB 3개가 놓여 있었다. "저한테도 스마트폰이 있어요. 저도 리튬을 사용하는 거죠. 우리도 리튬이 해결책이 될 수 있다는 걸 이해해요. 하지만 광산 기업이 리튬을 채취하는 방식에는 문제가 있어요. 희생을 감수해야 하는 곳이 생겨나니까요."

살바티에라 이전에 아타카메뇨 협회장을 맡았던 세르히오 쿠비요스는 젊고 날씬한 활동가로, 광산 기업에는 오랫동안 눈엣가시 같은 존재였다. 쿠비요스는 봉쇄, 시위, 청원 활동을 조직했고 채굴 활동에 항의하고자 6일간 단식 투쟁을 벌이기도 했다. 그는 광산에서 가장 가까운 마을인 페이네에서 살고 있다. 몇백 명 되지 않는 마을 주민 대다수는 시멘트 블록이나 잘라낸 돌로 지은 작은 집에서 거주한다. 길거리에는 닭과 게으른 개가 어슬렁어슬렁 돌아다녔다. 대다수 주민은 부모가 기르던 당나귀를 픽업트럭과 맞바꿨지만, 여전히 많은 사람들이 사막 가장자리 관목지대에서 염소와 라마를 방목한다.

내가 리튬 광산을 둘러보고 오자마자, 쿠비요스는 나와 통역사, 아타카메뇨 협회에서 고용한 지질학자를 데리고 아는 사람만 아는 사막의 명소로 향했다. 페이네에서 사륜구동 트럭에 올라탄 우리는 곧 포장도로에서 벗어나 강한 햇볕 아래로 풀 한 포기 없이 하얀 소금이 깔려 있는 기나긴 길을 덜커덩거리며 달렸다. 쿠비요스는 평생을 이곳에서 살아왔지만, 인터넷과 그가 이제껏 해온 활동 덕분에 다른 나라 사정에도 밝았다. 사막 길을 덜컹이며 달리는 동안, 쿠비요스는 여러 영국 축구팀의 문제점과 환경 콘퍼런스 참석차 머물렀던 캐나다의 산악 리조트의 매력에 대해서 신나게 이야기했다.

쿠비요스는 물에 관심이 많은데, 그 이유는 물 그 자체의 가치뿐만 아니라 물에 바탕을 둔 문화적 관습의 가치 때문이다. 쿠비요스의 설명에 따르면, 그의 조부모 세대는 홍학의 알을 가져다가 먹거나 다른 부족에게 팔았지만, 홍학의 개체 수가 줄면서 더 이상은 그렇게 할 수가 없게 되었다. "예전에는 음식을 가져다주는 땅과 물, 홍학에게 감사하는 마음을 표시하는 관습이 있었어요. 하지만 리튬 광산이 들어선 후로는 조상들이 드리던 의식을 더 이상 진행할 수 없게 되었죠." 그는 염수 채취 때문에 석호가 쪼그라들고 있다고 생각한다.

쿠비요스의 안내에 따라 한두 시간 동안 오른쪽, 왼쪽으로 방향을 틀자 선인장과 말린 옥수수 줄기로 만든 조그만 헛간이 나타났다. 그 옆에는 사막에 마치 보석처럼 박혀 있는 청록색 연못이 하나 있었다. 그곳은 지름과 수심이 대략 6미터쯤 되었고, 키가 큰 녹색 풀로 둘러싸여 있었다. 수정처럼 맑은 물속에는 자그마한 물고기 떼가 헤엄치고 있었다. 수면 위로는 파란색 잠자리가 스쳐갔다. 우리가 나타나자 매 한 쌍이 풀숲에서 날아올랐다. 조금 떨어진 곳에서는 야생 당나귀 두 마리가 우리를 지켜보고 있었다. "여름이 오면 우리는 이곳에 와요. 여기서 수영을 하고 음식을 먹으며 하루를 보내죠." 쿠비요스가 말했다. "어른들 말씀으로는 여기 진흙이 피부에 좋다더군요." 연못이라는 뜻밖의 장소에 오고 나니 사막이 참으로 많은 생명을 길러내고 있다는 생각과 더불어 사막이 얼마나 많은 물을 머금고 있는지는 참 알기가 어렵겠구나 하는 생각이 들었다.

여러 아타카메뇨와 그 지지자들은 리튬 채취가 사막을 더욱 건조한 곳으로 만들고 있다고 확신하지만, 그 주장의 진위와 정도는 평가하기가 어렵다. 강우량과 눈이 녹는 양은 해마다 차이가 나기 마련이며, 석호와 식생에서도 그런 모습이 나타난다. 석호는 겨울철에 기온이 내려가고 습도가 올라가면 폭이 넓어졌다가 여름이 되면 좁아진다. 게다가 기후 변화 때문에 이 지역은 더욱 덥고 건조한 곳이 되어 가고 있다.[24] 이런 이유들로 인해서 광산이 이 지역에 어떤 영향을 미치는지는 전체적으로 콕 집어서 설명하기가 어렵다. "연구를 장기간 진행한 사례가 없어요. 그래서 제대로 평가를 내리기가 참 어렵죠." 칠레의 미생물학자 크리스티나 도라도르가 말했다.

이 지역에는 추키카마타 광산을 비롯해서 세계 최대의 구리 광산도 몇 곳 있는데, 구리 광산은 리튬 광산보다 물을 훨씬 더 많이 사용한다. 2021년, 칠레 정부는 거대 광산 에스콘디다를 소유한 BHP에게 아타카마 사막에서 수년간 지표수를 과다하게 채취했다는 이유로 9,300만 달러를 지불하라고 지시했다.[25] 이후 BHP는 바닷물을 담수 처리해서 퍼올리는 쪽으로 방향을 틀기는 했지만, 페이네 지역의 환경 문제를 총괄하는 펠리페 레르준디는 "지표수 과다 채취는 앞으로 이곳에 수백 년은 더 영향을 미칠 거예요. 구리 광산에 더해 리튬 광산까지 영향을 미치고 있으니까요"라고 말했다.

아타카마 지역의 수자원에 대한 자료는 주로 광산 기업이 자체적으로 수집한 것이기 때문에 사람들의 신뢰를 받지 못하고 있다. 단,

리튬 광산이 이 지역의 담수 공급에 지장을 주고 있다는 독립된 연구 결과가 점점 쌓여가고 있기는 하다.

애리조나 주립대학교 연구진이 2019년에 실시한 연구에 따르면, 1997년과 2017년 사이에 소금 평원 내 토양의 습기와 식생이 줄어들었고, 같은 기간 동안 리튬 광산의 규모는 4배 커졌다.[26] 연구진은 "리튬 산업의 확대는 이 지역 생태계 전반에 영향을 미치는 주요 스트레스 요인 중 하나로 보인다"라고 결론 내렸다. 칠레 정부가 이보다 앞서 실시한 연구 결과를 보면, SQM의 광산 부지 내에서 가뭄에 강한 알가로보 나무가 3분의 1가량 죽었는데, 아마도 나무뿌리가 더 이상 물을 찾지 못한 탓에 일어난 일로 보인다.[27] 정부가 2018년에 발표한 또다른 연구물을 보면, 소금 평원에서 채취와 증발로 사라지는 물의 양이 비와 눈으로 보충되는 양보다 많아서 몇몇 우물의 수위가 낮아졌다.[28]

아타카메뇨는 광산 기업으로부터 받은 지원금 일부를 자체 연구 진행에 사용하고 있다. 최근 아타카메뇨 협회는 토양과 수자원의 상태를 점검하고자 센서를 설치하고, 위성 이미지를 수집하고, 연구원을 고용했다. 그 연구원 중 한 사람이 바로 우리와 함께 연못에 간 수리지질학자 하비에르 에스쿠데로 키스페이다. 키스페는 아타카메뇨 마을 북쪽의 아이마라 원주민 공동체 출신으로, 염수 채취가 석호에 미치는 영향을 조사하는 팀의 일원이다. 얼굴과 성품이 둥글둥글하고 나이가 서른 살인 키스페는 북쪽으로 몇백 킬로미터 떨어진 마을 출신이지만, 아타카마와 가까운 곳에 있는 대학에서 학위를 받았다. 키스페가 챙이 넓은 모자를 휙 들어올리자 곧고 검은 머리가 허리 쪽으로 흘러내렸다. "지질학자는 보통 광부들을 위해서 일을 해요. 하지만 그건 제 가치관을 거스르는 일이에요." 키스페가 말했다. 지금 진행 중인 프로젝트에 참여할 기회가 생기자 키스페는 냉큼 계약을 맺고 사막으로 건너왔다. "저는 이곳에 감도는 평온함이 좋아요."

연못에 들르고 나자 이번에는 키스페가 자신의 연구팀이 조사 중인 석호로 우리를 안내했다. 1시간가량 거친 길을 달려 마치 다른 행성인 듯한 곳에 도착했다.

사막의 태양 아래에서 빛나는 석호는 유리처럼 투명하고 얕은 물이 광활하고 불규칙한 형태로 퍼져 있었다. 석호를 감싸고 있는 물가에는 얼음처럼 보이는 물질이 두껍게 층을 이루고 있지만 이것은 사실 소금 결정이다. 공기 중에는 희미하게 짠내가 감돌았다. 물가로 다가가니 미풍이 수면을 스치고 소금 결정이 바스라지는 소리만 날 뿐, 석호는 조용하기 그지없었다. 홍학은 우리가 다가가자 몸을 일으키더니 반대편 물가를 향해 날개를 퍼덕였다.

사람의 흔적이라고는 물 밖으로 여기저기 튀어나와 있는 작은 파이프뿐이었다. 이 파이프는 키스페의 연구팀이 석호의 수위와 온도를 측정하기 위해서 심어둔 센서의 위치를 표시한 것이었다. 연구팀은 드론과 인공위성을 이용해서 석호의 사진도 수집했다. 내가 이곳을 방문했던 당시에도 연구팀은 수집한 자료를 분석하는 중이었지만, 키스페는 연구 결과를 통해 석호가 담수와 염수가 섞여 있는 구역에서 밀려 올라온 담수뿐만 아니라 염수 저장층에서 올라온 염수로도 채워져 있다는 사실이 밝혀질 것이라고 확신했다. (「엔지니어링 & 테크놀로지」의 분석과 동일한 결과이다.[29]) 그 말은, 키스페의 설명에 따르면, 리튬 광산이 염수를 너무 많이 채취해갈 경우 석호가 영향을 받을 수 있다는 뜻이다. 칠레와 미국이 2022년에 공동으로 실시한 한 연구에 따르면, 최근 들어 아타카마에서는 석호를 비롯한 지역 내 표층수가 줄어들고 있다.[30]

"이 지역의 생태계는 아주 섬세하게 균형을 이루고 있어요. 우리가 그 균형을 깨뜨린다면 전체 생태계가 불안정해질 수 있는 거죠." 키스페가 말했다. "그러면 홍학이 먹을 먹이가 줄어들 거예요. 먹이가 줄면, 일부 개체는 죽을 거고요." 2022년에 실시한 한 연구에 따르면, 아타카마 소금 평원의 홍학은 지난 30년 동안 개체 수가 감소했으며, 요즘 들어서는 대다수가 다른 곳에 있는 더 너른 석호로 이주하고 있는 것으로 보인다.[31]

부셰르의 말에 따르면, SQM의 자체 연구에서는 홍학 개체 수의 변동 폭이 자연적으로 일어날 법한 수준이며, 대체로 석호는 크기와 깊이 면에서 변화가 없는 것으로 나타났다. 하지만 물을 공급하는 일은 점점 더 어려워질 가능성이 높다. 기후 변화 때문에 아타카마 지역은 점점 더 건조해지고 있으며, SQM과 앨버말은 앞으로 사업 범위를 확장할 계획이다. 이밖에 다른 기업들도 아타카마 지역에서 리튬을 찾아나서고 있다.

"혹여나 물을 더 많이 채취하도록 허용할까봐 걱정이에요." 칠레 국립 홍학 보호 지구에서 관리원으로 일하며 조류의 개체 수 조사를 돕는 알레한드라 카스트로가 말했다. "그러면 홍학의 개체 수가 돌이킬 수 없는 수준으로 줄어들지 몰라요."

아타카마에서 북쪽으로 수천 킬로미터 떨어진 남부 캘리포니아에

위험에 내몰린 사막

도 사막이 있다. 로드 콜웰도 이곳 지하 염수에서 리튬을 추출하고 있지만, 그는 자신이 지속 가능한 방법이라고 부르는 기술을 활용 중이다. 콜웰은 샌디에이고에서 동쪽으로 160킬로미터 떨어진 메마른 동네 임페리얼 카운티에서 컨트롤드 서멀 리소스라는 스타트업을 운영하고 있다. 그 근처에는 지표수가 흘러드는 솔턴 호가 있다. 솔턴 호 수면으로부터 1.6킬로미터 아래에는 리튬이 녹아 있는 뜨거운 염수 저장층이 있다. (아타카마의 염수는 수면에서 훨씬 더 가까이에 있고 뜨겁지도 않다.) 이 염수의 열기는 1980년대부터 지열 발전용으로 활용되어왔지만, 요즘 들어 기업들은 이곳에서 리튬을 채굴하기 시작했다.

오스트레일리아 출신인 콜웰은 2011년부터 임페리얼 카운티에서 지내왔으며, 지하 염수층에 접근하기 위해서 자금을 조달하고, 지역 정치인들과 안면을 트고, 규제 당국 및 지역 주민들의 질문에 답해왔다. "우리의 목표는 허가를 받고, 시설을 짓고, 땅 속에서 리튬을 채취하는 거예요." 그가 말했다. "수요는 많아요. 지금 당장이라도 디트로이트에 있는 자동차 회사에 매년 20만 톤씩 판매할 수 있죠."

내가 콜웰을 만난 2022년 초에 드디어 실질적인 성과가 나타났다. 솔턴 호에서 1.6킬로미터쯤 떨어진 붉은 언덕 위에서 콜웰은 이제 막 가동되기 시작한 굴착기를 가리켰다. 굴착기로 약 2,400미터를 파고 섭씨 315도에 이르는 염수 층에 도달하면, 염수를 지상으로 퍼올려서 염수의 열은 지열 에너지로 전환하고 그 안에 들어 있는 리튬은 추출한다.[32] 이들의 작업은 상업성을 갖춘 대규모 생산에 가까워지고 있었다. 콜웰은 자신의 사업이 매년 적어도 리튬 2만5,000톤을 생산하

는 10억 달러 규모의 사업이 될 수 있다고 믿고 있다.[33]

콜웰의 회사는 물을 증발시키는 아타카마의 방식 대신에 획기적인 화학 공정을 통해서 리튬을 추출할 계획이다. 이후 잔존 염수는 다시 지하로 돌려 보낸다. 여기에 필요한 모든 장비는 탄소 배출이 거의 없는 지열 에너지로 작동할 것이다. 이런 조치 덕분에 아타카마의 시설에 비해 필요한 공간과 물 사용량이 현저히 줄어들 것이라고 콜웰은 설명한다. 그리고 논란 속에서 네바다 주의 새커 패스에 들어서는 광산처럼 단단한 바위에서 리튬을 채굴하는 전통적인 방식과 달리, 콜웰의 방식은 땅에 거대한 구멍을 내지 않을 뿐만 아니라 폐기물과 탄소 발생량도 적다.

콜웰의 방식은 매력적이다. 크라이슬러와 피아트 등의 모화사인 스텔란티스와 제너럴모터스는 이미 컨트롤드 서멀로부터 리튬을 구매하기로 계약했다. 이 지역에 40억 달러를 들여 배터리 공장을 건설할 계획인 한 이탈리아 기업도 그런 계약을 맺었다. 버크셔 해서웨이의 자회사인 BHE 리뉴어블 역시 솔턴 호 인근의 지열 발전소에서 리튬 추출 프로젝트를 시범적으로 운영하고 있다.[34] 그러자 최근 들어 캘리포니아 주지사 개빈 뉴섬과 같은 인물들이 이 지역을 수익성이 좋은 "리튬 밸리"로 개발하자는 계획을 내놓으며 열을 올리고 있다.

이는 황량한 땅을 활용하기 위한 원대한 비전이기는 하지만, 미국에는 그런 식의 비전이 자주 등장했다. 나는 이런 이야기를 들을 때면, 텍사스 주 휴스턴이 생각난다. 휴스턴은 20세기가 시작되었을 때만 해도 별 볼일 없는 벽지였다. 그러던 중 막대한 양의 석유가 인근에서 발견되었다. 탐사업자와 시추업자가 물밀듯이 몰려들고 정유소가 들어서며 석유가 흘러나왔고, 그런 식으로 수십 년이 흐르자 휴스턴은 부와 규모 (그리고 오염물질과 도시의 무분별한 확장이라는) 면에서 엄청난 도시가 되었다. 에너지로 가득한 액체를 땅에서 뽑아올리면서 휴스턴 일대와 수백만 명의 삶이 완전히 달라졌다. 똑같은 일이 이곳에서도 일어날 수 있지 않을까?

가난이 만연한 지역인 임페리얼 밸리에는 분명 일자리가 더 많이 필요할 것이다.[35] 지열 발전 지대 인근에서 가장 큰 농촌 마을인 브롤리는 중심가에 있는 상점의 절반이 비어 있거나 영업을 하지 않아 썰렁하다. 1920년대에 전성기를 구가하던 영화관은 문을 닫은 지 오래고 페인트는 빛이 바래 있었다.

사정이 이런 데도 일부 지역 인사들은 리튬 기업에 회의적이다. "우리는 무엇보다 올바르고 깨끗하고 지속 가능한 기업이 들어오기를 원해요. 하지만 그런 기대가 이미 여러 차례 무너진 적이 있죠." 브롤리에서 지역 사회 조직가로 오랜 기간 일한 루이스 올메도가 말했다. 그는 태양광 발전 기업이 유망한 일자리와 번영을 약속하며 들어왔던 때를 떠올렸다. "태양광 기업은 우리에게 오랫동안 일자리를 제공하던 농지 수천 에이커를 차지했어요." 올메도가 말했다. "그리고 건설회사가 들어와 발전소를 짓고는 사라지더군요." 그때 농업 일자리도 같이 사라졌다.

컨트롤드 서멀이나 임페리얼 밸리에 들어선 리튬 기업의 성공 여부는 그 누구도 장담할 수 없다. 이미 일부 기업이 리튬 채취에 나섰다가 실패한 적이 있고, 또 장기적으로 리튬 산업이 어떤 영향을 미칠지는 그 누구도 알 수 없다.[36] 게다가 리튬 산업은 점점 경쟁이 치열해지고 있다. 이미 주요 광산업 국가로 자리매김한 오스트레일리아는 자국의 방대한 경암형 리튬 매장지를 비롯한 배터리 금속 산업을 공격적으로 확장하는 정책을 밀어붙이고 있다. 2017년, 오스트레일리아는 칠레를 제치고 세계 최대의 리튬 생산국으로 올라섰다. 미국에서는 노스캐롤라이나의 옛 광산을 재개장하는 안을 비롯해서 몇몇 리튬 프로젝트가 추진 중이다. (대체로 그렇듯이 리튬은 어디에서 채굴하든 대부분 정제 처리를 위해서 중국으로 보낸다.[37]) 하지만 리튬을 바위에서 채굴하는 방식은 염수에서 채취하는 방식에 비해 에너지 소비량이 훨씬 크기 때문에 탄소 배출량도 훨씬 많다. 게다가 비용도 훨씬 많이 든다.

리튬은 공급처가 새로 나타나고 있기는 하지만, 수요가 너무나 크게 증가하고 있기 때문에 향후 수년간은 아타카마산 리튬을 세계 공급망의 주요 공급처로 유지하는 것이 안전한 선택이다.

좋은 소식이 있다면, 수년간 아타카마와 관련된 시위와 대중의 압력, 비판 보도 덕분에 실질적인 변화가 나타나고 있다는 점이다. 이제는 여러 기업들이 최소한 겉으로라도 지속 가능한 태도를 보여줄 필요가 있다는 인식을 가지게 되었으며, 최근 폭스바겐과 메르세데스 벤츠, BMW는 아타카마에서 리튬을 "책임감 있게" 채굴하도록 지원하겠다는 협약을 체결했다.[38] 부셰르의 말에 따르면, SQM도 지속 가능성을 회사의 최우선 과제로 삼으며 시대의 흐름에 맞게 변화하고 있다. 이는 올바른 일을 뿐만 아니라 시장에서 꼭 지켜야 할 사항이 되었으며, SQM의 고객사도 그렇게 하기를 요구하기 시작했다.

SQM은 광산을 더욱 투명하게 운영하고, 인근 지역 사회와의 관계를 개선하고, 2040년까지 탄소 중립을 실현하겠다는 안을 바탕으로 지속 가능성을 위한 방안을 내놓았다. (현재 SQM이 운영하는 광산은 석탄 화력 발전소에서 전기를 끌어온다.) SQM은 채굴 반대 운동가 출신인 에이미 불랑제가 이끄는 미국의 비영리단체 IRMA가 2023년에 실시한 감사에도 참여했다.[39] 감사에서 SQM의 아타카마 광산은 근로자에 대한 처우와 환경에 대한 책임감을 측정하는 지표에서 대체로 좋은 평가를 받았다.

무엇보다 중요한 점은 SQM이 2030년까지 물 사용량을 줄이겠다고 약속했다는 것이다.[40] (2030년은 마침 이 회사의 리튬 채굴권 계약이 갱신되는 해이다.) 부셰르는 SQM의 광산이 이미 담수 사용량을 2020년 이전 수준의 절반으로 줄였으며 앞으로 염수 취수량도 줄일 것이라고 말했다. 부셰르의 말에 따르면, SQM은 생산량을 줄이지 않고도 그렇게 할 수 있다고 한다. 리튬 농도가 높은 지역에서 물을 끌어오는 등 효율성을 높이는 기술을 활용하는 덕분이다.

이런 조치는 도움이 되기는 하겠지만, 미생물학자 크리스티나 도라도르가 보기에는 여전히 부족하다. "리튬 채굴은 지속 가능하지 않아요. 그런 말은 허상이에요. 소금 평원은 복잡하고 연약한 생태계거든요. 조그마한 변화에도 커다란 피해가 발생할 수 있어요." 오래 전부터 그녀는 칠레에서 일어나는 리튬 채굴보다 훨씬 큰 문제가 있다고 주장해왔다. 진짜로 큰 문제는 인류가 소비하는 천연자원의 양이 어마어마하다는 점이다.

"천연자원 소비량을 지금 수준으로 유지한다는 건 물리적으로 불가능해요. 인류는 지구에서 살아가는 방식을 바꿔야 해요."

아타카마에 있는 리튬과 구리 광산을 바라보는 한 가지 방법은 카메라의 초점을 연못이나 구덩이, 사막, 칠레가 아니라 전 세계에 맞춰놓고 살펴보는 것이다. 그런 관점을 택하면 멀찍이 떨어져서 냉정하고 실용적인 태도를 취하기가 쉬워진다. 그림을 크게 놓고 본다면 이 세상에서 아타카메뇨가 차지하는 숫자는 아주 적기 때문에, 전 인류를 보호하기 위해서 기후 변화에 맞서 싸워야 한다는 당위성 앞에서 아타카메뇨의 운명은 중요도가 떨어질 수밖에 없다.

그러나 사막의 물과 관련된 아타카메뇨의 전통적인 생활방식(농작물 재배, 가축 방목, 연못 수영)을 영위하는 사람이 극소수라는 점이 사실이라고 해도 그런 생활방식은 아타카메뇨가 선사시대부터 이어온 문화이다. 그런 문화가 사라지도록 내버려두는 것은 수천 년을 거슬러 올라가는 사슬을 끊어내는 행위이며, 1만2,000년 동안 보존되어온 유산을 말살하는 행위이다. 마찬가지로 사막에 존재하는 석호와 연못 역시 규모가 작다. 석호와 연못이 사라져서 죽게 될 생명체의 숫자 역시 상대적으로 적은 편이다. 그중에 세계 경제에 엄청난 영향을 미칠 만한 존재는 없다. 하지만 그 생명체는 모두 고유한 존재들이다. 그들은 한 번 사라지고 나면 다시는 돌아오지 못한다.

이미 인류는 현대 사회에 불어닥친 개발의 광풍 속에서 오랜 전통과 고유한 자연 환경을 수없이 많이 잃었다. 분명 전기-디지털 시대에는 더 많은 희생이 뒤따라야 할 것이다. 우리에게는 난제가 주어졌다. 우리는 그 희생을 어느 곳에 있는 누가 떠안을지를 결정하고, 이미 늦어버린 에너지 전환을 늦추지 않으면서 그 희생을 최소화할 방법을 알아내야 한다. 지금 우리는 아타카메뇨와 인도네시아의 주민,

콩고민주공화국의 광부처럼 기후 변화로 인한 문제와 사실상 아무런 관련도 없는 사람들에게 문제 해결을 위해서 혹독한 대가를 치러달라고 요구하고 있다.

점점 더 많은 곳에서 점점 더 많은 광산을 파는 행위는 핵심 금속에 대한 수요를 충족시키는 유일한 방법이 될 수 없다. 이토록 해묵은 방법으로는 지속 가능한 미래를 이룰 수 없다. 이 방법은 비용이 너무 많이 들고 폐해가 너무 심각하다.

그러나 우리에게는 핵심 금속을 얻을 수 있는 다른 방법이 있다. 땅을 파면서 비롯되는 심각한 폐단이 없고, 땅에 구멍을 내지 않아도 되는 방법이 존재한다.

문제는 이런 방법들 중에서 가장 눈에 띄는 방법이 훨씬 더 심각한 폐해를 불러올 수 있다는 점이다.

7

심해 채굴의 대가

2022년 10월 초, 샌디에이고에서 남서쪽으로 약 2,300킬로미터 떨어진 태평양 해저에 거대한 물체가 새로 모습을 드러냈다. 크기가 작은 집채만 하고 무게는 90톤에 달하며 원격으로 조종하는 이 기계는 길이가 약 5킬로미터에 이르는 케이블에 매달린 채로 선박에서 하역되었다. 해저로 내려온 기계는 어둠 속에서 불빛을 밝히고, 강철 캐터필러로 모래 속을 파고들며 하얀색, 검은색, 노란색으로 칠해진 몸체를 앞으로 움직이기 시작했다. 앞쪽 끄트머리에 장착된 물 분사 장치가 해저를 향해 세차게 물을 뿜으면 먼지가 자욱하게 피어오르면서 침전물에 반쯤 묻혀 있던 주먹만 한 검은 돌 수백 개가 밀려나왔다.

분사 장치가 돌덩어리를 기계 앞쪽에 있는 흡입구 쪽으로 밀면, 돌은 덜커덩거리면서 강철 파이프 속으로 빨려 들어가 선박 위로 올라갔다. 침전물과 바닷물에 섞여 있는 돌을 공기 압축기로 선상으로 밀어올리면, 선상에서는 원심분리기로 물기를 상당 부분 제거했다. 이 과정을 거친 돌덩어리는 컨베이어벨트에 실려 경사로를 따라

올라가 화물칸으로 옮겨졌다. 창문이 없는 선내 제어실에서는 파란색과 주황색 작업복을 입은 엔지니어팀이 스크린에서 뿜어져 나오는 각양각색의 불빛으로 얼굴을 물들이며 진행 과정을 감독했다.

히든 젬이라고 불리는 이 선박은 원래 길이가 약 250미터에 달하는 석유 시추선으로, 갑판에는 덕트와 이동 통로, 크레인, 헬리패드가 설치되어 있다. 캐나다의 다국적 기업인 메탈스 컴퍼니는 이 선박을 심해 채굴용으로 개조했다. 이번 작업은 오래된 검은 돌을 채취하는 시스템을 처음으로 시험해보는 자리였다.

이 검은 돌은 세상에 다금속 단괴polymetallic nodule라는 명칭으로 알려져 있지만, 메탈스 컴퍼니의 CEO 제라드 배런은 이것을 "돌 속에 있는 배터리"라고 즐겨 부른다.[1] 이 돌에는 코발트, 니켈, 구리 등의 핵심 금속이 가득 들어 있기 때문이다. 배런의 회사는 해저에 깔린 이 자그마한 돌로 큰돈을 벌어들이고자 군침을 흘리는 여러 기업들 중에서 가장 앞서 있다. 지구 표면은 여러 광산 기업이 새로운 금속 공급처를 찾고자 샅샅이 뒤지는 중이지만, 온갖 금속이 풍부하게 매장되어 있을지도 모르는 해저는 아직 손길이 전혀 닿지 않은 곳으로 남아 있다. 미국 지질조사국은 태평양의 한 지역에만 다금속 단괴 210억 톤이 매장되어 있으며,[2] 그 안에는 니켈, 코발트 등의 금속이 전 세계 육지에 매장되어 있는 양보다 더 많을 것으로 보고 있다.[3]

"이게 바로 그거예요." 2022년 여름, 토론토의 근사한 호텔에서 배런을 만났을 때 그가 말했다. 배런은 재킷 주머니에서 선사시대의 물건을 툭 꺼내더니 내게 건넸다. 주먹만 한 검은 돌은 울퉁불퉁한 모양이 꼭 햄버거 패티를 엉성하게 만들어놓은 듯한 모양이었다. 배런은 오스트레일리아 출신에 근육질이며, 50대 중반에 검은 머리를 뒤로 넘긴 우락부락한 생김새가 꼭 영화배우 커트 러셀 같았다.

배런은 채굴 관련 콘퍼런스에 참석하기 위해 런던에서 이곳으로 날아온 터였다. 그는 투자자와 정부 관리들에게 심해 채굴 이야기를 하기 위해서 오랫동안 전 세계를 누벼왔다. 배런을 비롯해 심해 채굴에 나서려는 사람들은 바다 깊은 곳에서 단괴를 채취하는 방식이 전통적인 채굴 방식보다 비용 면에서 더 저렴할 뿐만 아니라 열대 우림을 파괴하거나 아동을 노동 현장에 동원하거나 유독성 폐기물로 강을 오염시키는 일이 없기 때문에 지구에 더 유익하다고 주장한다.

배런은 해저에서 대규모 채굴 사업을 진행하기 위해서 오랫동안 노력해왔고, 그 목표를 이루기 일보 직전이었다. 메탈스 컴퍼니는 은행에 막대한 자본을 마련해놓았고 해양업계와 광산업계의 주요 기업과 파트너십을 체결했다. 2022년에는 히든 젬을 시운전하며, 1970년대 이후 최초로 단괴를 채취하는 전체 과정 테스트에 성공했다. 현시점에서 메탈스 컴퍼니를 가로막는 가장 큰 문제는 심해 채굴을 금지하는 국제법이다. 하지만 그런 상황도 곧 바뀔지 모른다. 2021년, 메탈스 컴퍼니는 남태평양의 작은 섬나라인 나우루와 협력해 은밀하게 법적 절차를 밟았다. 이는 국제법을 우회해 늦어도 2025년 말부터는 심해 채굴을 본격적으로 실시할 수 있게끔 허가권을 얻기 위한 절차였다.[4]

이렇게 실제로 심해 채굴이 진행될 가능성이 생기자 비판의 목소리가 거세게 일었다. 환경단체, 과학자, 그리고 배터리 금속과 관련된 일부 기업마저 해저 채굴에서 비롯될 수 있는 폐해를 우려했다. 바다는 세상에서 생물 다양성이 가장 풍부한 곳이자 인류가 섭취하는 단백질의 5분의 1을 공급하는 곳이며, 지구에서 가장 중요한 탄소 저장고이기도 하다.[5] 그렇기 때문에 역사상 전례가 없는 심해 채굴이 바다 깊은 곳과 그 위쪽에서 살아가는 수많은 생명체뿐만 아니라 바다 자체에 어떤 영향을 미칠지 아무도 가늠할 수가 없다.

유럽 의회와 독일, 칠레, 스페인, 그리고 몇몇 태평양 도서 국가들은 여러 단체들과 힘을 모아 심해 채굴을 일시적으로라도 중단해달라고 촉구하고 있다. 일부 은행은 심해 채굴에 나서는 벤처 기업에 자금을 조달하지 않겠다고 공표했다. BMW와 마이크로소프트, 구글, 볼보, 폭스바겐은 심해 채굴이 환경에 미치는 영향이 더 깊이 규명되기 전까지는 심해에서 채굴한 금속을 구매하지 않겠다고 약속했다.[6] 아쿠아맨을 연기한 배우 제이슨 모모아도 반대 의견을 표명했고, 2023년에는 심해 채굴을 비판하는 다큐멘터리에서 내레이션을 맡았다.

"채굴은 바다를 좋지 않은 방향으로 바꿔놓을 가능성이 있어요." 해양학자 디바 아몬이 말했다. 그녀는 해양 채굴 회사들 중 한 곳과 일한 경험을 비롯해, 채굴이 주로 이루어지는 태평양 일대에서 광범위하게 연구를 진행해왔다. "지구의 일부분과 그곳에서 살아가는 생명체를 제대로 알고, 이해하기도 전에 잃어버릴지도 모르는 거죠."

그래도 배런은 그만둘 생각이 없다. 지금은 우물쭈물할 때가 아니라고 그는 말한다. "지구는 지금 기후 변화와 생물 다양성 손실이라는 커다란 난제 앞에 놓여 있어요. 잠자코 앉아서 빈둥거릴 때가 아니에요." 히든 젬이 2022년에 실시한 시운전에서 다금속 단괴를

3,000톤 이상 채취하자 선박 창고에는 번쩍이는 검은색 피라미드가 4층 높이로 쌓였다.[7] 배런은 언론 앞에서 약속했다. "이건 시작일 뿐입니다."

다금속 단괴는 완전한 암흑과 적막 속에서 수천 년 동안 크기가 커졌다.[8] 단괴는 바다 밑바닥으로 떠내려오는 작은 화석이나 현무암 조각, 상어 이빨같이 자그마한 조각들로부터 생성된다. 이 자그마한 조각들에 바다에 녹아 있는 니켈, 구리, 코발트, 망가니즈의 입자가 오랜 세월에 걸쳐 서서히 들러붙는다. 그렇게 해서 지금 다금속 단괴 수조 개가 해저 퇴적물에 반쯤 묻혀 있게 된 것이다.

다금속 단괴는 1873년 3월의 어느 날, 처음으로 태양이 비치는 땅 위로 올라왔다.[9] 영국 군함을 수상 연구실로 개조한 HMS 챌린저 호의 선원들은 그물로 해저를 훑고는 뚝뚝 흘러내리는 퇴적물을 나무 갑판 위에 내려놓았다. 진흙더미를 샅샅이 살피던 탐험대 과학자들의 눈에 특이하게 생긴 검고 둥근 물체가 여럿 들어왔다. 과학자들은 곧 이 돌에 귀중한 광물이 엉겨붙어 있다는 사실을 알아냈다. 놀라운 발견이었지만, 그로부터 한 세기가 지난 다음에야 인류는 이 돌에서 자원을 채취할 수 있겠다는 꿈을 꿀 수 있게 되었다.

1964년, 미국의 지리학자 존 메로는 『바다의 광물 자원 *The Mineral Resources of the Sea*』이라는 영향력 있는 책을 출간하며, 다금속 단괴에는 전 세계 산업계가 수십 년 동안 사용할 수 있는 망가니즈, 니켈 등의 금속이 들어 있다고 추정했다.[10] 메로는 "다금속 단괴를 채취하면, 국가 간의 분쟁을 줄일 수 있고, 늘어나는 인구에 맞춰 원자재를 공급할 수 있을 것이다. 물론 그에 대한 부작용으로 해저 지역의 소유권을 두고 무의미한 다툼이 벌어질 소지도 있다"고 내다보았다.

메로의 견해는 인구 증가와 환경 운동의 태동으로 천연자원에 대한 우려가 고조되던 시기에 큰 반향을 일으켰다. 심해 채굴은 갑작스레 엄청난 주목을 받았다. 1970년대 내내 정부와 민간기업은 다금속 단괴 채취에 필요한 선박과 장비를 개발하고자 달려들었다. 과대광고가 난무하다 보니 1974년에 억만장자 하워드 휴스가 태평양에 단괴 채취선을 보낸다고 발표했을 때는 채굴이 정말로 가능할 것처럼 보이기도 했다. (사실 이 선박의 진짜 임무는 침몰한 소련 잠수함을 은밀히 회수하는 것이었지만 미국 중앙정보국은 진짜 임무를 제임스 본드가 사용할 만한 방식으로 감추기 위해서 하워드 휴스를 섭외했다.[11]) 하지만 어느 기업도 단괴 채취 작업을 수익성 있는 사업으로 키워내지 못했고, 결국 초기에 불었던 광풍은 싹 가라앉았다.

21세기로 접어들며 해양 기술이 발전하자 다시 해양 채굴의 가능성이 대두되었다.[12] GPS와 더욱 정교해진 모터 덕분에 목표로 삼은 해저 지점에 선박이 정확하게 떠 있을 수 있게 된 것이다. 원격으로 조종하는 수중 장비는 예전보다 기능이 향상되었고 더 깊은 곳까지 잠수할 수 있게 되었다. 중국을 비롯한 신흥 경제국이 금속에 굶주려 있는 이때, 다금속 단괴는 손만 뻗으면 닿을 수 있는 것처럼 보인다.

배런은 수십 년 전에 노다지가 될 만한 곳을 발견했다. 그는 낙농업 농장에서 다섯 남매 중 막내로 자랐다. "농부가 되겠다는 마음은 없었지만 농장에서의 삶은 참 좋았어요. 트랙터와 수확용 기계를 모는 게 진짜 좋더라고요." 그는 집을 떠나 지역에 있는 작은 대학에 진학했고, 학생 신분으로 대출을 재융자해주는 자신의 첫 회사를 차렸다. 배런은 자신이 훌륭한 사업가라는 사실을 깨달았다. 졸업 후에는 주도인 브리즈번으로 가서 "더 큰 세상을 발견했다." 수년 동안 잡지 출판과 광고 소프트웨어 일, 그리고 중국에서 재래식 자동차 배터리를 수입하는 사업을 했다.

2001년, 배런의 테니스 친구이자 생물학자이자 전직 탐광업자인 데이비드 헤이든이 배런에게 노틸러스 미네랄스라는 해양 채굴 업체를 창업하려 한다는 말을 꺼냈다.[13] "바다에 금속이 가득하다는 사실에 매료되었어요." 배런이 말했다. "땅에서 채굴하는 것보다 더 좋은 방법이라고 생각했죠." 배런은 그 회사에 돈을 투자했고 다른 투자자도 끌어모았다.

노틸러스는 다금속 단괴가 아니라 그보다 채취가 용이해 보이는 해저 열수 광상鑛床을 목표로 삼았다. 해저 열수 광상은 비교적 얕은 바다의 열수 분출공에 의해서 형성되며 코발트와 기타 금속이 풍부하다. 노틸러스는 파푸아뉴기니 정부와 계약을 맺고 파푸아뉴기니 해안에서 광상을 채굴하기로 했다. (국제법에 따르면, 기본적으로 각 국가는 자국 해안선에서 최대 320킬로미터 떨어진 곳 안에서는 하고 싶은 대로 해도 된다.) 좋은 소식처럼 들렸다. 실제로 이 소식을 듣고 투자자들이 5,000억 달러를 투자했으며, 그중에는 파푸아뉴기니 자국도 포함되어 있었다.[14]

그러나 2019년, 이 프로젝트는 4억6,000만 달러가량을 쏟아붓고도 지역 주민의 반대와 재정난 때문에 좌초되고 말았다. 노틸러스는 파산했다. 하지만 배런과 헤이든은 자신의 돈을 하나도 잃지 않았다. 이들은 자신의 지분을 10여 년 전에 팔았고, 배런은 3,000만 달러의

심해 채굴의 대가

수익을 올렸다.[15] 국민의 85퍼센트가 빈곤에 시달리는 파푸아뉴기니는 1억2,000만 달러의 손실을 입었다.[16] "그건 제가 벌인 사업이 아니었어요. 전 그냥 데이비드를 도왔을 뿐이죠." 배런이 항변했다.

한편, 헤이든은 딥그린 메탈스(2021년에 메탈스 컴퍼니로 이름을 바꾼다)라는 새 회사를 꾸리더니, 이번에는 다금속 단괴를 찾아나섰다. 그 무렵에는 전기차 수요가 늘고 있던 덕분에 해양 채굴 프로젝트가 새로운 시장을 확보할 가능성과 더불어 환경 문제 측면에서도 정당성을 얻었다. 배런은 CEO에 올랐고, 헤이든의 아들을 비롯해 노틸러스 출신 인사들이 회사에 합류했다.[17] 이들은 해양 채굴에 관심이 있는 사람들과 함께, 사람들에게 잘 알려져 있지 않아서 그렇지, 매우 중요한 기관인 국제해저기구의 문을 두드리기 시작했다.

해저 채굴을 규제하는 이 기구는 다소 어이없게도 자메이카 킹스턴에 있는 소규모 다국적 관료 집단이며, 이들의 업무는 해묵은 조약의 몇몇 단락을 해석해주는 일이다. 국제해저기구는 해저 지대를 보호하는 동시에 해저 지대의 상업적 채굴을 조직하는 모순된 업무를 맡고 있다. 미국을 제외한 대다수 국가는 지난 1980년대에 바다를 위한 헌법이라고 할 수 있는 UN 해양법 협약에 서명했다. 이 협약에서 가장 중요한 점은 이 협약에 따라 168개 회원국을 대표하는 국제해저기구가 설립되었다는 것이다. 국제해저기구는 당시에는 존재하지도 않았던 심해 채굴 관리 규정을 수립하는 일을 맡았다. 이후 규정은 아주아주 더딘 속도로 수립되었다. 환경 보호에서부터 가난한 나라와 수익금을 분배하는 일까지 골치 아픈 문제들이 산적해 있지만, 아직까지 별다른 해결책을 찾지 못했다. 규제 방안과 관련해서 합의

가 이루어질 때까지 대규모 채굴은 금지된다. 하지만 그 사이에 국제해저기구는 채굴 기업에 특정 지역의 탐사권을 내주고 상업적 채굴권을 보장해줄 수 있다. 더불어 국제해저기구는 민간기업이 반드시 회원국과 제휴 관계를 맺어야 한다고 공표했다. 아주 작은 나라라도 회원국이기만 하면 제휴 상대가 되는 것이다.

2023년 들어 국제해저기구는 민간 업체와 각국 정부 22곳에 태평양, 대서양, 인도양의 광활한 해저 지대에서 탐사를 시작할 수 있는 권한을 부여했다.[18] 이들은 주로 멕시코와 하와이 사이에 자리한 면적이 약 440만 제곱킬로미터에 이르는 클라리온-클리퍼턴 구역의 수심 약 5,000미터 지대에 있는 다금속 단괴를 목표로 삼고 있다. 이 중 가장 유망한 세 지역의 탐사권을 제라드 배런과 메탈스 컴퍼니가 확보했다. 메탈스 컴퍼니의 재무 책임자는 투자자들에게 세 지역에서 금속 310억 달러어치가 생산될 수 있다고 설명했다.[19]

바로 이 때문에 상황이 급한 것이다. 현 채굴 금지 규정에는 허점이 있다. 그것은 바로 규정 마련에 2년이라는 시간제한이 걸려 있다는 점이다. 제15조라고 알려진 조항에 따르면, 회원국이 국제 수역에서 해양 채굴 의사를 국제해저기구에 공식적으로 통보하면 그때부터 시간이 흐르기 시작한다.[20] 국제해저기구는 이때부터 2년 안에 전체 규정을 채택해야 한다. 만약 2년 안에 전체 규정을 채택하지 못할 경우, 제15조에 따르면, 그렇더라도 국제해저기구가 "채굴 계획을 고려하여 잠정적으로 승인한 것으로 본다." 통상 이 문구는 전체 규정이 채택되지 않은 상태에서도 채굴을 허용해야 한다는 의미로 해석된다. "제15조는 잘못 제정되었어요." 심해 보존 연합의 변호사인 던컨

커리가 말했다. "몇몇 국가는 해당 문구가 채굴 계획을 자동적으로 승인해준다는 뜻으로 해석되고 있다며 이의를 제기하고 있는 상태입니다."

2021년 여름, 나우루의 대통령은 국제해저기구 측에 나우루가 메탈스 컴퍼니의 완전 자회사 나우루 오션 리소시스와 함께 해양 채굴에 나설 계획이라고 공식 통보했다. 2년 규정이 적용되기 시작한 것이다.

"저도 환경주의자예요"라고 말문을 연 배런은 환경단체의 반대가 실망스럽다고 말했다. "'바다를 지키자'라는 구호는 누구나 지지하고 픈 구호예요. 저도 지지해요! 그렇지만 저는 지구도 지키고 싶어요." 해저에서 금속을 채취하는 방식이 육지에서 채취하는 방식보다 환경에 피해를 덜 준다는 말은 어쩌면 사실일지도 모른다. 하지만 업계 바깥에서는 그 말을 그다지 신뢰하지 않는다.

무엇보다 심해는 아직 제대로 연구된 적이 별로 없는 곳이다. 육지에서 멀리 떨어진 바다 깊은 곳에서 자료를 수집한다는 것은 정말이지 쉽지 않은 일이다. 제대로 된 연구는 1일 연구비가 8만 달러에 달하며, 대다수 연구자들은 최근 들어서야 원격 조종이 가능한 첨단 장비를 사용할 수 있게 되었다.[21] 2022년에 해양 연구자 31명은 심해 채굴과 관련된 연구물 수백 편을 검토한 뒤 논문을 펴냈는데, 이 논문은 우리가 알고 있는 지식에 커다란 격차가 있다고 결론 내렸다.[22] 논문의 저자들은 연구자, 업계 종사자, 정책 입안자 등 20명을 인터뷰하기도 했는데, 그들은 모두 해양 채굴의 규제 방법에 대해 "근거가 있는 안을 제시하려면" 과학계가 적어도 5년은 더 연구를 해야 한다

고 입을 모았다.[23]

해양 채굴은 각 진행 단계마다 전 세계 바다에 심각한 위험을 초래할 가능성을 안고 있으며, 이미 바다는 오염, 남획, 기후 변화로 몸살을 앓는 중이다.

먼저 바다 밑바닥부터 살펴보자. 무게가 수십 톤에 달하는 장비들이 깨끗한 해저 위로 느릿느릿 움직이며 수천 년 동안 그 누구의 방해도 받지 않았던 퇴적층에서 단괴를 무수히 훑어내는 상황은 해저에 어느 정도 악영향을 미칠 수밖에 없다. 과학 잡지 「사이언티픽 아메리칸 Scientific American」에 따르면, 보통 30년 단위로 계약하는 장비 1대는 해저면 약 1만 제곱킬로미터를 걷어낼 수 있는데,[24] 이는 로드아일랜드 주와 델라웨어 주를 합친 것보다 더 큰 면적이다.

산호, 해면, 선충을 비롯한 수많은 생명체는 다금속 단괴 위나 아래에서 서식한다.[25] 기다란 촉수 8개가 달린 말미잘과 꼬물거리는 오징어 벌레, 나이가 수천 살은 되는 육방해면류, 유령처럼 새하얀 심해 문어 같은 생명체는 단괴 근처를 떠다닌다.[26] 해양학자 아몬은 "해저는 마치 동화 속 세상 같다"고 말한다. 아몬은 다금속 단괴가 이 모든 생명체를 떠받치는, 생태계의 중요한 구성 요소라고 본다. "다금속 단괴는 수백만 년에 걸쳐 형성되었어요." 아몬이 말했다. 이런 단괴를 없애서 나타나는 "피해 상황은 그게 무엇이든 사실상 되돌릴 수가 없죠."

더불어 일부 과학자들은 해저에 매장된 엄청난 양의 이산화탄소가 방출될 것이며 바다가 이산화탄소를 추가로 흡수하고 저장하는 능력마저 나빠질 가능성이 있다며 우려하고 있다. "그곳 해저에 내려가본 적이 있어요."²⁷ 심해 탐험가이자 투자자인 빅터 베스코보가 블룸버그 뉴스에 출연해서 말했다. "다금속 단괴 지대가 보였는데, 해저에서 단괴를 채취하려면 바다 밑바닥을 깡그리 헤집어놓을 수밖에 없겠더군요. 그것 말고는 다른 방법이 없는 거죠."

게다가 채취 장비가 모래와 진흙을 휘저으면 퇴적물에서 먼지 구름이 수 킬로미터에 걸쳐 피어올라 몇 달 동안 해양 생명체들을 질식시킨다. 먼지 구름에는 해양 생명체에 해를 끼칠 수 있는 금속이나 기타 독성물질이 녹아 있기도 하다.

해저 위쪽에서는 단괴를 채취하고 인양하는 장비의 소음과 불빛이 고요하고 어두운 곳에서 살아가도록 진화한 여러 생명체에게 영향을 줄 수 있다. 최근 연구 결과에 따르면, 해저 채굴에서 발생하는 소음은 수백 킬로미터까지 퍼져나가 수중 생명체의 먹이 활동과 짝짓기 활동을 방해하기도 한다.²⁸ "해저와 해저 동물만 영향권에 있는 게 아니에요." 아몬이 말했다. "해수면에서부터 해저에 걸쳐 수많은 생명체가 영향을 받고 있어요."

단괴를 배 위로 끌어올리고 나서는 함께 딸려온 진흙물을 다시 바다에 쏟아야 하기 때문에 유해한 먼지 구름이 다시 한번 피어오를 우려가 있다. "진흙물은 양이 엄청 나요. 하루에 5만 세제곱미터나 되니까요." 클라리온-클리퍼턴에서 메탈스 컴퍼니가 후원한 프로젝트를 비롯해 광범위하게 연구 활동을 펼쳐온 하와이 대학교의 해양학자 제프 드라젠이 말했다. "화물 열차가 진흙물을 매일같이 실어나르는 꼴이죠."

UN 환경계획이 2022년에 펴낸 보고서는 "현재 과학계는 심해 채굴이 해양 생태계에 심각한 피해를 줄 것으로 보고 있다"면서 현 상황을 음울하게 정리했다.[29] 연구 결과가 더 많이 쌓이기 전까지 해양 채굴을 "중단해달라"는 청원서에 800명이 넘는 해양 과학자와 정책 전문가들이 서명했다.[30]

배런은 메탈스 컴퍼니가 과학적으로 올바르게 접근하기 위해서 최선을 다하고 있다고 주장했다. 그는 메탈스 컴퍼니가 십수 차례 이상 탐사 연구 활동을 후원했다고 지적했다(탐사 연구 후원은 국제해저기구가 요구하는 사항이다). 배런은 이제 우리가 알아야 할 만큼은 알고 있다고 반박하기도 했다. "육상 채굴의 폐해가 명확히 드러난 마당에 과학적 지식이 완전하지 않다는 이유로 해양 채굴을 가로막아서는 안 되죠." 배런이 말했다. 그는 해양 채굴이 폐해가 적은 방법이라며 목소리를 높였다. "그거 하나는 확실합니다."

그러나 메탈스 컴퍼니가 미국 증권거래위원회에 제출한 문서를 보면 해당 문서 작성자는 그렇게까지 확신하고 있지 못하다. 문서는 클라리온-클리퍼턴에서 단괴를 채취하는 행위가 "야생 동물의 삶을 방해하는 것이 확실하며" 생태계에 예측할 수 없는 영향을 미칠 수 있다고 말한다.[31] 더불어 그 문서에는 단괴 채취가 육상 채굴보다 전 세계의 생명 다양성에 영향을 더 주거나 덜 준다고 "분명하게 단언할 수 없다"는 내용도 실려 있다. 어찌되었든 간에 채굴은 양자택일의 문제가 아니다. 바다 밑에서 무슨 일이 일어나든 육상 채굴은 앞으로 수십 년 동안 조금씩이라도 계속해서 이루어질 것이다.

메탈스 컴퍼니를 비판하는 사람들은 이들이 과학이 보여주는 결과에 관심이 없다고 말한다. 한 환경 과학자는 메탈스 컴퍼니와의 계약 관계를 끊고는 지금은 삭제된 온라인 게시물에 불평의 글을 남겼다. "이 회사는 과학과 해양 보호, 사회 전반을 조금도 존중하지 않는다. ……회사에 속지 마시라. 목표는 돈이다. 이들의 눈이 향하는 곳은 사업이지 사람이나 지구가 아니다." (배런은 게시물 작성자가 불만이 많은 사람이었으며 그의 주장은 사실이 아니라고 말한다. 나는 게시물 작성자에게 연락해보려고 했지만 아쉽게도 실패했다.)

메탈스 컴퍼니는 대기업이나 특정 국가의 지원을 받지 않는 유일한 심해 채굴 기업이다. 이 회사는 변덕스러운 투자 자본에 전적으로 의존하는 스타트업이다. 배런이 채굴을 서두르는 이유는 분명 여기에서 찾을 수 있을 것이다. 배런에게 2년 규정을 개시한 이유가 뭐냐고 묻자, 그는 명확하게 정리하고자 내 말을 끊었다. "그렇게 한 건 나우루예요. 우리가 아니라고요. 나우루가 그렇게 한 거예요."

나우루만큼 열대 낙원에서 심각하게 몰락한 사례는 찾아보기 어려울 것이다. 1798년, 남태평양에 외따로 떨어져 있는 이 작은 섬에 유럽 선박이 처음으로 당도했을 때,[32] 선장은 화창한 날씨와 아름다운 해변 그리고 원주민의 환대에 마음을 빼앗긴 나머지 이곳에 플레즌트 섬이라는 이름을 붙였다. 하지만 오스트레일리아의 지리학자가 이 섬에 비료로 수요가 많은 고순도 인산염이 풍부하다는 사실을 발견하자 외부 세계에서 사람들이 몰려들었다. 20세기 내내 이 섬은 이러다가 섬이 완전히 사라지지 않을까 싶을 정도로 파헤쳐졌다. 삼림이 울창하던 땅은 「가디언」이 "농사나 건축에 부적합한 석회암이 울퉁불퉁 불거져 있는 모습이 마치 달나라 같다"고 표현하는 지경에 이르렀다.[33] 1990년대 들어 인산염 생산량이 줄기 시작하자, 전체 인구가 1만 명 남짓한 나우루는 다른 소득원이 필요해졌다. 나우루는 묻지도 따지지도 않는 은행 천국을 표방했으나 러시아의 범죄 조직을 비롯한 검은 돈이 몰려든 탓에 국제 사회로부터 규제를 강화하라는 압력을 받게 되었다. 나우루가 돈을 벌고자 그다음으로 내놓은 계획은 오스트레일리아에 이민자 구금 시설용으로 땅을 빌려주는 방안이었다. 몇 년 후, 구금자들은 열악한 환경에 항의하며 폭동을 일으키고, 단식 투쟁을 벌이고, 위아래 입술을 실로 꿰맸다. 한 수감자는 분신자살을 했다. 결국 오스트레일리아는 2023년에 구금자를 모두 다른 곳으로 옮겼다.[34]

이 모든 상황과 더불어 특히나 나우루와 가까운 곳에는 채굴지가 없다는 점을 바탕으로 판단해보면, 나우루로서는 메탈스 컴퍼니와 협력하는 방안이 매력적으로 보였으리라는 점을 쉽게 알 수 있다. 2022년, 주 UN 나우루 대표인 마고 데이예는 한 신문에 기명으로 기고문을 실어 자신의 조국이 해양 채굴을 지지하는 이유를 다음과 같이 밝혔다. "우리 국민과 영토, 천연자원은 다른 지역에서 일어난 산업혁명에 불을 지피기 위해 착취되었을 뿐만 아니라 그로 인한 해수면 상승의 폐해를 고스란히 감수해야 할 처지에 놓여 있다. 우리는 부유한 나라들이 자신들이 초래한 문제를 직접 해결할 때까지 넋 놓고 기다리고만 있지는 않을 것이다."[35]

나우루에는 단 한 번도 발을 들인 적이 없는 배런은 메탈스 컴퍼니와 나우루의 관계를 두고 양자는 서로를 존중하는 파트너이며, 현대판 식민지 착취와는 거리가 멀다고 주장한다. "나우루는 끔찍한 일을 겪었어요." 배런이 말했다. "독일, 영국, 오스트레일리아, 뉴질랜드가 나우루를 완전히 엉망으로 만들어놨잖아요."³⁶ 배런은 메탈스 컴퍼니가 협약 관계를 맺은 나우루와 키리바시, 통가의 주민 복지를 위해서 20만 달러 이상을 지원하는 안을 비롯해 나우루에 제공하는 혜택을 매우 자랑스러워했다. 배런은 이런 말도 덧붙였다. "진짜 혜택은 우리가 로열티를 지급하기 시작하면서부터 받게 될 거예요." 협약 국가들의 해양 채굴 수익 분배율은 아직 정해지지 않았다.

더욱이 메탈스 컴퍼니의 재정 상태는 전혀 탄탄하지가 않다. 배런은 2년 규정이 개시되고 나서 몇 달 뒤인 2021년 9월 10일에 회사를 주식 시장에 상장시키면서 투자자로부터 총 3억 달러 규모의 투자를 약속받았다고 주장했다. 며칠 뒤 회사 주가는 12달러까지 뛰었다. 하지만 주요 투자자 두 곳이 약속을 지키지 않아서 자본은 예상했던 수준의 3분의 1밖에 조달되지 못했다. 결국 주가가 추락했고, 이후로 죽 1달러 수준을 맴돌고 있다. 메탈스 컴퍼니는 약속을 지키지 않은 투자자를 고소했고, 사기를 주장하는 다른 투자자들로부터는 고소를 당했다. 2023년 5월, 메탈스 컴퍼니에 수년 동안 투자했던 거대 해운기업 머스크는 기대를 접고 자신의 지분을 매각했다.³⁷

그러는 동안 메탈스 컴퍼니는 3억 달러를 소진했다. 그중 상당 금액은 배런의 주머니로 들어갔다. 2021년, 배런과 배런이 최고 전략 책임자로 고용한 에리카 일브스가 급여와 스톡옵션으로 함께 수령한 금액은 총 2,000만 달러가 넘는다.

(에리카 일브스는 해양 채굴 업계로 넘어오기 전에는 우주 채굴이라는 더욱 생소한 업계에서 일했다. 화성과 목성 사이의 수많은 소행성에는 상상할 수 없을 만큼 많은 금속이 매장되어 있기 때문에 오랫

동안 기업가들은 이 금속에 접근하고자 노력해왔다. 2010년대 중반에 소행성 채굴 스타트업 두 곳이 구글의 창업자 래리 페이지, 구글 CEO인 에릭 슈미트, 영화감독 제임스 캐머런으로부터 투자를 유치했지만, 두 프로젝트 모두 금방 실패하고 말았다. 이에 굴하지 않고 몇몇 스타트업이 그 불씨를 이어가고자 노력하고 있다. "소행성 채굴은 우리 생물권에 아무런 영향을 주지 않아요. 광산을 파고 땅을 폭파한다고 해도 소행성은 그저 죽어 있고 생명이 없는 돌덩어리일 뿐이니까요." 영국에서 소행성 광산 기업을 이끄는 젊은 CEO 미치 헌터-스컬리언이 말했다. "누군가가 그 금속을 가지러 가야 해요. 저라고 가지 말란 법은 없지 않겠어요?")

「블룸버그」의 기자들과 일부 환경단체는 메탈스 컴퍼니가 협력 국가에 부당한 영향력을 행사하고 있을 뿐만 아니라,[38] 국제해저기구, 그중에서도 특히 사무총장인 마이클 로지와 은밀한 관계를 맺고 있다고 보고 있다.[39] 2022년 「뉴욕 타임스」의 탐사 보도에 따르면, 국제해저기구는 메탈스 컴퍼니 경영진이 가장 유망한 채굴지를 나타낸 자료에 접근할 수 있도록 허용한 후, 그 지역에 대한 권한까지 확보할 수 있게끔 도왔다.[40] 국제해저기구와 메탈스 컴퍼니는 모두 양자 간의 거래가 합법적으로 적절하게 이루어졌다고 항변한다. (마이클 로지는 환경 운동가들에게 자신의 입장을 명확히 밝혔으며, 「타임스 *The Times*」와의 인터뷰에서 이렇게 말했다. "브루클린 사람들은 누구나 '바다에 피해를 주고 싶지 않다'고 말하죠. 하지만 그러면서도 다들 테슬라는 몰고 싶어해요.")

메탈스 컴퍼니는 배런의 거리낌 없는 행보와 법적, 재정적 수완 덕분에 해양 채굴과 관련된 언론 보도를 거의 독식하다시피 하고 있다. 반면 다른 업체들은 의도적으로 관심을 끌지 않으려고 몸을 사리는 듯하다. "메탈스 컴퍼니는 아주 거침이 없는 데 반해서 다른 업체들은 메탈스 컴퍼니에 편승하고 있어요." 세계자연기금에서 해양 채굴 반대 캠페인을 이끄는 제시카 배틀이 말했다. "일단 채굴 허가권이 주어지기 시작하면, 다른 업체들도 뒤따라 나설 거예요." 벨기에의 거대 해양 기업 DEME, 조선업체 케펠 오프쇼어 앤드 마린, 그리고 한국, 인도, 일본, 러시아, 중국 정부는 최근 몇 년간 탐사 연구를 수십 회에 걸쳐 벌여왔다. 그중에서도 특히 중국이 열성적이다. 중국은 국영기업 3곳이 태평양 해저 24만 제곱킬로미터에서 다금속 단괴를 채취할 수 있는 허가권을 획득했고,[41] 심해 채굴 능력을 적극적으로 향상하고 있으며, 해양 채굴 중단 정책에 반대하고 있다.[42] 또 「워싱턴 포스트」에 따르면, 중국은 국제해저기구에 상당한 자금을 지원하며 커다란 영향력을 행사하고 있다.[43]

DEME의 해양 채굴 자회사인 글로벌 시 미네랄 리소스 역시 메탈스 컴퍼니가 사업에 실패했을 때 선두로 나설 만한 기업이다. "모기업의 지원을 든든하게 받을 수 있는 데다가 유럽의 자원에 접근할 수 있죠." 환경 변호사 커리가 말했다. "이 기업은 10년이고 15년이고 기다릴 수 있고 그런다고 해서 회사가 망할 리도 없어요. 반면 메탈스 컴퍼니는 주가를 보세요. 허가권을 따내지 못하면 아주 고약한 처지에 내몰릴 거예요." 게다가 글로벌 시 미네랄 리소스는 태평양에서 대규모로 시운전을 실시하면서 자신만의 노하우를 쌓아가고 있다.

크리스 더 브라위너는 선실 철제문을 쾅쾅 두드리는 소리에 잠이 싹 달아났다. 2021년 4월 25일 이른 아침, 글로벌 시 미네랄 리소스 소속의 젊은 엔지니어인 더 브라위너는 태평양 먼 곳에 나와 있는 선박에 탑승해 있었다. 그는 메탈스 컴퍼니의 채취 장비와 비슷한 파타니아 2호를 시운전하는 연구팀의 책임자였다. 곧 팀원 중 한 명이 문 너머에서 그에게 소리쳤다. "큰일났어요! 연결선이 끊겼어요!"[45]

비상사태였다. 연결선은 광섬유와 구리선이 들어 있는 케이블로, 길이는 5킬로미터이고 굵기는 사람의 팔뚝만 했다. 파타니아 2호와 배를 연결해주는 것은 그 케이블뿐이었다.

"가라앉고 있어?" 더 브라위너가 외쳤다.

"네!"

더 브라위너는 붉은색 작업복을 입고 갑판으로 뛰어 올라갔다. 승무원들이 시운전을 마치고 파타니아 2호를 인양하던 중, 수면 아래 15미터 지점에서 연결선이 끊기고 말았다. 무게가 35톤에 달하는 파타니아 2호는 바닷 속으로 빠르게 가라앉았다.

그나마 다행스러운 점은 위치 추적기가 살아 있어서 낙하지점을 알려준다는 것이었다. 시간이 이틀이나 걸리기는 했지만 더 브라위너는 집게가 달린 잠수정으로 연결선을 다시 연결하여 파타니아 2호를 물 밖으로 데려올 수 있었다.

"비교적 수월한 편이었어요. 물론 '아악!!!', '안 돼!' 하면서 가슴이 조마조마한 순간도 있기는 했지만요." 벨기에 안트베르펜에 있는 본사에서 더 브라위너가 기억을 떠올렸다. "롤러코스터에 올라탄 기분이었죠."

물 밖으로 올라온 파타니아 2호는 멀쩡해 보였다. 더 브라워너에게 연결선이 끊기는 정도의 일은 "사소한" 문제들 중 하나일 뿐이었다. 이렇게 복잡한 장비를 시운전하다 보면 그런 일이 일어나기 마련이었다. 물론 매번 그렇게 낙관적일 수는 없었다. 탐사 초창기에는 더 브라워너도 그린피스 활동가들과 싸워야 했다. 그린피스 활동가들은 그가 탄 선박과 나란히 배를 몰고 가면서 선체에 노란색 페인트로 위험!이라는 글자를 큼지막하게 적었다.

더 브라워너는 자기 직업에 열정이 넘치는 사람이어서 장비를 이루는 각 부위와 부품의 특성 및 작동원리를 자세히 설명해주고 싶어 했다. 또 그는 해양 채굴을 반대하는 여론에 귀를 쫑긋 세우고 있었고 그런 이야기에 모욕감을 느끼는 듯했다. 그의 부모님은 순회 진료를 다니는 수의사였고 그와 동생을 르완다와 베트남에서 키웠다. "저는 자연 속에서 자랐어요. 저는 환경 운동가들이 생각하는 자연 파괴자가 아니에요." 더 브라워너가 말했다. "비정부기구와 환경 운동가들은 우리에게도 각자의 사연이 있고, 우리가 우리 나름대로 이 세상에 좋은 일을 하고 싶어한다는 사실을 잊고 있어요."

파타니아 2호 프로젝트는 채굴 장비가 바다에 미치는 영향을 살펴보는 해양 과학자를 별도의 선박에 가득 태운 상태에서 진행되었다고 더 브라워너는 지적한다. (메탈스 컴퍼니도 그렇게 했다.) "한 번씩 제 스스로에게 내가 지금 옳은 일을 하고 있는지 물어봐요." 더 브라워너가 말을 이었다. "저는 여전히 우리가 옳은 일을 하고 있다고 생각해요. 계속해서 연구를 이어가고 있으니까요." 그는 심해 채굴을 계속 추진해야 한다는 주장에 대해서도 자신은 확신은 없다고 말했다. "심해 채굴이 미칠 영향에 대해서는 더 알아봐야 하는 상황이라, 저는 그 질문에 답을 얻고자 노력하고 있어요. 이게 심해 채굴에 대한 제 입장이에요."

이미 글로벌 시 미네랄 리소스는 해저 채굴 시스템을 개발하기 위해서 최소 1억 달러를 투입했으며, 최근 들어 대형 해양 시추 업체인 트랜스오션과 파트너십을 체결한다고 발표했다. 현재 글로벌 시 미네랄 리소스는 파타니아 3호를 크기를 훨씬 키워서 설계하고 있으며, 파타니아 3호를 통해서 2028년경부터는 해저 채굴에 본격적으로 돌입할 수 있기를 희망하고 있다.

이 덕분에 연구자들에게는 과학적 이해를 높일 연구 시간이 확보된 것인지도 모른다. 이런 연구를 통해서 우리는 해저 채굴을 안전하게 시행하는 규정을 세우거나, 아니면 해저 채굴이 정말로 필요한지를 결정할 수 있을 것이다. 해저 채굴은 환경 관련 문제를 모두 해결할 수 있다고 해도 예컨대 리튬-인산철 배터리가 배터리 업계를 장악해서 코발트와 니켈에 대한 수요가 사라진다면, 저절로 필요없어질 것이다.

제라드 배런은 기다릴 생각이 없다. "배가 있고, 장비가 있고, 단괴 채취 방법과 관련해서 제휴 관계도 이미 맺었어요." 배런이 말했다. 그는 메탈스 컴퍼니가 국제해저기구로부터 채굴 허가를 받으면, 2025년 말부터 단괴를 채취할 수 있도록 모든 것이 순조롭게 진행되고 있다고 말했다.[46] 메탈스 컴퍼니의 2025년 목표는 300만 톤이며, 향후 10년 안에 생산량을 몇 배로 늘릴 계획이다.

2년 규정의 기한은 2023년 7월 9일에 만료되었다. 그때까지 국제

해저기구는 해양 채굴을 관리하는 규정을 내놓지 못했다. 다만 관련 문제를 계속 검토하여 2025년 중으로 규정 안을 내놓도록 하겠다고 밝혔다. 그러나 이제부터 국제해저기구는 상업적 채굴에 대한 허가 접수를 받기 시작해야 한다. 아직 규정 안이 완비되지 않았기 때문에 허가를 승인하는 문제는 여전히 논란에 휩싸여 있다. "이 문제가 어떻게 진행될지는 아무도 확신할 수 없어요." 해양 보호 변호사인 커리의 말이다.

국제해저기구의 결정과 관계없이, 해양 채굴은 가까운 시일 안에 어떤 식으로든 진행될 가능성이 높다. 각국은 누군가로부터 허가를 받을 필요 없이 자국 영해 안에서는 금속을 채굴할 수 있다는 점을 기억하자. 노르웨이 정부는 북극해에서 영국보다 더 큰 면적을 해양 채굴 기업에 열어주는 방안을 논의하고 있다.[47] 일본은 이미 심해 진흙에서 희토류를 추출하는 시스템을 성공적으로 테스트했으며 본격적인 채굴 작업을 향해 움직이고 있다(중국산 광물 의존도를 낮추는 것이 일본의 목표이다).[48] 남태평양에 있는 쿡 제도는 글로벌 시 미네랄 리소스와 다른 두 광산 기업이 자국의 영해에서 다금속 단괴를 찾을 수 있도록 허용했다.[49] 메탈스 컴퍼니의 전신인 딥그린이 파산했던 곳인 파푸아뉴기니조차 해양 채굴을 재개하는 사안을 놓고 다른 광산 기업과 논의 중이다.[50]

모든 일에는 대가 따른다. 해양 채굴은 분명 바다에 해로울 것이다. 그리고 우리는 해양 채굴로 인한 피해가 얼마나 심각하고 어디까지 영향을 미칠지 잘 모른다. 어쩌면, 정말로 **어쩌면** 육상 채굴에 비해 문제가 적다는 점이 밝혀질 수도 있다. 하지만 실제로 채굴을 해보기 전까지는 누구도 결과를 확신할 수 없다. 그리고 그때는 이미 대기가 그랬던 것처럼 바다도 되돌릴 수 없는 수준으로 심각하게 훼손되었을지 모른다.

여기에서 우리가 자주 간과하거나 잊어버리는 사실이 하나 있다. 새 금속 공급원은 육지에서든 바다에서든 아니면 우주에서든 그저 찾아냈다고 해서 그것으로 끝이 아니라는 것이다. 새 공급원은 품격 있는 삶에 필요한 금속을 충분히 확보하게 해줄 뿐이다. 이 세상에는 바다를 위험에 빠뜨리거나 육지를 파괴하지 않으면서도 그 목표에 도달하거나 아니면 가까이 다가가게 해주는 완전히 다른 방법이 몇 가지 있다.

제2부

역공급망

국가는 번쩍이는 금속을 유치하게 쌓아가는 방식으로 부유해지는 것이 아니라, 국민이 경제적으로 번영함으로써 부유해진다.
—18세기 경제학자, 애덤 스미스

8

콘크리트 정글 광산

스티브 넬슨은 굳은살이 박인 두꺼운 손으로 대형 쓰레기 수거함의 입구를 잡더니 옆면을 민첩하게 타고 올라가 수거함 속으로 뛰어내렸다. 올해 쉰일곱 살인 그는 캐나다 밴쿠버의 거리에서 오래도록 살아왔고, 그 세월은 헝클어진 흰머리와 주름진 얼굴, 가지런하지 못한 치아에 고스란히 남아 있었다. 하지만 그런 인상과 달리 몸매는 보기 좋게 탄탄한 근육질이었고, 성격은 유쾌하기 그지없었다.

대형 쓰레기 수거함은 밴쿠버 중심부에 있는 산업 지대의 창고 뒤편에 있었다. 수거함은 날마다 온갖 쓰레기로 가득 찼다. "어디, 뭐가 있나 볼까." 고장 난 기계와 잡다한 금속붙이로 가득한 비닐봉지를 유심히 바라보며 스티브가 말했다. 그러더니 비닐봉지를 더듬었다. "전선이 있을 것 같지는 않은데." 그가 중얼거렸다. 그러나 금속붙이를 헤집자 전선 몇 가닥과 작은 알루미늄 판, 그리고 주차장 기둥에 붙어 있었을 법한 커다란 야외 조명이 나왔다. 성과가 나쁘지 않았다. "이런 건 공구 없이도 돈으로 만들 수 있지!" 스티브가 자랑스레 말했다. 그는 기계 모서리에 들어가는 작은 금속붙이를 떼어내고는 이를 드라이버 삼아 조명 장치의 덮개를 벗겨내는 방법을 보여주었다. "그런 다음에 이걸 모서리 쪽으로 떨어뜨리면 용접 부위에 금이 갈 거예요." 그가 설명했다. "그러면 내부 부속이 튀어나오면서 구리를 얻을 수 있죠." 구리는 스티브 같은 고철 수집원이 가장 찾고 싶어 하는 금속이다. 스티브는 조명 장치 안에 구리가 900그램쯤 들어 있을 것이라고 짐작했다. 덮개에는 비슷한 양의 알루미늄이 들어 있을 것이다. 5월 치고 유독 쌀쌀한 그날, 스티브는 계산에 들어갔다. 두 금속을 고물상에 팔면 3달러 몇 센트를 받을 것이고, 여기에 알루미늄 판과 전선에서 걷어낼 구리까지 있으니 몇 푼 더 챙길 수 있을 것이다. 잠깐 일한 것 치고는 쏠쏠한 편이었다.

그러나 스티브는 방금 찾아낸 물건을 그 자리에서 분해하지 않았다. 주위가 지저분해질 우려가 있기 때문에, 스티브는 늘 조심했다. 창고 직원이나 근처에서 일하는 사람들은 스티브가 누군지 알고 있었고, 그가 늘 그런 면에서 조심할 줄 알았기 때문에 쓰레기를 헤집고 다녀도 제지하지 않았다. 스티브는 자석을 가지고 다니며 땅에 떨어진 나사나 고철 조각을 치워주기도 했다. 그가 단골이라고 부르는 사람들은 폐품을 모았다가 그에게 건네기도 했다. "자기들도 그걸로 돈을 벌 수 있을 텐데 그러지 않더라고요. 눈이 오나 비가 오나 내가 여기에 와 있는 모습을 20년 동안 봐온 사람들이에요. 덕분에 일이 좀 수월해진 면이 있죠."

스티브는 수집품을 챙겨 우리가 자전거를 세워둔 곳으로 갔다. 그는 고철 수집에 나설 때면 늘 자전거를 타고 나왔고, 수집한 고철 조각은 임시방편으로 달아둔 수레에 쌓아놓았다. 자전거 배달부로 일하던 1980년대부터 스티브는 자전거를 타고 다니기를 좋아했다. 이후 스티브는 힘든 시기를 맞았고, 그 때문에 지금은 남들이 택하지 않을 만한 삶을 영위하고 있다. 그럼에도 그는 활기를 잃지 않고 제도권 밖에서 기지를 발휘하며 살아가고 있다.

내가 보기에 스티브의 자전거 수레는 이미 가득 차 있었고, 각종 고철 더미가 쏟아지지 않도록 번지 점프용 밧줄로 동여맨 상태였다. 그런 와중에도 공간을 찾아낸 스티브는 새로 발견한 고철을 여기저기에 쑤셔넣었고, 조명 장치는 고철 더미 위에 올린 다음에 오래된 자전거 타이어 튜브로 고정시켰다. 스티브는 쇼핑 카트는 절대로 사용하지 않는다. "쇼핑 카트를 가지고 있다는 건 절도품을 가지고 있다는 얘기예요. 경찰이 어디 가서 화풀이를 하고 싶을 때, 좋은 먹잇감이 되는 거죠."

수집품을 단단히 고정시킨 스티브는 자건거의 핸들바에 부착한 휴대용 스피커를 켜고 자전거에 올랐다. 우리는 밴드 B-52's의 "댄스 디스 메스 어라운드"를 요란하게 울리며 텅 빈 거리를 달렸.

스티브가 하는 일은 대다수 사람들의 눈에는 잘 띄지 않는다. 그는 사람들 눈에 잘 보이지 않는 장소로 가서 다른 사람들이 내다버리는 물건을 수집한다. 속담에 나오듯이, 누군가에게는 쓰레기인 물건이 누군가에게는 보물이 되는 것이다. 하지만 금속 폐기물의 경우에는 누군가가 몸을 움직이고 기지를 발휘하여 그 보물에 적합한 시장을 찾아내겠다고 마음을 먹어야 한다.

스티브 같은 고철 수집원은 북아메리카의 어느 도시를 가든 있다.

이들은 온라인으로 서로 소통하고 정보를 교환하며 자신의 수집품을 자랑한다. 또 실시간으로 금속 가격과 인근에 있는 구매자를 알려주는 스마트폰 앱을 활용하기도 한다. 유튜브 채널 운영자도 놀라울 정도로 많아서, 뒷골목과 대형 쓰레기 수거함을 찾아나서는 여정을 유튜브에 상세히 올리기도 한다. 그런 영상에는 예를 들어 골프 카트에서 모터를 빼내는 방법 같은 내용이 담겨 있기도 하다. 「고철 수집원 마이크」와 같은 인기 채널은 영상 조회 수가 1,000만 회를 넘고 광고를 내보내고 티셔츠를 팔기도 한다. 이들은 흔히 고물상, 고철상, 폐품팔이 혹은 스티브가 즐겨 사용하는 고철 수집원이라는 이름으로 불린다. 더 정확한 명칭은 개인 금속 재활용업자쯤 될 것이다.

재활용은 누구나 좋아하는 방법이다. 또 아주 올바른 방법처럼 보인다. 옛 신문으로 새 신문을 만들면 나무를 아낄 수 있다! 재활용품 수거는 누구에게나 익숙한 일이기 때문에 우리 눈에는 재활용이 쉬운 일처럼 보인다. 빈 병과 빈 깡통, 이면지를 플라스틱 통에 담아 다른 쓰레기와 함께 밖에 내놓으면 수거 차량이 와서 모두 싣고 간다. 모든 것이 아주 깔끔하다. 마땅히 해야 할 일을 잘 해낸 것 같은 기분이 든다. 그러다 보니 환경 운동가들이 핵심 금속 채굴을 막기 위해서 재활용을 늘려야 한다고 주장하면, 직관적으로 옳은 말이라고 생각한다. 더 따질 것은 없어 보인다.

나도 이 책을 쓰고 자료 조사에 나섰을 때만 해도 그렇게 생각했다. 그러나 재활용에도 피할 수 없는 원칙, 즉 모든 일에는 대가가 따른다는 원칙이 적용된다는 사실을 깨달았다. 금속 재활용은 분명 금속 채굴에 비해서 환경에 부담을 덜 준다. 하지만 재활용은 생각보다 훨씬 어렵고 더럽고 위험하다.

금속 재활용은 언론에 노출이 잘 되지 않아서 그렇지 전 세계적으로 상당히 큰돈이 오가는 산업이다. 이를 위해서 중장비와 트럭, 연기를 내뿜는 제련소, 폐품 수백만 톤을 실어나르는 화물선이 동원된다. 여기에 전 세계 고철 야적장에서 일하는 수많은 근로자와 스티브처럼 대형 쓰레기 수거함과 폐품 더미를 헤집고 다니는 고철 수집원 무리도 동원된다. 개발도상국에서는 사람들이 안전 장비는 고사하고 더러는 신발도 신지 않은 채로, 오래된 모터나 에어컨을 수작업으로 깨부수며 독성물질에 고스란히 노출되고 있다.

미국에서는 수세기 전부터 고철을 거래했다. 고철을 거래했던 인물로는 (앞에서 등장했던) 폴 리비어가 있으며, 그는 자신의 은 세공소에서 이웃집 고철을 제련했다.[1] 고철 산업은 미국 경제와 더불어 성장했다.[2] 오늘날 고철 업계에서는 연간 400억 달러가 오가고 수십만 명이 일한다. 미국에서 매년 사용하는 납의 4분의 3,[3] 철과 강철의 절반, 구리의 3분의 1이 재활용 고철에서 나온다.[4]

그러나 그냥 버려지는 금속도 수백만 톤이나 된다.[5] 그 이유는 금속을 원하는 사람이 없어서가 아니라 금속을 재활용하는 과정이 어렵고 비싸기 때문이다. 대체로 금속은 이미 땅 위에 올라와 있는 것을 재사용하는 쪽보다는 땅 속에 있는 원재료를 새로 파내는 쪽이 더 싸게 먹힌다.

어떻게 그럴 수 있을까? 예를 들어 선풍기 같은 제품의 글로벌 공급망에 대해서 생각해보자. 공급망은 우선 선풍기 날개용 알루미늄, 모터용 구리, 부품의 부식을 방지하는 니켈 등, 전 세계 각지에서 원재료를 채취하는 단계에서부터 시작된다. 이들 원소가 들어 있는 광석은 정제소로 운반되어 정제된 금속으로 가공된다. 정제 과정을 거친 금속은 제조 공장으로 가서 각종 부품으로 성형된다. 이후 각 부품은 조립 공장에서 비금속 부품과 결합되고 선풍기의 형태로 완성된다. 완제품은 다시 전 세계에 있는 상점이나 아마존 물류 창고로 실려간다. 마지막으로 선풍기는 이 공급망의 끝단으로부터 수많은 가정과 일터로 퍼져나간다.

이런 완제품에서 금속을 재활용하려면, 기본적으로 앞에서 언급한 공급망을 거꾸로 거쳐야 한다. 역공급망이 필요한 것이다. 역공급망도 일반 공급망처럼 여러 나라와 여러 산업 시설을 거친다.

일반 공급망의 첫 번째 연결 고리는 금속을 생산하는 광산이다. 하지만 지금껏 우리가 살펴보았듯이 금속은 땅 속에서 바로 사용 가능한 형태로 채굴되지 않는다. 금속은 광석의 형태로 채굴되는데, 광석은 암석과 광물이 섞여 있는 형태이기 때문에 분쇄, 제련, 화학 처리, 야금 과정을 거쳐야 한다. 각 단계마다 불필요한 물질을 제거하고 값어치 있는 구성 물질을 분리한다.

역공급망에는 기이한 거울과 같은 면이 있다. 역공급망의 시작점에 있는 원자재는 온수기, 자동차 차체, 커피 메이커, 컴퓨터와 같은 완제품이다. 바로 이 때문에 금속 재활용을 두고 "도시 광산"이라는 표현을 쓰기도 한다. 광석과 마찬가지로 완제품 속에는 귀중한 금속이 불필요한 물질과 섞여 있다. 바스트네사이트 광석에서 희토류를 분리해야 하듯이, 잔디 깎는 기계에 들어 있는 구리도 온갖 불필요한 부품으로부터 분리해야 한다. 그러려면 먼저 잔디 깎는 기계를 부품

단위로 분해한 다음, 각 부품을 개별 물질로 분리해야 한다. 그러고 나서 각 물질을 녹이고 정제해서 새로운 금속으로 만들면, 드디어 새 완제품에 재활용할 수 있는 상태가 된다. 그러나 그렇게 하려면 먼저 재활용의 원자재가 되어주는 오래되고 낡은 제품부터 손에 넣어야 한다.

스티브는 여러모로 독특한 사람이다. 그러나 스티브 역시 역공급망의 첫머리에 참여하는 다른 사람들과 마찬가지로 무엇보다 돈이 되는 고철을 효율적으로 수집하는 방법을 찾아야 한다.

쉽지 않은 문제이다. 일반 공급망의 마지막 연결 고리는 연결 고리가 아니기 때문이다. 그 지점에서는 밧줄의 끝단이 수많은 가닥으로 갈라지듯이 확산이 일어난다. 제품은 트럭에 실려 상점이나 물류 창고로 질서정연하게 모인다. 그러고는 민들레 씨앗이 날아가듯이 수많은 가정과 직장으로 뿔뿔이 흩어진다. 이렇게 퍼져나간 완제품을 역공급망 안으로 모두 되가져오려면, 낱낱이 흩어진 제품을 어떻게든 다시 거둬들여야 한다.

대형 고철상은 주로 건설 현장과 산업 시설에서 쓰다 남은 재고품이나 철거 현장에서 나온 고철 따위를 대량으로 구매한다. 수많은 가정과 일터, 소규모 업체에 흩어져 있는 각종 고철은 이들의 거래 대상에서 제외된다. 흩어져 있는 고철을 수집할 때 가장 먼저 맞닥뜨리는 문제는 신문이나 유리와 달리 각 가정의 안팎에 고철을 넣어놓을 수거함이 없다는 것이다. 금속 재활용 업체는 각 가정을 방문하지 않는다. 우리가 직접 그곳으로 가야 한다.

내가 살고 있는 밴쿠버에는 시에서 운영하는 제로 웨이스트 센터가 있어서 대부분의 쓰레기를 그곳에 내놓을 수 있다. 나는 이 책을 쓰기 전까지만 해도 제로 웨이스트 센터에 가본 적이 없었다. 조사도 하고 쓰레기도 내놓을 겸해서 직접 가보기로 했다.

맨 먼저 할 일은 집안에 있는 폐품 중에서 일반 쓰레기나 재활용품으로 분류할 수 없는 물품을 모으는 것이었다. 녹이 슨 접이식 의자, 오래된 크리스마스 전구 다발, 고장 난 휴대전화, 욕실을 리모델링할 때 쓰고 남은 자잘한 배관 부품들, 낡디 낡은 냄비와 프라이팬 등 그런 물건이 참 많았다. 나는 이 물건들을 모조리 차에 싣고는 제로 웨이스트 센터로 향했다. 도시 남단에 있는 센터는 커다란 울타리 안쪽에 아스팔트가 너르게 포장되어 있었다. 그곳에는 재사용 가능한 물질을 대분류하고 소분류하는 각각의 구역이 당황스러울 정도로 많았다. 커피 컵을 감싸는 하얀 스티로폼 포장재는 이쪽에, 색깔이 있는 물놀이용 스티로폼 도구는 저쪽에, 쿠션 속을 채우는 스펀지폼은 또 다른 곳에 분류해야 했다. 연기 감지기와 일산화탄소 감지기는 수거함이 각각 마련되어 있었고, 동그란 건전지와 충전지, 납 축전지 역시 크기별로 수거함이 있었다. 유리병, 음료수 병, 창문 유리도 그런 식이었다. 물건이나 물질은 재활용 과정이 저마다 다르기 때문에 제각각 분류하고 분리해야 했다.

갖가지 물품을 분류해서 해당 구역으로 나르는 일은 오로지 내 몫이었다. (내 파란색 재활용 수거함은 금이 심하게 간 탓에 버리려고 했는데, 여기서 수거하지 않는 몇 안 되는 물품인 딱딱한 플라스틱에 해당되었다. 그렇다. 이 재활용 센터는 내 재활용 수거함을 재활용해 주지 않았다.) 나는 꼼꼼하게 분류 작업을 하려고 했지만, 분명 크리스마스 전구 상자 바닥에는 너트와 볼트뿐만 아니라 꺼내기 귀찮아서 내버려둔 건전지도 몇 개 있었을 것이다. 재활용품이 거쳐가는 어느 단계에서는 누군가가 나 같은 사람이 무심코 내놓는 온갖 폐품을 더 세심하게 골라내야 할 것이다. 하지만 내가 신경 써야 할 문제는 그것이 아니었다. 어쨌거나 나는 내가 해야 할 일을 다 했다. 솔직히 말해서 나는 이곳에서 해야 했던 모든 일에 지쳐가고 있었다. 분리수거 작업을 모두 끝내고 나니 두어 시간이 지나 있었는데, 그렇게 수고한 뒤에 남은 것이라고는 아주 조금 더 깨끗해진 집과 스치듯이 지나간 만족감뿐이었다.

사람들은 날마다 이런 식으로 금속을 재활용하지만, 전체적인 관점에서 보면 이런 사람들의 숫자는 그렇게까지 많지 않다. 왜 그럴까? 금속 재활용은 고철 처리장에서 물건을 옮기고 나르며 시간을 보내야 하는 번거로운 일이기 때문에 사람들을 불러모을 만한 매력이 없다. 그렇다면 사람들을 달려들게 할 유인책은 무엇일까? 바로 돈이다.

테슬라의 공동 창업자 출신으로 현재 배터리 재활용 업체 레드우드 머티리얼스를 이끄는 J.B. 스트라우벨은 "세계 최대의 리튬 광산은 미국에 있는 잡동사니 서랍장들일지도 모른다"는 말을 즐겨 한다.[6] 차고에 내놓은 고장 난 전자레인지나 뒷마당에 세워놓은 녹슨 바비큐 그릴은 말할 것도 없고 수납장에 가득한 구형 휴대전화와 오래된 충전 케이블, 어댑터 그리고 기타 전자제품에는 전부 합치면 엄청난 양의 금속이 들어 있다. 선진국에서는 이런 폐품이 주로 쓰이지도 않은 채로 방치되거나 버려진다. 반면, 개발도상국에서는 아직 판매할 만한 가치가 있는 물건을 그냥 내다버리는 경향이 덜하기 때문에 각 가정을 돌며 고철을 수집하는 일이 어엿한 산업을 이루고 있다. 아프리카, 아시아, 남아메리카에서는 날마다 수백만 명이 폐품 더미를 뒤지며 우리에게 유용한 물질을 뽑아낸다.[7]

쓰레기 수집원이라고 불리는 이들은 버려진 플라스틱, 판지, 유리, 천, 금속 따위를 찾아 모으며, 대형 업체가 나서기에는 양이 적은 폐품을 수거해 역공급망에 제공한다. 이들의 역할은 중요하다. 매립지에서 고철을 계속해서 거둬들이면 각종 금속을 덜 채취해도 되기 때문이다. 재활용은 누구에게나 환영받는 행위이지만 재활용 업계에서 실제로 이 일을 하는 대다수 사람들은 사회로부터 제대로 인정받거나 대우받지 못한다.[8] (쓰레기 수집원 중에는 어린아이도 있다.)

일부 개발도상국에서는 고철상과 쓰레기 수집원이 노조를 결성하고 정부의 지원을 얻어냈다. 가치 있는 일을 하는 사업가로 인정받게 된 것이다. 예컨대 콜롬비아의 여러 도시에서는 재활용품을 팔아 수익을 거두는 이들을 지원하기 위해서, 시 당국의 쓰레기 처리 수익금의 일부를 쓰레기 수집원에게 분배한다. 아르헨티나의 부에노스아이레스 역시 이와 비슷한 정책을 시행하고 있으며, 이곳에서는 수집원이 수거품을 분류할 수 있는 공간도 제공한다. 인도 푸네에서는 노동자 협동조합에 소속된 수천여 명의 쓰레기 수집원이 시 당국이 손 놓고 있는 빈민가를 비롯해 각 가정에 방문 수거를 나가고는 소정의 수고비를 받는다.[9] 이들은 날마다 1,000톤이 넘는 쓰레기를 처리한다. 푸네는 인도에서 재활용률이 가장 높은 도시 중 하나이다.

스티브는 소속도 없고 지원도 받지 못하는 노동자이다. 스티브의 아버지는 전기 기사였는데, 브리티시컬럼비아 주의 거친 산악지대에 자리한 작은 마을을 잇는 전력선을 고치러 외근을 자주 나갔다. 어린 시절에는 스티브도 아버지를 따라 헬리콥터를 타고 나가 외따로 떨어져 있는 근로자 거주 시설에서 지냈다. 그곳에서 남성들은 옛 군용 차량을 몰고 나가 쓰레기 더미를 뒤지는 곰을 향해 마구 총을 쏘아댔다. 청소년기에 접어든 스티브는 다소 거친 시간을 보냈다. 그는 미성년자 음주 혐의로 두어 차례 체포되어 청소년 범죄자를 위한 야외 캠프로 보내졌다. "무슨 처벌이 그래요? 거긴 진짜 끝내주는 곳이었어요!" 스티브가 말했다. 열여덟 살이 된 해에는 여자 친구를 임신시킨 탓에 학교를 그만두고 닭고기 가공공장에서 기계에 묻은 피를 닦아내는 일을 했다. 스티브와 여자 친구는 아들이 한 살이 되던 무렵에 헤어졌고, 이후 그는 부모님 집 지하실에서 살았지만 아버지와의 관계가 원만하지 않아서 이사를 나갔다. 여름을 몇 번 거치는 동안에는 소방관으로 일하면서 돈을 꽤 잘 벌었고, 그 사이 사이에 가족이나 친구 집 아니면 호스텔을 전전했다. 그러다가 지역 내 배달 회사에 취직해 자전거로 문서를 배달하는 일을 하게 되었다. 그 일은 스티브에게 잘 맞았다. "자전거를 타는 게 좋았어요. 짜릿한 속도감이 좋았죠." 이후 몇 년은 순탄했다. 스티브는 배송원으로서 더 안정된 자리로 옮겼고 주말이면 친구들과 함께 산악자전거를 탔다.

그러나 문서 배달업은 사양길로 접어들었다. 처음에는 팩스 기기가 등장하더니, 다음에는 인터넷이 등장해 결정타를 날렸다. "내 직업이 사라져버리더군요. 배송원으로 한 달에 3,000달러를 벌다가 실업 수당으로 250달러를 받게 되었죠." 다시 호스텔에서 생활하면서 지역 인력소에서 일용직 일자리를 구하기 위해서 줄을 서는 처지가 되었다. 스티브는 빈 병과 깡통을 주워 푼돈을 벌기 시작했다. 생각보다 벌이가 쏠쏠했다. "생각지도 못하게 빈 병으로 10달러를 벌어서 고양이와 함께 이틀을 먹고 살았어요." 그렇게 길거리에서 일을 하게 되면서 스티브는 돈이 되는 쓰레기가 무엇이고 그런 쓰레기를 어디에서 찾을 수 있는지 점점 더 잘 알게 되었고, 곧 고철이 자신에게 맞는 틈새시장이라는 사실을 깨달았다. 그는 자신에게 사냥터가 되어줄 만한 곳을 찾아나섰고, 이후로 죽 그런 일을 해왔다.

2008년 무렵, 스티브는 주차장에서 누군가로부터 머리를 세게 얻어맞고 강도를 당했다. 두개골이 골절되고 망막이 박리된 탓에 그는 병원에 입원을 해야 했다. "그때 머리를 다친 이후로 몇 년 동안 의식 상태가 좀 흐릿했어요. 마약도 좀 했고요." 스티브가 말했다. 이후 몇 차례 체포되어 감옥 신세도 졌다. 그러다가 몇 년간 고가도로 밑에서 노숙 생활을 했다. 그는 복지 시설보다 고가도로 밑을 선호했다. "복지 시설에서 지내보려고도 해봤는데 거기서는 잠을 못 자겠더라고요. 제 몸 위로 쥐가 기어다닌 적도 있어요. 옷에는 빈대가 들끓었죠. 차라리 다리 밑이 잠을 자기에는 더 좋았어요."

그러나 2022년에 내가 스티브를 만났을 때, 그는 밴쿠버 차이나타운에 작은 아파트를 장만한 상태였고 기분이 좋아 보였다. "헛되이 산 세월을 만회해보려고 해요. 기회가 여러 번 주어졌있는데 죄다 날려버렸잖아요. 이번에는 잘 살려보려고요." 스티브가 말했다. 스티브는 고철을 수집하면서 접하는 다양한 경험과 사람, 그리고 자유로운 삶이 좋아서 고철 수집 일이 좋았다. "이 일을 20년 동안 해왔어요.

여기서 책임자는 바로 저죠. 일이 잘 안 풀리는 날이 있다면, 그건 다른 사람이 아니라 제 잘못이에요."

스티브는 전문가이며 자기 일에 진심이다. 그가 보기에 많은 고철 수집원이 알루미늄과 같이 가치가 떨어지는 금속에는 별 관심이 없다. "알루미늄을 찾아내려는 사람은 별로 없어요. 다들 구리나 황동처럼 수거함 바로 위에 있어서 쉽게 찾을 수 있는 금속만 수거하려 하죠. 빨리 팔 수 있는 금속만 찾아다니는 거예요."

위대한 기업가들이 다들 그러듯이 스티브는 늘 새로운 시장을 물색한다. 그는 엘리베이터 수리 업체가 버리는 회로기판을 수년 동안 수거해오고 있다. 밴쿠버에는 폐회로기판을 구매하려는 사람이 없지만 스티브는 그 안에 소량의 금이 들어 있다는 사실을 알고 있다. 조만간 그는 회로기판에서 금을 추출하는 유튜브 영상을 들여다보며, 추출법을 터득할 것이다.

며칠간 스티브와 함께 그의 사냥터와 고철 야적장을 둘러보고 나자, 주변을 바라보는 나의 시선이 달라졌다. 빗물용 홈통, 자전거 체인, 배관, 쓰레기통, 가로등, 가로등 속 전선에 가득 들어 있는 구리 등 갑자기 온갖 곳에 있는 금속이 눈에 들어왔다. 금속은 콘크리트처럼 어느 곳에나 있지만 무엇인가에 덮여 있거나 아니면 너무나 익숙해서 우리 눈에 잘 들어오지 않는다. 그러나 금속은 우리 주변 환경에 형태를 부여하고 도시 환경 구조의 물리적 토대를 이룬다. 금속은 볼펜용 볼, 청바지용 단추와 리벳, 옷장 서랍의 손잡이처럼 우리 일상생활에도 스며들어 있다. 게다가 금속은 아주 자잘한 것이라도 돈이 된다.

문득 오래된 내 스키 스틱과 낡은 접이식 의자를 내놓으면 돈을 얼마나 받을 수 있을지 궁금해졌다. 물건에서 다른 사람은 보지 못하는 가치를 알아본다는 생각을 하니, 마치 내게 초능력 같은 것이 생긴 기분이 들었다. 사람들 눈에 흉하고 망가지고 쓸모없어 보이는 폐품이 이제는 내게 돈으로 보였다.

그러나 이런 생각을 하다 보니 폐품을 돈으로 바꾸는 과정이 엄청나게 어렵다는 것도 알게 되었다. 주차장에 있는 오래된 샤워기 헤드 안에는 돈을 받고 팔 수 있는 아연과 알루미늄이 들어 있지만, 샤워기를 분해한 뒤 플라스틱 부품에서 금속을 분리하는 작업은 누가 할까? 나는 못 한다. 그렇게까지 애를 써야만 할 가치가 없어 보이기 때문이다. 제로 웨이스트 센터에서 경험했듯이, 금속 재활용 수거는 누구나 할 수 있는 일이다. 하지만 선진국에서는 그렇게 하는 사람이 많지 않다.

스티브와 함께 그의 사냥터를 더 둘러보다가 버려진 건물 사이에 있는 막다른 골목으로 들어섰다. 스티브는 이곳을 거쳐간 소규모 제조업체들에 대해서 빠르게 설명을 해주었다. 아마도 이곳의 변천사를 이토록 세세하게 꿰고 있는 사람은 스티브밖에 없을 것이다. 요즘 들어 막다른 골목은 상습적으로 쓰레기 무단 투기가 이루어지는 곳이 되었다. 이곳에는 종이, 판지, 플라스틱 조각, 금속 조각, 전기레인지, 냉장고 따위가 널브러져 있었다. 만약 서 선기레인지가 인덕션이라면 그 안에는 구리 코일이 들어 있을 거라고 스티브가 설명했다. "멋있고 두툼하고 구부러진 코일이죠. 금방 떼어낼 수 있어요!" 하지만 이미 선수를 친 사람이 있었다. 전원 코드가 벗겨져 있었고 내부 부품도 떼어간 상태였다. 전기레인지에서 얻을 수 있는 금속은 아연으로 바뀌었다.

강철과 알루미늄 외피는 몇 푼 못 받겠지만, 밤이 되면 누군가가 트럭을 몰고 와서 들고 갈 거라고 스티브는 확신했다. 스티브는 건물 임차인들과 오래 알고 지내온 사이여서 자신의 사냥터에 있는 일부 폐기물에 대해서 반독점권을 가지고 있기는 하지만, 사실 이곳에 정해진 주인이 있는 것은 아니다. 보통은 선착순이 자기들 사이의 에티켓이라고 스티브가 설명했다. "몇 주 전에 저한테 철근 조각을 들고 달려든 놈이 하나 있기는 했지만요."

고철 수거 작업은 엄청나게 위험할 수 있다. 위태롭게 쌓여 있는 고철 폐기물 더미를 헤집다 보면 에어컨이 떨어지면서 발이 으스러지거나 뾰족한 금속에 손가락이 잘려나갈 수 있다. 이런 유형의 사고 때문에 2003년 이후로 미국인 수백 명이 사망했다.[10] 사고는 주로 육중한 기계류가 발단이 되어 벌어지지만, 더러는 다른 이유로도 일어난다. 2014년 일리노이 주에서는 한 재활용 고철 야적장에서 오래된 박격포탄이 터져 두 명이 사망했다.[11] 이듬해 애리조나 주에서는 공군용 폭탄이 고철 야적장으로 잘못 들어와 이를 토치로 절단하던 노동자가 폭발 사고로 사망하는 사건이 발생했다.[12]

일상이 빈곤과 전쟁으로 얼룩진 곳에서는 고철을 찾아다니는 사람들이 전투 잔해가 있는 곳을 샅샅이 헤집고 다닌다. 2019년 수단에서는 어린이 8명이 군사 기지 인근에서 고철을 찾다가 폭발 사고로 목숨을 잃었다.[13] 나이지리아에서는 이슬람 극단주의 무장단체 보코하람이 고철 수집원 수십 명을 살해했다.[14] 아프가니스탄에서는 수십 년간 전쟁이 이어진 탓에 무수히 많은 고철 조각들이 온갖 곳에 흩뿌려져 있다.[15] 「뉴욕 타임스」는 아프가니스탄의 한 지역에 대해서 다음과 같이 보도했다. "뾰족한 두 산 사이로 구불거리는 언덕이 버려진 쇳덩이와 숨겨둔 폭발물로 뒤엉킨 곳으로 변하자", 이곳은 "고철 수집원들이 꿈에 그리던 장소가 되었다. 여기서는 금속 폐기물 7킬로그램을 순식간에 주워 1달러쯤에 팔 수 있다." 이곳에서는 불발탄과 불발 지뢰 때문에 고철 수집원 수십 명이 목숨을 잃었다.

스스로를 금속 재활용 업체라고 소개하는 회사들은 사실 오래된 고철을 새 금속으로 바꾸는 곳이 아니다. 이들은 주로 수거업체이다. 고철을 다양한 수준으로 매만진 후에 공급망 안에 있는 후속 업체에 판매할 정도의 규모가 되도록 분류 작업을 한다. 이것이 바로 스티브가 1인 업체로서 담당하는 일이다. 스티브는 고철을 폐기물에서 공짜로 얻기도 하지만 때로는 여기저기서 조금씩 사들이기도 한다. 어느 날, 스티브는 내게 영화 세트장 장식가에게서 구입했다는 전선 뭉치를 보여주었다. 장식가는 은퇴를 한 터라 그간 모아둔 온갖 소품을 처분해야 했다. 장식가가 전선을 싼 값에 팔겠다고 하자, 스티브는 철사에 붙어 있는 컬러 테이프를 제거해주는 조건으로 수락했다. 그렇게 해주면 스티브는 커터 칼로 전선에 붙어 있는 고무 피복을 벗기기만 하면 되었다. "내가 해야 하는 일이 훨씬 많기는 하지만, 양쪽 모두에게 이득인 거죠."

고철상에 바로 가져갈 만큼 상태가 좋은 금속을 발견하는 일은 드물다. 스티브가 찾은 금속은 그 상태 그대로 가져가기보다는 대개 피복을 벗기거나, 황동 밸브를 떼거나, 분류 및 분리 작업을 해야 값을 더 잘 받는다. 스티브는 자기 아파트에 공구 세트를 구비해놓고 있어서 때로는 집에서 고철 분리 작업을 진행한다. 또 조그만 창고를 빌려 그곳에 여분의 고철을 넣어두기도 한다. 창고는 고철을 분리하는 작업실로 쓰이기도 한다. 비가 오는 날이면, 스티브는 창고로 가서 헤비메탈 음악을 틀어놓고는 하루 종일 전선에서 피복을 벗겨낸다.

스티브의 사냥터를 둘러보고 나서 며칠 뒤, 그는 자전거를 타고 밴쿠버 동쪽 경공업 지대에 있는 캐피털 새비지라는 조그마한 고철 야적장으로 향했다. 이곳은 콘크리트 블록 벽으로 막혀 있어서 길에서는 보이지가 않았다. 골목을 따라 내려가니 철문 위로 철망을 얹어놓은 출입구가 나타났다. 안으로 들어서니 버려지거나 낡은 물건이 즐비했다. 마치 거대한 초강력 자석을 도시 안에서 끌고 다니며 금속이 들어 있는 물건을 죄다 끌어 당겨와서는 아스팔트 마당에 흩뿌려놓은 것만 같았다. 의자, 진공청소기, 어린이용 킥보드, 알루미늄 벽널 더미, 녹슨 톱날 한 상자, 스케이트, 창틀, 주걱 따위가 있었다. 라디에이터, 전자레인지, 선풍기, 실링 팬, 야외용 의자, 자동차 바퀴, 맥주통, 자전거 거치대, 각종 전선도 보였다. 전동 톱이 돌아가고 지게차가 움직이는 소리와 더불어 고철 조각을 이쪽에서 저쪽으로 던지는 소리가 울려퍼졌다. 절단 작업을 하는 건물 지붕 위에는 오래된 알루미늄 덕트와 어항, 케이블을 재활용해서 만든 우주 비행사가 장갑 낀 손을 흔들고 있었다.

스티브는 자전거를 문 옆에 세워놓고 일터로 향했다. 자전거 수레는 어디선가 주워온 자그마한 우크라이나 깃발로 장식되어 있었고,

깔끔하게 접은 황동판 45킬로그램가량과 스테인리스 스틸 파이프, 그리고 구리선 코일이 노끈과 자전거 튜브에 묶여 실려 있었다. 스티브는 야적장의 공동 주인인 젠 다이먼트에게 인사했다. 그녀는 정문을 지키면서 스티브가 가져온 물건을 커다란 플라스틱 통 속에다가 분리하기 시작했다.

분류 작업이 끝나자 스티브는 플라스틱 통을 저울에 올렸다. 두 직원이 각기 다른 금속의 무게를 기록하고는 종이 전표를 출력해주었다. 스티브는 전표를 오래된 두 자판기 사이에 끼여 있는 현금 지급기로 가져갔다. 전표를 넣자 기계에서 현금 370달러가 나왔다. 그제서야 스티브는 전표를 유심히 살펴보았다. 일부 구리는 몇 달러를 더 쳐주는 A급 대신 B급을 받았다. "1파운드(450그램)당 고작 3.5달러라고? 그 구리가 왜 B급이야?" 스티브가 궁시렁거렸다. "가서 확인해봐야겠어." 스티브는 저울 담당자에게 가서 따졌다. "왜 벼룩의 간을 빼먹으려 드슈?"

그러나 스티브에게는 협상의 여지가 많지 않다. 자동차나 트럭이 있다면 도시 내 어느 야적장에 가든 고철을 팔 수 있겠지만, 스티브처럼 불쑥불쑥 찾아오는 손님을 받아주는 곳은 밴쿠버에서 캐피털 새비지밖에 없다. 고철상은 평판이 그리 좋지 않다. 이들은 더러 훔친 물건을 매입한다는 말을 들으며, 실제로도 알게 모르게 그런 업체들이 있다. 다른 곳과 마찬가지로 밴쿠버도 구리 및 기타 금속에 대한 절도 사건이 빈발하자 고물상의 행태를 근절하고자 노력하고 있다. (한때 케냐는 국가 전력망을 마비시키는 금속 절도 행위를 막고자 고철 산업 전체에 영업 중단 명령을 내렸다.)

"여러 고철상은 이미지 쇄신 차원에서 더 이상 뜨내기손님을 받지 않기로 결정했어요. 그런 사람들은 노숙자나 약물 중독자라면서요." 젠의 남편 도브 다이먼트가 설명했다. 체구가 건장한 그는 구불거리는 검은 수염에 낡은 작업복 차림이었다. "노숙자나 약물 중독자를 손가락질하며 비난하기는 쉬워요. 하지만 진짜로 금속을 훔치는 사람들은 쇼핑 카트를 밀고 다니지 않아요. 그런 사람들은 트럭을 몰고 다녀요. 겉보기에도 멀쩡하고요. 보통 쇼핑 카트를 밀고 다니는 사람들은 그저 폐기물을 헤집거나 골목길을 지나다니거나 할 뿐이죠."

"저는 뜨내기손님을 그냥 돌려보낼 만큼 여유가 있지도 않거니와 그렇게 하는 게 옳다고 생각하지도 않아요. 사람을 차별하는 거잖아요." 도브가 말을 이어갔다. "그래서 저는 그런 손님도 받아요. 제대로 된 신분증이 있고, 말썽을 피우지 않는다면 누구든 받아주죠. 가져온 고철이 1파운드든 10파운드든 개의치 않아요."

고철을 팔려면 신분증이 있어야 하기 때문에, 캐피털 새비지는 신분증이 없는 노숙자에게 신분증을 발급해주고자 지역 사회 단체와 제휴 관계를 맺기도 했다.[16] "금속 재활용의 접근성을 높이고, 벌이가 적은 사람들의 수익을 높여줄 수 있으니 누이 좋고 매부 좋은 일이죠." 신분증 발급 프로그램을 기획한 앰버 모건이 말했다.

도브는 캐피털 새비지를 부모에게 물려받은 이후 아내 젠과 직원 20명과 함께 운영해오고 있다. 그가 어렸을 때만 해도 사업장에서 한두 블록 떨어진 곳에 고철상 여섯 곳이 있었다. 지금은 치솟는 부동산 가격과 그에 따른 젠트리피케이션 때문에 대다수가 문을 닫거나 외곽으로 이전했다. 캐피털 새비지가 위치한 블록은 원래 경공업과 창고 시설이 가득 들어선 곳이었다. 지금은 길 건너편에 작고 세련된 양조장이 들어섰다. 이런 업체들은 근처에 시끄럽고 지저분한 사업장이 떡하니 자리잡고 있는 것을 좋아하지 않는다. 광산업과 제조업이 처했던 상황이 되풀이되는 것이다. 미국에서는 사람들이 자기 집 근처에 오염물질과 보기 흉한 시설이 들어서는 상황을 원치 않았기 때문에 광산업과 제조업 시설 상당수가 해외로 밀려났다.

도브는 유대인이며, 고철상 중에는 유대인이 놀랍도록 많다. 이는 20세기 초에 동유럽계 유대인들이 미국과 캐나다로 쏟아져 들어온 상황에서 원인을 찾을 수 있다. 당시 대다수 유대계 이민자들은 빈털터리에 영어를 할 줄 몰랐으며, 법적으로 취업이 불가능했다. 결국 그들은 어쩔 수 없이 창업 자금이 그다지 많이 들지 않는 폐품 수집 같은 일을 할 수밖에 없었다.

애덤 민터가 전 세계의 고철 시장을 조사한 책 『정크야드 플래닛 Junkyard Planet』에는 역사가 칼 짐링의 글이 인용되어 있다. "일이 지저분하고 위험하고 천한 데다가 전망도 좋지 않았기 때문에 폐품 수집에 오래 종사하려는 미국인은 거의 없었다. 창업 자금이 적고 현지인과 경쟁을 하지 않아도 된다는 이점 덕분에 이민자들은 폐품 수집 업계에서 자리를 잡을 수 있었다."[17] 유대인 행상들은 손수레를 끌고 길거리를 돌아다니며 다시 팔 수 있는 헌옷과 기타 폐품을 모았다. 이후 시간이 흐르면서 그들 중 일부는 유리, 종이, 고철로 사업 영역을 확장했다. 쓰레기로부터 사업을 번창시킨 것이다.

캐피털 새비지에는 온갖 금속이 모여든다. 배관공과 전기 기사는 자투리 배관과 전선을 챙겨 오고, 스티브와 같은 고철 수집원은 각종 고철을 들고 온다. 일부 금속은 사람들이 지하실을 정리하면서 가져오기도 하지만, 그런 물건은 많지 않다. 젠의 이야기에 따르면, 사람들은 늘 전화로 자기 집에 있는 폐품을 얼마에 팔 수 있는지 물어온다고 한다. 가격을 말해주면, 사람들은 "그럼 그냥 버려야겠네요. 그게 낫겠어요"라고 대답한다고 한다. 캐피털 새비지는 물품이 들어오면 장비로 전선 피복을 벗기거나 톱으로 가전제품이나 가구를 절단하는 식으로, 재활용에 필요한 초기 공정의 일부를 담당한다. 하지만 이곳에서는 아주 큰 물품은 처리할 수 없으며, 그만한 물건을 보관할 장소도 마땅치가 않다. 그래서 이들은 가공과 분류 작업이 어느 정도 진행된 고철을 공급망의 다음 단계에 있는 더 큰 고철상에 판매한다. 그런 업체 중 하나가 바로 밴쿠버 외곽의 버나비에 있는 ABC 리사이클링이다.

이 단계에 이르면, '망'이라는 비유보다는 '강'이라는 비유가 더 적합해진다. 스티브가 찾아낸 고철이 자그마한 물줄기처럼 캐피털 새비지라는 더 굵은 물줄기로 흘러들면, 이 물줄기는 다시 ABC 리사이클링이라는 지류로 흘러들고, 이는 다시 재활용 금속이라는 강에 합류하여 바다가 아닌 용광로로 향한다.

ABC 리사이클링을 일군 사람은 조지프 요클로비츠이다.[18] 유대계 이민자인 그는 1912년에 폴란드에서 밴쿠버로 건너와 말과 마차를 끌고 고철상 일을 시작했다. 현재 그의 4대손이 이끄는 ABC 리사이클링은 9개 지역에서 직원 200명을 고용하는 1억7,000만 달러 규모의 사업체가 되었다. ABC 리사이클링은 여러 물줄기가 모여드는 곳이다. 10에이커 면적의 버나비 영업장은 철거 회사, 제조 공장, 캐피털 새비지와 같은 소규모 고철상으로부터 고철을 공급받는다. "온갖 곳에서 와요. 우리는 철강 회사, 광산, 영화 제작사, 장비 업체, 폐기물 업체, 철거 업체, 배관공, 전기 기사, 냉난방 시설 업체와 거래하죠." 영업 담당 부사장 랜디 칼론이 설명했다. 고철은 다른 업체가 가져올 때도 있고 직접 나가서 찾아올 때도 있다. 랜디에게는 새 공급처를 찾고, 다른 고물상을 상대로 입찰에 참여하는 팀이 하나 있다. 금속 가격은 널뛰기를 하기로 악명이 높기 때문에 구매자들은 발빠르게 움직여야 한다. 내가 ABC 리사이클링의 야적장을 찾아간 어느 우울한 봄날은 러시아가 우크라이나를 침공한 지 몇 주일 지나지 않은 때여서 금속 가격이 치솟고 있었다.

야적장에는 세상이 종말을 맞이한 듯한 풍경이 펼쳐져 있었다. 검게 그을고, 뒤틀리고, 녹슨 고철이 여기저기에 높다랗게 쌓여 있는 모습은 마치 로봇이 최후의 대전을 치르고 난 뒤에 거대한 납골당을 이룬 듯했다. 지게차를 운전하는 사람들의 모습이 여기저기서 보이기는 했지만, 이곳에서 움직이고 있는 것은 대개 무엇인가를 부수기 위해서 만들어진 대형 기계였다. 성난 거북이처럼 생긴 거대한 기계는 삐걱거리는 소리를 내며 강철과 알루미늄으로 이루어진 열차를 체계적으로 분쇄했다. 압축기는 오래된 자동차를 금속 팬케이크 모양으로 짓눌렀다. 크레인은 거대한 자석과 발톱이 넷 달린 집게를 휘두르며 철근 조각을 이리저리 옮기기도 하고 쿵 소리를 내며 떨어뜨리기도 했다. 번쩍이는 구리와 알루미늄 와이어 다발, 그리고 작은 언덕 높이로 쌓여 있는 철근 더미는 집채보다 더 컸다. 황동 손잡이나 아연 배관 설비로 가득한 상자와 번쩍이는 알루미늄을 네모나게 조각내서 쌓아둔 곳도 있었다.

칼론은 여느 고철업계 사람들과 마찬가지로 핵심 금속의 인기가 치솟고 있다는 점을 잘 알고 있어서 이 기회를 살리고자 노력하고 있다. "전 세계적으로 전동화가 대세이니 금속이 더 많이 필요해질 거예요. 안 그래요?" 그가 말했다. "지난 몇 년간 금속 값이 많이 올랐는데, 그건 순전히 공급 부족 때문이었어요. 공급 부족은 앞으로 큰 골칫거리가 될 거예요. 금속을 얻는 방법은 두 가지뿐이에요. 광산에서 캐든가, 아니면 도시 광산에서 캐내야 하죠. 재활용 업체를 찾는 수요는 앞으로 증가세를 보일 거예요."

그러나 칼론도 인정하겠지만, ABC 리사이클링은 사실 재활용을 하지 않는다. ABC 리사이클링은 공급망을 이루는 또다른 연결고리이자 또다른 물줄기에 불과하다. 이들은 고철을 가져와서 다루기 쉬운 크기로 자르고 부수고 종류별로 분류하고 묶은 다음에 다른 곳으로 운반하는 일을 한다. 고철은 하류 쪽으로 훨씬 더 많이 내려간 다음에야 녹이고 다시 주조하는 과정을 거쳐 공급망으로 돌아온다. ABC 리사이클링이 처리하는 고철은 기차나 트럭에 실려 워싱턴 주에 있는 제철소로 운반되기도 하지만, 대체로는 컨테이너에 담겨 화물선에 실린다. 화물선의 주요 행선지는 우리가 짐작하는 바로 그곳이다.

1990년대 이래로 중국은 산업계의 폭발적인 성장을 뒷받침하고자 금속을 대량으로 들여왔다. 현재 중국은 강철, 구리, 알루미늄을 비롯한 여러 금속을 세계에서 가장 많이 소비한다. 그러나 중국은 금속 자원이 많은 나라가 아니다. 그래서 수십 년 전부터 부족분을 메우기 위해서 고철을 수입했다. 민터의 책 『정크야드 플래닛』의 설명에 따르면, 시기상 운도 따랐다. "고철에서 구리를 정제하던 미국의 마지막 공장은 환경 기준을 따르기 위한 비용이 높아지자 2000년에 문을 닫았다. 이런 상황이 어느 정도 영향을 미쳐서, 1980년대만 해도 구리 정제 산업이 없다시피 하던 중국은 이제 세계에서 가장 큰 시설을 보유하게 되었다. 중국의 몇몇 구리 정제 시설은 규모뿐만 아니라 기술과 환경 안정성 측면에서도 가장 앞서 있다."[19] 민터는 매년 수입해온 크리스마스 조명에서만 구리 수백만 킬로그램을 회수하는 한 마을을 방문했다.[20] "중국에서는 고철을 다루는 특정 공장 사장에게 말이라도 붙여보려면 기본적으로 호화로운 식사로 시작해서 성적 향응으로 끝나는 식의 접대를 해야 할 때가 많다."[21]

중국 기업은 고철뿐만 아니라 서구의 온갖 쓰레기로도 큰돈을 벌 수 있다는 사실을 깨달았다. 2000년대 초에 이르러 중국은 골판지, 플라스틱, 금속 등 약간의 부가가치라도 짜낼 수 있는 온갖 물품을 세계에서 가장 많이 재활용하는 국가가 되었다. 중국의 억만장자 기업가이자 세상에서 가장 부유한 여성인 장인은 미국에서 수입한 폐지로 골판지 상자를 만들어 큰돈을 벌었다.[22] 이 골판지 상자에는 북아메리카로 수출하는 중국 제품이 담겼다.

오늘날 중국의 금속 재활용 산업은 매년 600억 달러를 벌어들이고 25만 명을 고용한다.[23] 민터의 설명에 따르면, "중국은 전 세계의 고철 야적장이 되었다. 부유한 국가들은 자신들이 처리하지 못하거나 처리할 생각이 없는 물건을 중국으로 보냈다. 중국에서는 한때 농부였던 사람들이 그 물건으로 새 물건을 만들어 부유한 국가에 되팔

앉다."²⁴

금속 재활용은 어디에서 이루어지든 환경에 도움이 된다. 금속 1톤을 재활용한다면, 그만큼의 금속을 땅에서 파내지 않아도 되기 때문에 그에 따른 온갖 환경 파괴도 피할 수 있다. 재활용을 하면 바다 밑바닥을 파헤치는 것은 물론이고 숲과 사막의 지하수층을 훼손하지 않아도 되며, 더불어 매립지로 향하는 쓰레기도 줄일 수 있다.

그러나 늘 그렇듯이 모든 일에는 대가가 따른다.

고철을 갈아내고 자르는 작업을 하다 보면 기본적으로 쇳가루와 같은 자잘한 물질이 떨어져 나오는데, 이런 쇳가루는 바람을 타고 날아가 인근 주민들의 폐 속으로 들어갈 수 있다. 또한 고철 가공 과정에서 발생하는 고열은 플라스틱, 페인트, 밀폐제sealant 등 고철 속에 들어 있는 불쾌한 물질을 기화시킬 수 있으며, 그러면 대기 중에 떠다니는 독성물질이 추가로 발생해 인근 지역의 물과 공기가 오염될 수 있다.²⁵ 미국 내 고철 야적장 다수는 독성물질을 방출하는 것으로 알려져 있다.

고철을 녹이려면 아주 뜨겁고 거대한 용광로가 필요하다. 중국과 여타 국가들은 여기에 필요한 에너지를 주로 탄소를 내뿜는 석탄 발전소나 가스 발전소에서 가져온다. 보통 재활용 금속 1톤은 땅에서 캐낸 금속 1톤보다 탄소 배출량이 적지만, 그 양은 제로와는 거리가 멀다.²⁶

이런 부작용 때문에 중국은 전 세계의 재활용 수거함 역할을 맡고 있는 상황에 거부감을 가지게 되었다. 2017년 초, 베이징은 고철을 비롯한 고형 폐기물의 수입을 금지했다. 하지만 핵심 금속을 찾는 수요가 급증하자, 중국은 철, 강철뿐만 아니라 구리와 알루미늄과 같은 고철에 대해서도 일정 부분 수입을 허용했다. 중국은 고철이 너무도 중요한 자원이라고 판단했다. 고철 산업은 인도를 비롯한 다른 국가에서도 성장하고 있으며, 이들은 부유한 국가에서 내놓은 고철을 차지하기 위해서 경쟁을 벌이고 있다. 일부 국가는 고철이 자국 밖으로 나가지 않도록 막고자, 고철 수출에 세금을 매기거나 고철 수출을 금지하고 있다. 핵심 금속에 굶주려 있는 세상에서 고철은 점점 보물이 되어가고 있다. 고철 산업은 전 세계에서 성장하고 있으며, 가장 기회가 없어 보이는 곳에서 기회를 만들어내고 있다.

9

첨단 쓰레기

나는 나이지리아 라고스 시의 번잡하고 혼란스러운 시장에서 바바 안와르를 만났다. 키가 150센티미터 남짓인 그는 "Surf Los Angeles"라고 적힌 티셔츠에 반바지와 슬리퍼 차림이었고, 손에는 노트북용 회로기판이 들려 있었다. 안와르는 열대여섯 살 정도로 보였지만 자기 말로는 이십대 초반이며, 회로기판은 쓰레기통에서 찾아냈다고 했다. 이 일이 바로 안와르의 직업이었다. 그가 폐가전제품을 찾아다니는 이곳은 이케자 컴퓨터 빌리지라는 곳으로, 중고 제품과 수리 제품, 리퍼브 제품, 더러 모조품까지 취급하는 전 세계에서 가장 크고 붐비는 시장이다.

이곳은 블록 사이사이로 좁은 길들이 나 있는데, 길마다 사람이 가득한 데다가 노트북, 프린터, 휴대전화, 하드 드라이브, 무선 공유기, 각종 어댑터와 케이블 따위를 판매하고 수리하는 자그마한 상점들이 즐비해서 목적지로 가려면 사람들 틈을 비집고 다녀야 한다. 수많은 사람들이 흥정을 붙이는 소리와 경유 발전기가 돌아가는 소리가 거리를 메웠고, 발전기에서 나는 매연 냄새에 노점상에서 파는 튀김 냄새가 섞여 들었다. 오토바이 운전자들과 화사한 원피스 차림에 빵 쟁반을 머리에 인 여성들은 꿋꿋한 태도로 사람들 사이를 헤집고 지나갔다.

이곳은 사람들과 깊이 있는 대화를 나누기가 쉽지 않은 곳이었다. 하지만 현지 기자인 부콜라 아데바요가 도와준 덕분에, 안와르가 지독하게 가난한 고향 카노에서는 살길이 막막해서 1년 전에 라고스로 왔다는 사실을 알게 되었다. "우리 집은 빈털터리였어요." 안와르가 설명했다. 안와르는 인구 1,500만 명이 넘는 라고스에서 고향 친구 두 명과 함께 살고 있는데, 그들은 모두 폐전자제품 수집원이었다. 이케자에서 일이 잘 풀리는 날이면, 안와르는 최대 22달러를 벌었다. 그렇다면 일이 잘 풀리지 않는 날에는? "한 푼도 못 벌죠."

나이지리아에는 안와르처럼 전자 폐기물 재활용으로 생계를 꾸리는 사람이 무척 많다. 전자 폐기물은 잘 알려져 있다시피 플러그나 배터리가 장착된 물건이나 그런 물건의 부품 중에서 버려진 것을 통틀어서 부르는 말이다.[1] 우리가 점점 더 많이 사용하고 점점 더 많이 버리는 컴퓨터, 휴대전화, 게임 패드와 같은 온갖 디지털 기기들이 여기에 포함된다. 현재 전 세계에서 매년 발생하는 전자 폐기물은 5,300만 톤이 넘는다. UN 보고서에 따르면, "뉴욕에서부터 방콕까지 두 줄로 세워놓은 18륜 트럭 100만 대"를 가득 채울 수 있는 양이다.[2] 전자 쓰레기는 2030년이면 7,500만 톤으로 늘어날 전망이다.

디지털 전자 폐기물은 무척 골치 아픈 쓰레기이다. 매립지에 그냥 버리면 독성 화학 물질이 물과 토양으로 스며들 수 있기 때문이다.

대개 부유한 국가에서는 오래된 삼성 휴대전화나 엑스박스 컨트롤러 등의 전자기기를 재활용하기가 쉽지 않기 때문에, 수많은 전자기기가 잡동사니용 서랍장이나 차고 안에 방치된다. UN의 추정에 따르면, 전 세계에서 수거되고 재활용되는 전자 폐기물은 전체의 17퍼센트에 불과하다.[3] 나머지는 버려지거나 불타거나 아니면 그냥 방치된다. 전자 폐기물을 어떻게 처리하고 누가 그 비용을 부담할 것인지는 점점 더 시급한 문제로 부각되고 있다. 특히나 전자 폐기물은 핵심 금속의 중요한 공급원이 될 수도 있다. 디지털 기기에는 전선용 구리에서부터 배터리용 리튬, 코발트, 니켈에 이르기까지 온갖 금속이 들어 있다. 그 말은 곧 전 세계가 매년 전자 폐기물 속에 들어 있는 약 600억 달러를 내다버리고 있다는 뜻이다.

문제는 디지털 기기 안에 각 금속이 아주 소량 (때로는 **극미량**) 들어 있다는 점이다. 휴대전화, 이어폰, 스마트워치에 들어 있는 고철은 가치가 아주 낮다. 하지만 나이지리아와 같은 가난한 나라에는 그거라도 얻고자 시간과 노력을 들일 사람이 아주 많다. 이들은 밴쿠버에서 활동하는 스티브 넬슨과 상당히 비슷한 역할을 맡아, 고철을 작은 물줄기로부터 전 세계로 흐르는 강으로 흘려보낸다. 차이점이라면, 가난한 나라에는 돈이 적게 벌린다고 해도 일할 사람이 아주아주 많다는 것이다. 공식적인 통계자료는 없지만, 연구 자료에 따르면 나이지리아만 해도 전자 폐기물을 수거하는 사람이 수만 명에 달한다.[4] 그중 일부는 손수레를 끌고 각 가정으로 찾아가 쓸모없는 전자제품을 가져가거나 사들인다. 안와르와 같은 부류는 중고 전자제품 시장에서 일하며 망가진 기기를 영세업체로부터 사오거나 쓰레기통에서 구해온다. 이들 중 상당수는 국제 빈곤선인 하루 2.15달러보다 적게 번다.

나는 안와르에게 그 회로기판을 어디로 가져갈 계획이냐고 물었다. 안와르는 아주 당연하다는 듯이 "TJ에요"라고 대답했다.

4차선 도로 건너편에서 이케자 마켓을 내려다보는 우중충한 콘크리트 건물에서 티자니 아부바카르—이케자에서 TJ라고 불린다—는 버려진 전자제품을 돈으로 바꾸는 사업을 성황리에 운영하고 있다. 이곳 3층은 수명을 다한 휴대전화가 들어오는 납골당 같은 곳이다. 길쭉하고 북적대는 방 한 곳에서는 깡마른 두 청년이 자루에서 꺼낸 휴대전화를 드라이버로 호두처럼 깨부수고 또 깨부쉈다. 그들은 능숙한 솜씨로 녹색 회로기판을 꺼내 발밑에 쌓인 기판 더미 위로 툭툭 던졌다. LED 천장 조명이 내뿜는 강한 불빛을 받아 번쩍이는 기판이 무수히 많았다. 몇몇 청년들은 바닥에 흩어져 있는 플라스틱 의자에 앉은 채로 회로기판을 더 작은 더미로 분류하며 가장 값진 칩을 골라냈다. 창문을 열어놓았는데도 공기 중에는 땀 냄새가 진동했다. 방 안은 나지막이 수다를 떠는 소리와 회로기판이 떨어지면서 내는 소리, 그리고 밖에서 끊임없이 울리는 자동차 경적 소리와 엔진 소리로 가득했다.

아부바카르는 이 방의 가장 안 쪽에 있는 흠집 난 나무 책상에 앉아 있었다. 그는 수를 놓은 갈색 카프탄(소매가 긴 전통 의상/역주)에 빨간 모자를 쓰고 수염을 덥수룩하게 길렀으며, 몸집이 크고 위엄이 있었다. 아부바카르는 손님 두 명과 라벨이 붙지 않은 병에 든 물품을 놓고 협상을 하는 와중에 전화를 받기도 하고 휴대전화 3대와 노트북으로 메시지를 보내기도 해서, 나는 내 차례가 올 때까지 기다려야 했다.

아부바카르는 전자 폐기물 업계에 약 20년 동안 몸담아왔다. 그는 원래 라고스 고철 업계에서 일하는 안와르나 여러 다른 사람들처럼 카노 출신이다. (이들은 모두 한 세기 전 미국에서 유대인이 그랬던 것처럼 먹고 살기 위한 틈새시장을 찾아낸 이주민이다.) 아부바카르의 아버지는 옷을 팔았다. "부자는 아니셨어요." 그가 바리톤 목소리로 차분하게 말했다. 그는 지역 대학에서 경영학 학위를 받은 후에 기회를 찾아 라고스로 향했다. 그는 친구 소개로 전자 폐기물 업계에 발을 들였다.

"시작할 때는 정말 보잘것없는 수준이었죠." 아부바카르가 말했다. 당시에는 업계에서 자리를 잡기가 쉬웠다. 고철에 관심이 있는 사람이 거의 없다 보니 고철은 헐값이거나 공짜였다. 처음에는 나이지리아인만을 상대로 거래했지만, 전자 폐기물의 공급이 증가하자 경쟁도 치열해졌다. 인도, 레바논, 특히 중국에서 온 외국 구매자들은 전자 폐기물을 구하려고 나이지리아로 몰려들었고, 이들 중 상당수는 아부바카르보다 자금력이 더 좋았다.

이제 고철을 거저 주는 사람은 없다. "이제는 다들 고철의 가치를 알죠." 아부바카르가 말했다. 이케자 마켓 내의 전자제품 판매상들은 폐전자제품을 내주는 대가로 돈을 받고 싶어한다. 그래도 아부바카르의 사업은 번창했다. 현재 그는 매달 중국과 유럽 구매자들에게 전자 폐기물을 몇 컨테이너씩 수출한다. 이제 그는 카노에 있는 가족에게 교과서와 음식은 물론이고 소까지 사줄 수 있을 정도로 부자가 되었다. 수명이 다한 휴대전화가 교육과 식량으로 탈바꿈했다. 쓰레기가 가능성으로 변한 것이다.

아부바카르는 온갖 전자 폐기물을 구입하고 판매하지만 그의 전문 분야는 휴대전화이다. 휴대전화는 21세기를 대표하는 사업이다. 이제 개발도상국에서는 휴대전화가 티셔츠만큼이나 흔한 물건이 되었다. 나이지리아의 국민 2억2,000만 명은 1인당 거의 하나씩 휴대전화 계정을 가지고 있다.[5] "누구나 휴대전화가 있어요. 컴퓨터는 그렇지 않지만요." 아부바카르가 말했다. "여기를 한번 볼까요?" 그가 인부와 해체된 휴대전화로 가득한 방을 향해 손짓하며 말했다. "컴퓨터가 있는 사람은 저뿐이에요. 이 친구들 중에 컴퓨터를 갖고 있는 사람이 있나 모르겠어요. 그렇지만 휴대전화는 다들 한 대씩 있죠."

그런 휴대전화는 다른 휴대전화와 마찬가지로 결국에는 낡고, 고장이 나고, 새 모델을 원하는 사용자로부터 버림받는다. 2022년 들어 전 세계에서 버려진 휴대전화는 53억 대로 추산된다.[6] 이 휴대전화를 쌓아올린 높이는 지구에서 달까지 거리의 8분의 1에 해당된다.

아부바카르는 버려진 휴대전화를 찾기 위해서 나이지리아 전역은 물론이고 이웃 국가와 저 멀리 프랑스에까지 구매자와 수집원 네트워크를 구축했다. 휴대전화와 기타 전자 폐기물은 트럭이나 기차에 실려오거나 안와르와 같은 인부들이 자루에 담아온다. 인부들은 온종일 아부바카르의 건물 옆에 있는 진흙 마당을 오가는데, 마당에서는 더 많은 인부들이 자루에 담겨온 전자 폐기물의 무게를 디지털 저울로 측정한다. 컴퓨터 본체나 무선 공유기처럼 크기가 큰 물건은 양철 지붕이 덮인 창고에 쟁여놓는다. 내가 방문했던 날에는 세 남자가 창고 옆 콘크리트 바닥에 구부리고 앉아 게살이라도 발라내듯이, 망치로 휴대전화를 부수고는 회로기판을 끄집어냈다.

휴대전화는 처음에는 최첨단 공장의 아주 청결한 환경에서 정교하게 제조되지만, 끝에 가서는 우중충한 콘크리트 바닥에서 인부의 손에 산산조각이 난다. 휴대전화가 산산조각 나는 모습은 바라보고 있기가 쉽지 않은 면이 있는데, 그것은 아마도 우리가 토스터 같은 물건보다 휴대전화를 훨씬 더 친밀하게 느끼기 때문일 것이다. 해체되는 휴대전화는 모두 누군가의 손에 쥐어져 있거나 주머니 속에 들어 있던 동반자였을 것이다. 이렇게 휴대전화 내부가 뜯겨나가는 모습을 보고 있으니 어딘지 모르게 짠했다.

아부바카르는 자기 밑에서 일하는 사람이 모두 합쳐서 5,000명쯤이고, 이들이 가져오는 휴대전화는 수백만 대라고 말했다. 그 말에 나는 정중한 태도를 유지하면서도 못 믿겠다는 반응을 보였다. 아부바카르는 표정 변화 없이 자리에서 일어나 사무실 뒤편에 있는 문 쪽으로 따라오라고 손짓했다. 그는 방이 미로처럼 얽혀 있는 곳으로 나를 안내했는데, 각 방은 휴대전화가 가득 든 거대한 자루나 휴대전화를 부수고 분류하는 사람들이나 선적을 기다리는 회로기판 더미로 꽉 차 있었다. 도시 광산이라는 이름표가 딱 들어맞았다. 도시 광산에서는 광산의 작업 절차가 뒤집어져 있었다. 인부들은 원자재 더미를 파내어 공산품을 생산하는 것이 아니라 공산품 더미를 파내어 원자재를 생산했다.

그곳에는 소니, 모토로라, 삼성, HTC, 애플, 그리고 각종 중국 브랜드의 휴대전화가 수없이 많았는데, 대부분은 저가 스마트폰이었다. 아부바카르의 인부들은 각 휴대전화에서 돈이 될 만한 것은 모조리 뽑아냈다. 북아메리카의 고철상과 마찬가지로 아부바카르 역시 자신에게 들어온 물품을 분류하고 매만져서 판매해 더 큰 돈을 벌었다. 구매자가 찾는 브랜드와 모델에 따라 가격이 달라진다고 아부바카르는 설명했다. "여기 있는 것들은 전부 안드로이드 폰이에요." 그가 휴대전화가 가득 든 자루를 가리키며 말했다. "8기가, 16기가 제품이 한데 섞여 있어요. 분류해줘야 하죠."

구매자가 원하는 주요 부품은 인쇄 회로기판printed circuit board이다. 회로기판은 녹색 플라스틱이나 광섬유로 만든 얇은 패널로, 장난감에서부터 의료 기기에 이르기까지 온갖 곳에 들어간다. 회로기판에는 납땜한 칩과 콘덴서와 기타 부품 사이에 신호를 전달하는 구리 통로가 새겨져 있다.

아부바카르의 인부들은 추가 검사를 진행하기 위해 회로기판에서 반도체 칩을 떼어낸다. 아직 정상 작동하는 칩이라면 리퍼브 제품용으로 따로 팔 수 있다. 아부바카르는 자신의 휴대전화에서 칩의 일련번호와 가격이 수두룩하게 적힌 목록을 불러왔다. 그는 내게 도시락 가방 크기의 자루에 담긴 안드로이드 칩을 보여주었다. 칩에 새겨진 일련번호는 워낙 작아서 알아보기가 힘들었다. "이 자루는 달러로 계산하면, 3만5,000달러쯤 될 겁니다." 아부바카르가 말했다. 휴대전화 뒷면에 붙어 있는 카메라도 떼어내서 따로 팔 수 있다. 카메라가 담긴 자루 역시 값이 제법 나갔다. 그는 인부들이 물건을 슬쩍하지 못하도록 감시카메라를 인부들 쪽으로 켜놓았다. 카메라가 카메라를 뜯어내는 인부들을 지켜보고 있었다. 일주일 전, 그는 칩을 훔친 인부를 쫓아냈다.

기판과 칩을 제대로 분리하려면 예리하고 숙련된 눈이 필요하다. "오늘 내일 해서 될 일이 아니에요. 시간이 오래 걸리는 일이죠." 아부바카르가 말했다. 방 한 곳에 젊은 중국 여성이 분류 작업 중인 인부들 사이에 앉아 있었다. 아부바카르의 건물에서 내가 본 유일한 비아프리카인이었다. 그는 그녀에게 특정 휴대전화의 가치를 알아보는 비상한 재주가 있어서 중국 경쟁사에서 그녀를 데려왔다고 설명하면서도 그 재주가 뭔지는 말해주지 않았다. "나는 잘 모르지만 저 여자는 훤히 꿰고 있는 그런 게 있어요. 중국인들이 숨기고 있는 비밀 같은 거랄까요." 중국 여성이 감추고 있는 지식이 뭔지는 몰라도 아주 중요한 것이다. 아부바카르는 그녀를 회로기판 앞에 붙들어놓기 위해 자동차를 사주었다.

여기에 있는 수많은 휴대전화는 나이지리아에서 만든 것이 아니다. 나이지리아에 머물러 있지도 않을 것이다. 휴대전화나 노트북에서 회로기판을 빼내는 작업은 어렵지 않다. 하지만 회로기판에서 금속을 빼내는 일은 차원이 다른 이야기이다. 회로기판을 파쇄하고 녹여서 소량의 금, 구리 등의 물질을 분리하는 작업에는 정교하고 값비싼 장비가 필요하다. 아프리카에는 이런 작업을 담당할 수 있는 곳이 하나도 없다. 그래서 아부바카르는 적절한 장비를 갖춘 중국이나 서유럽의 몇몇 재활용 업체에 자신의 물품을 판매한다. 다시 말해서 그는 세계에서 가장 가난한 축에 속하는 나라에서 가장 부유한 축에 속하는 나라로 쓰레기를 팔아 부자가 되고 있다. 또한 중국을 상대로는, 수명이 다한 휴대전화의 부품을 아마도 그 부품을 만들었을 나라로 되팔고 있는 것이다.

선진국이 환경 기준과 노동 기준이 느슨한 후진국에 전자 폐기물을 불법적으로 "내다버리는" 문제는 바젤 액션 네트워크와 같은 단체의 활동과 「60분」과 같은 프로그램의 보도 덕분에 2000년대 초부터 많은 사람들의 관심을 얻었다. 폐기 행위는 지금도 문제이지만 요즘은 비슷한 양의 전자 폐기물이 반대 방향으로도 이동하고 있다. 벵갈루루에서부터 자카르타에 이르기까지, 개발도상국에서 선진국으로 흘러가는 전자 폐기물의 양은 점점 증가하고 있다.

각 국가를 오가는 전자 폐기물의 양을 정확하게 알고 있는 사람은 아무도 없다. 전자 폐기물이라는 용어의 의미조차 명확히 정해진 바가 없는 형편이므로, 전자 폐기물을 전 세계적으로 추적하는 시스템은 말할 것도 없다. 그러나 UN은 매년 전 세계 전자 폐기물의 10퍼센트 미만인 약 500만 톤이 국가와 국가 사이를 오가고 있을 것으로 추정한다.[7] 이 500만 톤 중 적법한 허가 절차를 밟은 것은 약 200만 톤이다. 그 말은 약 300만 톤이 "통제권" 밖에서 운송된다는 뜻이며, 이 중 일부는 불법 폐기되고 있을지도 모른다. 문제가 심각하다.

그러나 지난 20년 동안 세상이 많이 바뀌었다. 요즘은 서아프리카와 개발도상국에서도 전자 폐기물의 대다수가 국내에서 발생한다.[8] 아부바카르가 말했듯이, 요즘은 누구나 휴대전화가 있다. 개발도상국에서는 주로 휴대전화나 기타 전자기기를 해외 중고품을 수입하는 업체로부터 구매한다. 나이지리아에서 버려지는 컴퓨터와 휴대전화는 폐기 작업을 번거로워하는 서구권 국가로부터 밀수한 것이 아니라, 신품이나 중고품으로 수입해 국내 소비자에게 판매했다가 사용

후에 버려진 것이다.

한 국가에서 다른 국가로 넘어가는 전자 폐기물 500만 톤 중 일부는 사실 쓰레기가 아니라 까다롭지 않은 소비자가 재사용하는 중고품이다. 물론 그중에는 고장이 나거나 부품이 망가진 폐품도 있다. 하지만 그런 폐품마저 다른 나라로 건너가는 이유는 선진국의 누군가가 그 물건을 버리고 싶어할 뿐만 아니라, 다른 나라의 누군가가 그 물건을 사고 싶어하기 때문이다. 아부바카르는 프랑스에서 망가진 휴대전화를 헐값에 수입해서는 인부들에게 돈을 주고 회로기판, 칩, 카메라를 떼어내게 하는데, 그렇게 해도 떼어낸 부품을 중국 재활용 업체에 판매하면 돈을 번다. 이 사업은 점점 규모가 커지고 있다. 벨기에의 재활용 업체인 유미코아와 같은 유럽 업체뿐만 아니라 중국 업체도 재활용 가능한 물질을 본국으로 실어 보내고자 아프리카와 아시아의 고철 시장을 샅샅이 뒤지고 있다.

그 사이 선진국의 대다수 전자 폐기물은 재활용이 전혀 이루어지지 않고 있다. 수명이 다한 휴대전화가 미국과 유럽에서 재활용되는 비율은 6대 중 1대가 채 되지 않는다.[9] 매년 유럽에서 버려지는 전자기기가 공식 재활용 시스템을 거치는 비율은 3분의 1밖에 되지 않는다.[10] "놀라운 일이에요. 특히나 유럽은 재활용 시스템이 잘 작동하고 있거든요." 독일 개발협력기구 GIZ에서 전자 폐기물 전문가로 활동하는 알렉산더 바타이거가 말했다. 선진국에서는 약간의 수고비를 받는 대가로 각 가정을 방문해 구형 아이폰이나 블루투스 스피커를 수거하는 사람이 없다. 물론 학교와 교회에서 전자 폐기물을 수거하는 행사가 열리기도 하고, 오래된 전자제품을 베스트바이와 같은 판매점이나 제로 웨이스트 센터와 같은 공공시설에 가져갈 수도 있겠지만, 우리 중에 그런 수고를 마다하지 않는 사람이 몇이나 될까? 많지 않다. 미국에서는 수없이 많은 휴대전화와 태블릿, 블렌더, 전자레인지가 서랍장에 방치되거나 쓰레기 매립지에 버려진다.

개발도상국은 사정이 다르다. 여느 가난한 나라와 마찬가지로 나이지리아에서는 비공식 부문이라고 완화해서 부르는 영역, 즉 허가나 면허를 취득하지 않은 사람들이 일하는 다양한 회색 시장이 재활용 산업을 도맡다시피 해서 처리하고 있다. 라고스와 같은 곳에서 비공식적으로 일하는 수집원들은 각 가정을 방문해서 전자 폐기물을 헐값에 사거나 무료로 수거하며 역공급망 내에서 연결고리 역할을 한다. 하루 생활비가 2달러인 사람에게는 버려진 전동 칫솔로 10센트를 버는 일이 나쁘지 않다. 덕분에 나이지리아의 전자 폐기물은 약 75퍼센트가 재활용을 위해서 수거된다.[11] 이웃 국가인 가나의 경우에는 그 수치가 95퍼센트에 이르는 것으로 추정된다.[12]

이 같은 수거 산업에는 장점이 많다. 아부바카르 같은 사람이 운영하는 업체는 독성물질이 쓰레기 매립지에 묻히지 않게 막고, 금속을 새로 채굴해야 할 필요성을 줄이고, 일자리를 많이 창출한다. 일자리는 2억2,000만 인구의 약 3분의 2가 빈곤하게 살아가는 나이지리아에서 사소한 문제가 아니다.

그러나 수거 산업에 장점만 있는 것은 아니다.

라고스의 악명 높은 교통 정체를 뚫고 아부바카르의 사무실에서 차로 1시간가량 떨어진 곳으로 가자, 카탄구아 쓰레기 매립장이 나왔다. 이곳은 최소 6미터 높이로 쌓인 쓰레기 산을 중심으로 소규모 작업장, 고철 야적장, 폐차장, 빈민가가 미로처럼 복잡하게 얽혀 있는 곳이다. 이 거대한 쓰레기 산은 녹슬고 주름진 함석판을 고철 조각으로 엮어서 울타리가 처져 있었다. 울타리 안에서는 검고 짙은 연기 기둥이 피어올랐다. 쓰레기 더미 위로 판잣집이 몇 채 보였는데, 아무래도 사람이 사는 집인 듯했다.

카탄구아는 말할 수 없이 불결했다. 발아래에는 짓밟힌 플라스틱 쓰레기가 진흙탕에 섞여 있었다. 맨발로 나온 아이들은 골판지와 합판, 플라스틱 시트지로 만든 판잣집 사이를 돌아다녔다. 부콜라와 나는 욕조 크기의 웅덩이가 있는 쪽 길을 골라, 버려진 금속을 가득 담은 자루를 지고 가는 사람들을 따라갔다. 그들은 알루미늄 캔과 고철을 높다랗게 실은 트럭이 지나갈 때마다 길가로 물러섰다.

카탄구아에서는 사실상 모든 고철과 전자 폐기물이 어딘가에서 어떤 식으로든 재활용된다. 이곳의 작업 환경은 끔찍했지만 이곳에서 일하는 사람들의 솜씨는 놀라웠다. 우리가 한 야적장 앞에 멈추자, 이곳의 주인인 모하메드 유수프가 자랑스레 자신의 알루미늄 재활용 작업 현장을 보여주었다. 수집원들은 매일 라고스 전역에서 알루미늄 캔 2-3톤을 주워 그에게 가져온다. 그의 야적장 앞쪽은 알루미늄 캔이 불룩 튀어나온 자루가 가득 쌓여 있었다. 야적장 뒤쪽에는 땅에 욕조 크기의 직사각형 구멍을 파고 벽돌을 깐 뒤에 지붕을 씌운 곳이 있었다. 그곳에서는 닭고기 썩은 내가 풍겼다. 밤이면 인부들이 구멍을 캔으로 채우고, 가스 토치로 캔을 녹인 다음에 손잡이가 긴 국자로 녹아내린 금속을 퍼서 주형에 붓는다고 유수프가 설명했다. 금속은 식고 나면 은빛에 네모지고 순도가 높고 무게가 2킬로그램쯤 되는 알루미늄 덩이가 되며, 제조업체는 이 알루미늄 덩이를 구입해 새로운 캔을 만든다. 캔을 녹일 때는 독성이 강한 연기와 먼지가 발생하기 때문에 인부들은 보호 마스크를 착용한다. 그럼 근처에 있는 다른 사람들은 어떻게 하나요라고 내가 묻자, 유수프는 고개를 끄덕였다. 바로 그 때문에 야적장 근처 판잣집 사람들이 잠자리에 드는 밤 시간에만 캔을 녹인다고 유수프는 설명했다.

다른 구역에서는 오물로 뒤범벅이 된 남성들이 손으로 오래된 트럭을 부수더니, 망치와 지렛대, 철근으로 엔진을 후려치고 범퍼를 떼어내고 충격 흡수 장치를 뽑아냈다. 근육과 금속이 정면대결을 펼쳤다. 작업 과정에서 기름과 엔진 오일이 얼마나 흘러나왔을지는 오직 신만이 아실 것이다.

그 근처에서는 서핑 반바지를 입은 젊은 두 남성이 문 닫힌 가판대 앞에 있는 작은 벽감에 앉아 드라이버로 노트북을 분해하고 있었다. 그들은 회로기판은 자기 옆에 꽤 높다랗게 쌓아놓았고, 자그마한 카메라는 비닐봉지에 넣었다. 회로기판과 카메라는 역공급망으로 팔려나갈 것이다. 반면 플라스틱 부품은 결국 쓰레기 매립지로 향한다. 그리고 구리 전선 앞에는 그보다 더 끔찍한 운명이 기다리고 있다.

부콜라와 함께 허름한 울타리 사이로 비집고 들어오자, 높다란 쓰레기 산 아래쪽에 있는 공터가 나왔다. 그곳에서 비쩍 마른 청년 네 명이 몇몇 곳에 조그맣게 불을 피워놓고 있었다. 그들은 전선에 들어 있는 구리를 얻기 위해서 전선의 피복을 태우고 있었다. 주황빛 불꽃 속에서 새파란 불꽃과 녹색 불꽃이 이글거리는 모습은 제법 아름다웠다. 불꽃에서는 연기가 짙게 피어올랐고, 플라스틱과 고무 타는 냄새가 풍겼다.[13] 독성이 강한 다이옥신이 들어 있는 것이 분명했다. 남성들은 모두 반바지에 티셔츠와 슬리퍼 차림이었으며, 방독 마스크나 보안경은커녕 보호 장구라고 할 만한 것은 아무것도 착용하지 않았다.

전선을 태우는 곳과 앞에서 목격한 알루미늄 제련소 그리고 폐차장 사이사이에서 이곳이 전체적으로 얼마나 오염되어 있을지를 생각해보니 소름이 끼쳤다. 나이지리아의 연구자들이 2019년에 발표한 보고서에 따르면, 라고스의 비공식적인 전자 폐기물 업체는 토양과 하천, 대기 중에 중금속과 기타 오염물질을 방출하고 있으며, 이는 "전체 생태계, 그중에서도 특히 인체 건강에" 해로운 영향을 끼칠 우려가 있다.[14]

"연기를 들이마시는 게 걱정되지는 않나요?" 나는 그중에서 가장 친절한 청년인 알라비 모하메드에게 물었다. 그는 민소매 티셔츠를 입고 진흙이 묻은 발에 보라색 슬리퍼를 신고 있었다. "익숙해요." 그가 어깨를 으쓱했다. "이거 말고 할 줄 아는 일도 없고요. 어쩔 수 없는 거죠." 그는 여덟 살 때부터 이쪽 업계에 몸담아왔다고 말했다. 우리가 만났을 당시, 그는 서른여섯 살이었다.

직접 보지는 못했지만 카탄구아에는 이밖에도 전자 폐기물을 유해한 방식으로 재활용하는 관행이 몇 가지 더 있다고 했다. 인쇄 회로기판에는 팔라듐이나 금, 은과 같은 금속이 들어 있는 경우가 많다. 이 때문에 회로기판은 금속을 아주 효율적으로 얻을 수 있는 공급원이 될 수 있다. 미국 환경보호국에 따르면, 회로기판 1톤은 광석 1톤보다 금 함유량이 40배에서 800배 더 많다고 한다.[15]

회로기판에 들어 있는 금을 추출하는 한 가지 방법은 기판을 파쇄기에 넣은 다음에 조각 난 기판을 유럽이나 일본에 있는 정제 공장으로 보내고, 그곳에서 화학 물질을 사용해 추출하는 것이다. 민터의 책 『정크야드 플래닛』에 따르면, "이것은 정밀하고 대체로 깨끗한 재활용법이지만 동시에 비용이 아주 많이 든다." 현재로서는 이것이 가장 좋은 방법이다. 민터의 설명에 따르면, 여러 개발도상국에서는 금을 뽑아낼 때 "부식성이 강한 산을 이용하는데, 작업자는 보호 장구를 착용하지 않을 때가 많다. 추출 작업에 사용된 산은 다 쓰고 나면, 대개 강이나 하천에 버려진다."[16]

앞에서 언급한 방법들은 건강과 환경에 심각한 영향을 끼치지만, 싸고 쉽다는 엄청난 장점이 있다. 전선을 태워서 구리를 얻는 방식은 중장비나 특수 장비를 동원할 필요가 없고, 그저 휘발유와 성냥만 있으면 된다. 바로 이런 이유로 인도에서 멕시코에 이르는 전 세계 개발도상국의 노동자들이 자기 목숨을 담보로 구리 전선을 태우고 회로기판을 화학 물질에 담가서, 콩고민주공화국이나 콜롬비아 사람들이 목숨을 걸고 채굴했던 금속을 회수한다.

이런 형태의 작업이 낳는 폐해는 잘 알려져 있다. 중국 최대의 전자 폐기물 재활용 단지가 있는 구이유를 조사한 연구 결과에 따르면, 인근 지역 아동들의 혈액에서는 납과 같은 독성물질의 농도가 높게 나타난다.[17] 2019년 인도의 환경단체 톡식스 링크가 조사한 바에 따르면, 델리에는 전자 폐기물을 재활용하는 무허가 지대가 10곳 이상 있고, 이곳에서 일하는 사람은 5만 명이 넘는다.[18] 이곳에서는 작업자들이 안전 장비 없이 유독 가스, 쇳가루, 산성 폐수에 노출되며, 화학 물질이나 쇳가루와 같은 독성 폐기물이 배수로 근처에 버려질 때가 많아서 땅과 지하수가 오염될 우려가 있다.

전자 폐기물 업계에서는 아마도 리튬 배터리가 핵심 금속을 얻을 수 있는 가장 중요한 공급원일 것이다. 배터리용 소재를 얻을 곳으로 배터리보다 좋은 것이 어디에 있을까? 환경단체 어스웍스의 의뢰를 받은 시드니 공과대학교의 연구원들은 대규모 재활용이 일부 배터리 금속의 신규 공급원을 찾아야 할 필요성을 최대 절반으로 줄인다는 사실을 밝혀냈다.[19] 그럼에도 현재 재활용되는 리튬-이온 배터리는 전체의 5퍼센트에 불과하다.[20] 그 이유는 배터리가 처리하기 가장 까다로우면서도 위험한 전자 폐기물이기 때문일 것이다.

나이지리아는 리튬-이온 배터리로 넘쳐나지만, 아프리카 대륙에는 이것을 재활용할 수 있는 곳이 없다. 리튬-이온 배터리는 회로기판과 마찬가지로 해외에 있는 처리 시설로 수출을 해야 한다. 하지만 운송사들은 리튬-이온 배터리를 꺼리는데, 거기에는 그럴 만한 이유가 있다. 배터리는 불이 날 우려가 있기 때문이다. 리튬-이온 배터리는 구멍이 나거나 깨지거나 과열되면 합선이 일어나면서 불이 나거나 폭발할 수 있다. 배터리에서 발생한 불은 온도가 섭씨 500도 이상에 이를 수 있으며, 유독 가스를 내뿜는다. 무엇보다 배터리 화재는 물이나 일반 소화용 약품으로는 진압할 수가 없다.

이 때문에 수명이 다한 리튬 배터리는 일반 쓰레기와 함께 버려서는 안 되고, 재활용 업체나 유해 폐기물 처리장에 가져가야 한다. 그렇게 하는 사람이 얼마나 되는지는 아무도 알 수 없지만, 그렇게 하지 않는 사람이 많다는 것만큼은 분명하다. 매년 미국에서는 구형 프리우스에서부터 성인용 장난감에 이르는 온갖 물건의 배터리 때문에 고철 야적장이나 쓰레기 매립지, 쓰레기 수거 차량에서 화재가 수백 건씩 발생하고 있어서 수백만 달러에 달하는 피해를 입고 있다.[21] 이 같은 수치는 영국,[22] 캐나다 등의 국가에서도 비슷하게 나타난다.[23] 더러 제조 공정이나 취급 과정에 문제가 있는 배터리는 수명이 다하기도 전에 폭발한다. 2023년 뉴욕에서는 결함이 있는 전기 자전거와 전동 킥보드에서 화재가 발생해 10여 명이 사망했으며, 미국 내 다른 도시에서는 이보다 더 많은 사상자가 발생했다.[24]

그렇다면 나이지리아 같은 나라의 전자 폐기물 업체는 휴대전화 등의 전자기기용 배터리를 어떻게 처리할까? 대개 전자기기용 배터리는 지역 내 쓰레기 매립지에 버려지는데, 그러면 배터리에서 독성 물질이 유출될 수 있기 때문에 당연히 불이 날 수도 있다. 일부 악덕 수출업체는 버려진 배터리에 허위 라벨을 붙이고는 담당 공무원이 선적 컨테이너 내부를 자세히 살펴보지 않도록 뇌물을 주기도 한다. 그러면 결과는 뻔하다. 2020년 중국 선박에서는 "예비 부품 및 부속품"이라고 기재된 리튬 배터리가 보관이 잘못된 탓에 불이 났다. "전해 듣기로는 6개월마다 큰 불이 난다고 해요. 하지만 그런 얘기를 들어본 사람은 별로 없을 거예요. 불이 나면 컨테이너를 배 밖으로 뒤집어 버리거든요." 미국 내 최대 배터리 수거 업체인 콜투리사이클의 부사장 에릭 프레데릭슨이 말했다.

라인하르트 스밋은 다른 접근법을 시도 중이다. 스밋은 네덜란드의 스타트업, 클로징 더 루프의 공급망 책임자이며, 그가 속한 회사는 아프리카에서 온 휴대전화를 사회적, 환경적으로 올바르게 재활용하는 방안을 목표로 삼고 있다. 전선을 불태우거나 플라스틱을 버리거나 작업자가 보호 장비를 착용하지 않는 일 없이, 서구 소비자들이 선호하는 방식으로 재활용의 각 단계를 안전하고 책임감 있게 진행하고자 한다.

2021년, 클로징 더 루프는 시범 사업으로 나이지리아에서 휴대전화 5톤(플라스틱, 배터리, 케이블 등 포함)을 수거해 벨기에의 재활용 업체로 운송했는데, 회사의 주장에 따르면 이는 휴대전화가 합법적으로 운송된 첫 번째 사례였다. 지속 가능성의 측면에서 보면 시범 사업은 성공적이었다. 하지만 사업성을 따지자면 손해였다. 깨끗한 재활용은 돈이 몹시 많이 드는 것으로 드러났다.

깨끗한 재활용은 각 과정마다 추가 비용이 발생한다. 클로징 더 루프는 휴대전화를 수거하기 위해서 라고스에 본사를 둔 힝클리 리사이클링과 협력 관계를 맺었다. 힝클리 리사이클링은 나이지리아에 단 두 곳밖에 없는 정식 전자 폐기물 재활용 업체 중 한 곳이다. 라고스 외곽에 위치한 이 회사에서는 안전 조끼와 보호 장갑을 착용한 작업자들이 깨끗하고 조명이 밝은 창고에서 구형 휴대전화와 컴퓨터, 텔레비전을 분해한다. 이들의 작업 방식은 쓰레기 매립지에 주저앉아 망치로 휴대전화를 부수는 방식보다 당연히 더 안전하고 인간적이다. 하지만 작업자를 보호하고 기타 정부 지침을 준수하기 위해서, 힝클리는 돈을 더 많이 써야 한다.

또다른 심각한 문제는 플라스틱 케이스와 같은 부품은 구매자가 없다는 점이다. "이론상으로는 뭐든 재활용이 가능하겠지만, 그러자면 돈이 들어요. 제련소 운영자 입장에서는 비용을 회수할 수 있어야 할 테고요." 유미코아의 대변인이 말했다. 이 말은 재활용 산업계의 혼란스러운 측면, 즉 비용을 누가 누구에게 지불하느냐는 문제를 지적한다. 구리 같은 물질은 가만히 있어도 구매자를 찾기가 쉽다. 하지만 질이 낮은 플라스틱 같은 물질은 다른 사람에게 비용을 주고 처리해야 한다. 모든 것은 역공급망의 끄트머리에서 돈이 얼마나 많이 남느냐는 문제와 관련이 있다. 돈은 대개 어느 정도는 남지만, 수거와 처리에 들어가는 비용을 충당하지 못하는 수준일 때도 있다. "만일 제가 휴대전화에 들어 있는 부품을 모두 재활용한다면, 저는 손해를 보게 되어 있어요." 힝클리 리사이클링의 상무이사 에이드리언 클루스가 설명했다. 휴대전화에 사용되는 재료는 대개 플라스틱이다. 폐플라스틱을 원하는 사람은 찾기가 어렵다. 그렇다 보니 클로징 더 루프는 재활용 업체에 폐플라스틱을 받아주는 조건으로 운송비를 지불해야 했다.

클루스는 "플러스"와 "마이너스"로 영역을 나누어가며 설명했는데, 이는 부품과 물질 중에서 힝클리가 돈을 벌어들이는 쪽과 처리를 위해서 돈을 지불해야 하는 쪽을 구별해서 부르는 말이었다. 플러스와 마이너스를 구분하는 선은 원자재의 가격에 따라 왔다 갔다 했다.

당신이 아부바카르와 같은 사업자라고 상상해보자. 당신은 사람을 여럿 보내서 휴대전화를 수거하고 해체하여 회로기판을 얻는다. 그렇게 해서 모두 합해 구리 1킬로그램이 들어 있는 회로기판 더미를 확보한다. 이 구리를 추출하기 위해 제련소에 지불해야 하는 비용이 2달러라고 가정해보자. 만약 순수한 구리의 시장가가 1킬로그램당 3달러라면, 제련소는 회로기판을 재활용해서 수익을 낼 수 있기 때문에 당신의 회로기판을 구매할 것이다. 하지만 구리 가격이 1달러로 떨어진다면, 제련소는 회로기판 구매를 중단할 것이다. 이미 매입한 회로기판 더미는 창고에서 자리만 차지하는 신세로 전락한다. 이제 회로기판은 쓰레기에 불과하다. 그러나 가격이 다시 변한다면, 이 쓰레기는 속담에 나오는 보물 같은 존재가 될 수 있다. 보관할 장소만 있다면, 가격이 다시 오를 때까지 기다리면 된다. 보관 장소가 마땅치 않다면, 회로기판을 어딘가에 버리고 싶을 것이다.

배터리가 맞닥뜨리는 문제가 바로 이런 것이다. 클로징 더 루프는 배터리를 나이지리아에서 유럽의 재활용 업체로 운송해줄 회사를 구하고자 투박한 해결책을 생각해냈다. 배터리를 담는 통에 보호용 모래를 채우기로 한 것이다. 그렇게 하면 배터리는 안전하지만, 돈이 안 되는 모래를 대량으로 실어나르는 비용을 매번 지불해야 한다.

여기에 행정 비용도 추가된다. 아이러니하게도 부유한 나라가 가난한 나라에 유해 폐기물을 버리지 못하도록 고안된 국제 규정이 이제는 가난한 나라가 유해 폐기물을 자국 밖으로 내보내고자 할 때 걸림돌로 작용하고 있다.[25] 그중에서 가장 중요한 규정은 국제 협약인 바젤 협약이다. 바젤 협약은 전자 폐기물을 운반하는 모든 선박이 수출국과 수입국의 승인을 받는 것은 물론, 중간 기착지가 있다면 그 국가에서도 추가로 승인을 받아야 한다고 규정한다. 나이지리아에서 벨기에나 중국으로 향하는 선박은 항해 도중 몇몇 항구를 거치게 되어 있다. 그러자면 번거롭기 짝이 없는 행정 절차를 숱하게 처리해야 한다. "바젤 협약을 지키다 보면 성가실 때가 있어요. 절차가 몇 달씩 걸리거든요." 바타이거가 말했다. "바젤 협약은 꼭 필요해요. 바젤 협약이 없으면 폐기량이 증가할 거예요. 하지만 개발도상국에서 선진국으로 폐기물을 수출하지 못하도록 막는 부작용도 있죠."

휴대전화와 기타 전자 폐기물을 합법적으로, 책임감 있게, 철저하게 재활용하는 데에 들어가는 추가 비용을 전부 따져보면, 회수한 금속만으로는 수익을 내기가 거의 불가능하다. 누군가가 추가 비용을 메워야 한다. 스밋의 아이디어는 친환경에 관심이 있는 기업이 새 휴대전화 1대를 구매할 때마다 아프리카의 폐휴대전화 1대를 재활용하는 비용을 클로징 더 루프에 지불하게 해서 차액을 메우는 것이다. 이 발상은 탄소 상쇄권 판매와 매우 흡사하며, 그 대상을 전자 폐기물로 삼는 것이다. 스밋의 아이디어는 점차 주목받고 있다. 현재까지 클로징 더 루프는 아프리카 10개국에서 활동하며 폐전자기기 수백만 대를 수거해왔다. 회사의 목표는 가까운 미래에 매년 휴대전화 200만 대를 수거하는 것이다. 엄청난 숫자처럼 보일지도 모르겠지만, 회사의 창업자인 요스트 드 클뤼버가 인정하듯이 전체 양에 비하면 턱없이 모자라다. "휴대전화는 매년 20억 대씩 팔려요. 우리가 그걸 다 수거할 순 없죠." 클뤼버가 말했다.

그사이 나이지리아의 비공식 부문은 극빈층 사람들에게 엄청나게 많은 일자리를 제공하고 있다. 어느 모델이 더 낫다고 단정짓기는 어렵다. 이 질문은 누구에게 더 좋은 방식이냐는 다른 질문으로 이어진다. 플라스틱 쓰레기 무단 폐기, 전선 소각, 안전 장비 미착용은 서구의 환경 및 노동 기준에 전혀 부합하지 않는다. 하지만 이런 기준은 나이지리아처럼 자녀 교육은커녕 식량과 주거 문제조차 감당하기가 어려운 곳에서는 주요 관심사가 아니다. 콩고민주공화국의 영세 광부들과 마찬가지로, 나이지리아의 전자 폐기물 업계도 노동자의 실제 업무보다 작업 환경이 더 큰 문제이다.

세계에서 리튬 배터리를 가장 많이 재활용하는 곳은 당연히 중국이다. 2021년 기준으로, 중국은 전 세계 배터리 재활용 시장의 80퍼센트를 점유하고 있다.[26] 그중 대다수 물량은 세계 최대 배터리 회사인 CATL의 자회사가 공급한다. 중국 전역에 지사를 둔 CATL은 매년 배터리 12만 톤을 재활용할 수 있으며,[27] 새로운 공장에 수십억 달러를 투자하고 있다.[28]

그러나 배터리 재활용 산업이 성장함에 따라, 산업의 중심이 이동하고 있다. 미국 및 다른 국가에서는 전자 폐기물, 그중에서도 특히 전기차 배터리를 겨냥해 막대한 자금을 투자하고 있다. 유미코아는 200여 년 전에 광산 기업으로 시작했으나, 21세기 초반 무렵부터 재활용에 역점을 두는 회사로 전환을 꾀하고 있다.[29] 2011년에는 전기차 배터리 수요가 늘어나리라고 예상하고는 배터리 재활용 공장을 열었다. 유명 자동차 제조사는 재활용 업체와 제휴하거나 아니면 아예 재활용 공장을 짓고 있으며, 이들은 중고 배터리가 갈수록 늘어나는 핵심 금속에 대한 수요를 충족시키는 더 싸고 깨끗하고 대중친화적인 수단임을 인식하고 있다. 2021년에 열린 세계 기후 정상 회의에서 메르세데스-벤츠 회장인 올라 칼레니우스는 다음과 같이 말했다. "앞으로는 기존에 제작한 자동차가 가장 큰 광산이 될 것입니다."[30]

미국에서 이 분야를 선도하는 기업은 레드우드 머티리얼스이다. 레드우드는 네바다 주 벽지에 자동차용 리튬-이온 배터리 재활용 공장을 대규모로 지었다. 이 회사는 테슬라, 아마존, 폭스바겐과 계약

을 체결하고, 투자금을 20억 달러 가까이 유치했다.[31]

북아메리카에서 레드우드와 경쟁 관계에 있는 기업은 캐나다의 리-사이클이다.[32] 까만 머리를 깔끔하게 빗어 넘긴 화학공학자인 아자이 코차르는 야금회사에서 만난 친구와 함께 2016년에 리-사이클을 설립했다. "다들 '너무 서두르지 마. 전기차는 아직 시기상조야'라고 말하더군요." 온타리오 킹스턴에 있는 본사에서 코차르가 만면에 웃음을 띠며 말했다. 그해 리-사이클은 자사의 첫 배터리 소재를 생산해냈다. "20톤을 생산하는 데 석 달이 걸렸어요." 코차르가 말했다. 2021년, 리-사이클은 주식시장에 상장되었고, 기업 가치는 약 17억 달러로 평가받았다. 2023년 초에는 임직원이 400명을 넘었고, 애리조나와 뉴욕 주 등에 배터리 소재를 연간 5만1,000톤 생산할 수 있는 공장을 열었으며, 제너럴모터스 및 글렌코어와 계약을 맺었다.

킹스턴에 있는 리-사이클의 첫 공장은 규모는 비교적 작지만 배터리 재활용 시설을 상당수 갖추고 있다. 내가 이곳을 방문한 날에도 대형 철물점에서 수거한 노트북, 휴대전화, 전동 공구용 배터리가 "재활용" 업체의 트럭에 가득 실려서 들어왔다. 들어온 배터리는 모두 컨베이어벨트에 올라 작업자의 손끝에서 플라스틱 케이스와 포장재 등이 벗겨지고 제품 라벨을 통해서 각 배터리가 리튬-이온 배터리가 맞는지 아닌지 확인하는 절차를 거친다. 이 작업은 놀라울 정도로 손이 많이 간다. 사람이 배터리를 일일이 집어 들어야 하기 때문이다. 전기차 배터리는 크게는 매트리스만큼 커다란 하우징housing에 자그마한 셀cell 수백 개가 들어 있는 구조인데, 이 역시 손으로 분해해야 한다.[33]

검수 절차를 마친 배터리는 컨베이어벨트를 타고 더 올라가다가 물통 속으로 떨어져서 파쇄기가 있는 쪽으로 떠내려간다. 나뭇가지가 톱밥 제조기에 들어가듯이, 배터리가 파쇄기의 날카로운 이빨에 산산조각이 난다. 그 안에 그때까지도 플라스틱이 섞여 있다면 물 위에 떠오르므로 걷어낸다.

배터리에 들어 있는 금속은 추가 공정을 거치며 분리된다. 아침식사용 시리얼 크기만 한 구리와 알루미늄 조각은 커다랗고 무거운 비닐봉지로 들어간다. 이후 남아 있는 대다수 물질은 블랙 매스black mass라고 불리는데, 이것은 리튬과 코발트, 니켈 등 기타 배터리 소재가 알알이 섞인 슬러지이다. 리-사이클이 구리와 알루미늄 조각을 글렌코어와 같은 회사에 판매하고, 글렌코어가 이를 녹여 순수한 금속으로 재탄생시키는 마지막 단계를 담당하고 나면 재활용 사이클이 완성된다. 리-사이클은 블랙 매스도 다른 회사에 판매하는데, 그러면 그 회사는 금속을 재사용할 수 있게끔 화학 공정을 통해서 분리한다. (리-사이클의 목표는 앞으로 이들 공정을 자체적으로 처리하는 것이다.) 하지만 배터리 금속을 모조리 재활용하기는 어렵다. 보통 리튬과 같은 일부 금속은 일정량이 재활용되지 못하고 남는다.

아이러니하게도 현재 리-사이클과 같은 배터리 재활용 업체가 마주하는 난관 중 하나는 재활용을 할 배터리가 부족하다는 것이다.[34] 배터리 재활용 업계는 처리 시설을 빠르게 확장하고 있는데, 그 속도가 너무 빨라서 분석가들은 향후 몇 년 안에 공장의 처리 용량이 공급 가능한 원료의 양을 초과할 것으로 내다본다. (이 책을 쓰고 있는 2024년 초에 리-사이클은 시설을 급격하게 확충하다가 재정 문제가 불거져 직원 수십 명을 해고하고 뉴욕 주 로체스터 공장의 운영을 중단했다.) 현재 대부분의 배터리 재활용 업체는 소비자 이전 단계의 공장에서 나오는 폐금속이나 배터리 제조업체가 보내주는 결함이 있는 배터리에 크게 의존하고 있다. 전기차는 아직 보급된 지 얼마 되지 않은 탓에 폐차되는 차가 그렇게 많지 않다. (나이지리아 같은 가난한 국가에서는 아예 찾아보기 어렵다.) 만일 전기차가 폐차된다고 해도, 대다수 배터리는 떼어내서 휴대용 배터리 같은 물건으로 사용될 때가 많은데, 이 이야기는 나중에 다시 다루도록 하겠다. 소비재에 들어가는 수십억 개의 소형 리튬 배터리는 대체로 수거되지 않는다.

이 때문에 리-사이클과 같은 업체는 공급선을 확보하고자 분주하다. "우리가 직접 배터리를 수거하는 방향도 고려해봤지만, 수익성이 별로 좋지 않더군요." 코차르가 말했다. "각 가정의 서랍에서 배터리가 나오도록 할 방법이 마땅치 않은 상황이에요."

그렇다면 그런 전자 폐기물을 역공급망 안으로 더 많이 끌어오는 방법에는 어떤 것이 있을까? 한 가지 방법은 재활용에 대한 책임의 일부를 소비자로부터 제조사로 옮기는 것이다. 이러한 개념은 포괄적 생산자 책임 제도라고 부른다. 중국과 유럽의 상당수 국가는 이 제도를 법안으로 채택해 전자 폐기물뿐만 아니라 유리와 플라스틱 그리고 자동차까지도 관리하고 있다. 때로 이 제도는 재활용 비용을 충당하기 위해서 제조사로부터 약간의 추가 비용을 받는 것을 의미한다. 또 때로는 무거운 의무를 부여하는 방식을 의미하기도 한다. 예컨대, 유럽연합은 자동차 제조사가 수명이 다한 자동차를 수거하여 재활용할 책임이 있다고 규정한다. 중국은 2018년부터 배터리 제조사가 리튬-이온 배터리를 수거해 재활용하도록 요구하고 있으며, 새 배터리를 만들 때 재활용 재료를 일정 수준 이상 사용하도록 의무화하고 있다.[35] 물론 이러한 법안은 단점과 허점이 많지만, 큰 틀에서 보면 재활용 생태계 활성화에 큰 도움이 된다. CATL의 주장에 따르면, 현재 중국은 자국 배터리의 절반 이상을 재활용하고 있다.[36] "북아메리카에서는 우리와 레드우드가 주로 배터리를 재활용해요." 코차르가 말했다. "유럽에는 그런 업체가 더 많아요. 법안도 더 엄격하고, 포괄적 생산자 책임 제도를 통해 수거도 더 많이 하죠." 중국은 "재활용 공급망이 엄청나요. 중국의 배터리 재활용 산업은 우리보다 한참 앞서 있습니다."

전자 폐기물과 고철을 실질적인 변화를 가져올 수준으로 재활용하기 위해서는 정부가 직접 지원하는 방안도 필요할 것이다. 시장의 논리와 지속 가능성의 논리는 서로 상충할 때가 많은데, 재활용이 바로 그런 사례에 해당된다. 재활용은 경제적 관점에서 엄밀하게 따진다면 합리적이지 않을 수 있다. 보통 금속은 재활용을 하는 쪽보다 새로 채굴하는 쪽이 더 싸다.

아이러니하게도 에너지 전환 과정에서 가장 중요한 기계인 영구 자석, 태양광 패널, 풍력 발전기 등은 재활용이 매우 어렵다. 유럽의 한 선도적인 연구 기관이 2022년에 펴낸 보고서에 따르면, "현재로서는 수명이 다한 영구 자석을 대규모로, 상업적으로 재활용할 수 있는 방법이 없다."[37] 현재 희토류 자석의 재활용률은 5퍼센트 미만이다.[38] 태양광 패널에는 구리, 은, 폴리실리콘과 같은 귀중한 물질이 소량 들어 있을 뿐만 아니라 처리 과정에 돈이 많이 드는 독성 화학 물질도 포함되어 있다.[39] 그 결과 태양광 패널은 재활용 비용이 20-30달러 정도 소요되지만, 폐기 비용은 1-2달러에 불과하다. 결국 수명이 다한 대다수 태양광 패널(한 전문가의 말에 따르면 10개 중 9개)은 쓰레기 매립지로 향하기 마련이다.[40] 풍력 발전기에 달린 거대한 날개 역시 재활용이 무척 어렵다. 풍력 발전기 날개는 2040년까지 72만 톤이 폐기될 것으로 추정된다.

이런 내용은 모두 정부가 재활용 업체에 세금 감면이나 보조금을 제공하는 식으로 경제성을 개선해주어야 한다는 주장의 논거가 된다. 그러지 말아야 할 이유가 있을까? 중국은 금속 재활용 업체에 세금을 감면해준다.[41] 미국은 화석연료 산업에 보조금 수십억 달러를 지급하고 농부들을 지원하기 위해 수십억 달러를 더 쓴다.[42] 하지만 의회는 재활용에 대해서는 아직 갈피를 잡지 못하고 있다. 2020년대 초, 재생 에너지 사용을 촉진하기 위해서 대규모 재정 지출안 두 건에 약 3,700억 달러가 책정되었는데, 그중 원자력 에너지에는 약 400억 달러가 배정되었지만 재활용에는 고작 20억 달러만 할당되었다.[43] (흥미롭게도 미국 정부는 연방 교도소에서 소규모 전자제품 재활용 사업을 노동 교육의 일환으로 직접 운영하고 있다.[44])

신기술도 도움이 될 것이다. 민터가 『정크야드 플래닛』에서 지적했듯이, 미국 자동차는 한때 재활용이 불가능하다는 평가를 받았다.[45] 그 결과 버려져서 녹이 슨 자동차 수백만 대가 도로변에 널려 있게 되었고, 여기서 유출된 독성물질이 들판과 하천으로 스며들었다. 이러한 상황은 크기가 비교적 작고, 자동차를 해체할 수 있을 만큼 강력하면서도, 고철업체가 구비할 수 있을 만큼 가격대가 적당한 금속

파쇄기가 개발되면서 변화를 맞이했다. 민터의 말에 따르면, 오늘날 미국은 자동차에 들어 있는 거의 모든 금속을 재활용한다.[46] "[버려진 자동차는] 미국 내 환경에 해를 끼치는 심각한 문제 중 하나였으나, 고철업계에서 나타난 혁신 덕분에 문제가 해결되었다."

전자 폐기물의 치명적인 문제들 중 하나는 기기가 복잡하다는 점이다. 휴대전화와 기타 전자제품은 수없이 다양한 물질로 만들어진다. 앞에서 살펴보았듯이 사람들은 가장 값비싸고 쉽게 빼낼 수 있는 물질만 쏙 빼가기 때문에 나머지는 고스란히 버려질 때가 많다. 특히 희토류는 아주 소량이기 때문에 뽑아내기가 무척 어렵다.

이 때문에 영국의 연구자들은 폐기물 수거업자들이 전자 폐기물에서 희토류를 훨씬 쉽게 뽑아낼 수 있도록 휴대가 가능하고 값이 저렴한 화학 반응기를 개발 중이다.[47] 미국 정부도 전자 폐기물 재활용의 효율을 높이고자 여러 연구 사업에 자금을 지원하고 있다. 기업 역시 노력을 기울이고 있다. 애플은 아이폰을 시간당 200대씩 분해하여 물질을 쉽게 추출할 수 있게 해주는 로봇을 텍사스에서 연구 중이다.

기업과 연구원들은 금속 함유량이 높은 또다른 형태의 폐기물인 광석 찌꺼기와 기타 광산 폐기물에도 주목하고 있다. 이 같은 부산물에는 특정 광산이나 제련소가 얻고자 하는 금속뿐만 아니라 다른 금속도 소량 들어 있을 때가 많다. 예를 들면 리오 틴토는 캘리포니아에 있는 한 붕소 광산에서 화학적 처리 공정을 통해 폐석에 들어 있는 리튬을 추출하는 방안을 실험하고 있다. 캐나다의 한 스타트업은 브라질 주석 광산의 광석 찌꺼기에서 희토류를 분리하고자 노력 중이다.[48] 이는 매우 유망해 보이는 방안이기는 하지만, 높은 비용 등의 문제 때문에 아직 대규모로 성공한 적은 없다.

그러나 이런 금속을 돈 한 푼 받지 않고 하루 종일 추출해주는 노동 자원이 하나 있으니, 바로 식물이다. 고축적 식물이라고 불리는 몇몇 종류의 나무, 관목, 기타 식물은 뿌리로 조그마한 금속 입자를 빨아들이고는 수액, 줄기, 이파리에 농축한다. 예를 들면, 니켈이 풍부한 뉴칼레도니아에서 자라는 피크난드라 아쿠미나타 *Pycnandra acuminata* 나무의 수액에는 니켈이 최대 25퍼센트 이상 들어 있을 수 있다.[49] 다른 식물은 코발트, 아연, 리튬 등의 금속을 빨아들인다. 영국과 오스트레일리아 등지의 연구원들은 고축적 식물에 해당하는 풀, 꽃, 기타 식물이 광산 폐기물 더미나 오염된 토양에서 금속을 빨아들이게 해서 실험을 진행 중이다.[50]

식물로 금속을 채취하는 파이토마이닝phytomining이 대규모로 이루어질 수 있다면, 몇몇 문제를 단번에 해결하는 데에 도움이 될 것이다. 고축적 식물은 토양의 독성 폐기물은 줄이고 핵심 금속의 공급은 늘리는 역할을 할 수 있다. 광산의 오염 지역의 농부는 고축적 식물을 환금성 작물로 재배할 수 있을 것이다. 이미 몇몇 스타트업이 이 아이디어를 상용화하고자 노력 중이다.

그러나 늘 그렇듯이 이 방법에도 단점이 있을 수 있다. 1990년대 말, 오리건 주 북부에 있는 한 카운티는 비리디언 리소스라는 업체로부터 고축적 식물인 바위 냉이가 토양에서 독성 금속을 제거해준다는 말을 듣고 50에이커의 토지에 바위 냉이를 심었다.[51] 이 바위 냉이가 침입성 식물로 변해 온 사방으로 퍼지자 토착 야생화는 위태로운 처지에 놓였고, 비리디언은 파산했으며, 뒷수습은 지방 정부와 자원

봉사자들의 몫으로 남았다.

에너지 전환에 필요한 핵심 금속을 확보하는 과정에서 재활용이 점점 더 중요한 의미를 가지리라는 데에는 모든 사람이 동의한다. 분석가들은 재활용 금속을 사용하면 2040년까지 채굴 수요를 리튬은 25퍼센트, 코발트와 니켈은 35퍼센트, 구리는 55퍼센트 줄일 수 있다고 본다.[52] 또한 재활용 산업이 확장되면, 일자리 수천, 수백만 개가 창출될 수 있다. 하지만 재활용은 핵심 금속의 공급이라는 난제를 완벽하게 해결해주는 특효약이 아니다. 재활용은 과정이 무척 복잡하고, 심각한 사회적, 환경적 비용을 낳을 뿐만 아니라 전기-디지털 시대의 금속 수요를 충당하는 방법으로는 턱없이 부족하다. 상자용 판지나 맥주병 유리와 달리 금속은 한 번 쓰고 나서 재활용하는 물질이 아니다. 예를 들면, 건물이나 기계에 들어 있는 수많은 구리는 수십 년 동안 그 자리에 그대로 머물러 있을 것이다.

만약 우리가 전 세계에서 사용하는 핵심 금속을 모조리 재활용한다고 해도 금속을 찾는 수요는 계속해서 증가하기 때문에 채굴량은 더 많아져야 한다. 게다가 우리가 사용하는 금속을 모조리 재활용한다는 것 자체가 불가능하다고 보아야 한다. 금속은 파쇄기로 운반하는 도중에 트럭에서 떨어지거나 용광로에서 기화되기 때문에 손실분이 생긴다. 또 재활용 업체는 배터리에 들어 있는 코발트나 니켈처럼 폐품에서 가장 값진 금속에 치중하기 때문에 일부 금속은 뒷전으로 밀려난다. 배터리 같은 경우에는 보통 리튬이 뒷전으로 밀려난다. 현재 전 세계에서 재활용되는 리튬은 전체 사용량의 1퍼센트 미만이다.[53] 희토류와 같은 일부 금속은 대규모로 회수하기가 무척 어렵기 때문에 앞으로 수십 년 동안은 새로운 공급원을 찾아 채굴하는 쪽으로 가닥을 잡아야 할 것이다.

민터의 책에 따르면, "재활용이 100퍼센트 가능한 물건은 아무것도 없다. 그리고 아이폰의 터치스크린 같은 물건을 포함해 우리가 재활용할 수 있다고 생각하는 많은 물건은 재활용이 불가능하다. 고철 처리장에서부터 애플이나 미국 정부에 이르는 여러 단체와 기관이 재활용에 대한 환상을 퍼뜨리는 대신 재활용으로 해결할 수 있는 문제와 그렇지 않은 문제를 현실적으로 제시한다면, 지구 환경에 크나큰 도움이 될 것이다."[54]

요약하자면, 재활용은 우리에게 필요한 핵심 금속을 **일정 부분** 조달하는 데에 도움이 된다. 선진국과 개발도상국은 금속을 더 많이 재활용해야 한다. 재활용을 더 잘해야 한다. 노동자를 보호하고 제대로 대우해가면서 가능한 한 많은 금속을 수거하고 처리하는 방안을 찾아내야 한다. 그리고 이 모든 과정은 탄소 배출을 최소화하면서 진행해야 한다.

그러나 재활용만으로는 결코 광산을 대체할 수 없다. 그 말은 정부, 시민 단체, 소비자가 "어떻게 하면 핵심 금속의 공급을 증가시킬 수 있는가?"라는 질문 이상의 것을 생각해야 한다는 뜻이다. 이 질문에 내포되어 있는 수요에 대해서 더 고심해야 한다. 핵심 금속을 향한 욕구를 줄일 수 있는 방안을 가장 먼저 고민해야 한다.

제3부

재활용보다 좋은 방법

이 세상의 미래를 헤아려보건대, 여러분과 나, 그리고
정부 모두는 지금 이순간의 편의와 편리만을 위해서
미래의 소중한 자원을 약탈하고자 하는 충동을 버려야 한다.
—미국 대통령(1953-1961), 드와이트 아이젠하워

10

오래된 물건에 새 생명을

2003년 어느 날, 기숙사 침대에서 실수로 애플 노트북을 떨어뜨린 카일 윈스는 그 일이 자신의 인생을 바꿔놓으리라고는 생각지도 못했다. 노트북은 플러그 연결부가 있는 모서리 쪽으로 떨어졌는데, 노트북을 집어들자 전기가 흐르고 있음을 알려주는 자그마한 불빛이 어두워져 있었다. 전선이 느슨해지거나 납땜 이음부가 끊어진 정도의 문제일 것이라고 추측한 윈스는 쉽게 노트북을 고칠 수 있으리라고 생각했다. 그는 샌 루이스 오비스포에 있는 캘리포니아 폴리테크닉 주립대학교의 공대생으로 손재주가 좋았다. 몇 년 전 대학에 입학할 당시, 같은 학교를 졸업한 할아버지가 이럴 때를 대비해 납땜인두를 선물로 주시기도 했다.

윈스는 노트북을 열어 분해해보려고 했다. 그러나 곧 당황스러운 상황을 마주했다. 노트북 안은 조그마한 식별표와 걸쇠가 가득했고, 당혹스러울 정도로 복잡했다. 윈스는 고등학생 때 애플스토어에서 일한 적이 있어서, 필요한 작업을 안내하는 설명서가 있다는 사실을 알고 있었다. 그는 구글에서 설명서를 검색했지만 놀랍게도 하나도 찾을 수 없었다.

그래서 윈스는 그냥 설명서 없이 수리에 나섰다. 친구 루크 소울스의 도움을 받은 그는 기숙사 방바닥에서 노트북을 낱낱이 분해했다. 분해 작업은 이틀이 걸렸고, 나사 몇 개를 분실하고 걸쇠 몇 개가 부러지기는 했지만, 마침내 연결이 끊긴 구간을 찾아내 새로 납땜을 할 수 있었다. 재조립을 하자 노트북은 정상적으로 작동했다.

"이 작업이 왜 이리도 어려웠을까?" 윈스는 의아했다. 인터넷에서는 왜 노트북 수리 설명서를 하나도 찾을 수 없었을까? 윈스는 조금 더 알아보다가 문제는 애플 기기용 수리 설명서를 인터넷에 올리는 사람이 아무도 없다는 점이 아니라는 사실을 알게 되었다. 문제는 수리 설명서를 올린 웹사이트가 애플로부터 삭제 요청을 받는다는 점이었다. 다시 말해서 세계 최고의 소비자 기술 기업이 소비자의 자가 수리를 어렵게 만들고자 열심히 노력하고 있는 것이었다.

"화가 막 치밀어 올랐어요." 윈스가 말했다. "수리 방법을 금단의 열매로 만들어놓다니 어이가 없었죠." 윈스는 노트북을 사면서 애플에 제법 큰돈을 지불했다. 이제 이 노트북은 애플의 소유물이 아니었다. 윈스의 것이었다. 그런데도 그는 왜 스스로 노트북을 고칠 수가 없는 것일까?

윈스는 자신의 권리를 되찾고자 투쟁을 벌이기로 결심했다. 그 권리란 정확히 말해서 수리를 할 수 있는 권리였다.

전자제품은 시간이 지나면 작동을 멈추기 마련이다. 부품이 고장 나기도 하고 내부 시스템이 망가지기도 한다. 엔트로피는 자기가 가져가야 할 몫을 반드시 가져간다. 그렇다면 그다음에는 어떻게 해야 할까? 문제가 되는 제품이 자동차라면, "재활용을 하고 새 차를 사라"는 식의 대답은 내놓지 않을 것이다. 자동차를 재활용하려면 자동차를 낱낱이 분해한 다음에 플라스틱, 유리, 금속을 분리하고 이를 제련하여 시장에서 되팔 수 있는 상태로 만들어야 한다. 이와 마찬가지로 전자제품을 재활용한다는 말은 첨단 제품을 구성하는 모든 물질을 추출해 원상태로 되돌린다는 뜻이다. 대체로 재활용은 기존 제품을 추가로 사용한다는 관점에서 평가할 때, 가장 비효율적이고 노동력과 에너지를 많이 사용한다.

자동차가 고장이 났다면, 보통은 먼저 자동차를 수리해보려고 애쓸 것이다. 수리는 직접 할 수도 있고, 자동차 제조업체가 운영하는 A/S 센터나 개인이 운영하는 카센터에 맡길 수도 있다. 하지만 조명이나 진공청소기와 같이 자동차보다 작은 제품은, 고장이 나면 고치지 않을 때가 많기도 하거니와 고치기가 쉽지도 않다. 특히 휴대전화나 태블릿, 노트북과 같은 디지털 기기는 고장이 나면 최신형으로 바꾸는 풍조가 만연하다.

이는 우연이 아니다. 기업의 의도적인 전략에 따른 결과이다. 이런 전략이 바로 윈스가 맞서 싸우고자 하는 대상이었다.

전자제품이나 일반 제품을 대체로 교체하지 않고 고쳐서 쓰는 이유는 간단하다. 고쳐서 쓰는 쪽이 대개 더 저렴하기 때문이다. 이런 경제적 동기와 더불어 지구를 보호하려는 동기도 작용한다. 수리를 통해 수명이 늘어나는 전자제품이 많아질수록 새 제품 제조에 들어가는 천연자원과 에너지의 양이 줄기 때문이다. 기자 에런 페르자노프스키는 자신의 책 『수리할 권리』에서 다음과 같이 말한다. 고쳐 쓰는 행위가 아주 중요하다는 태도는 "자원은 유한하고 지구는 작으며, 이런 사실을 간과하는 문화는 앞날이 어둡다는 인식에서 비롯된다. 고쳐 쓰는 행위는 우리가 만든 제품에서 최대한의 가치를 이끌어낸다."[1]

고장 난 휴대전화나 드라이어에는 구리, 니켈 등의 금속이 조금밖에 들어 있지 않지만, 그런 물건 수백만 혹은 수억 대를 계속해서 사용한다면 필요한 채굴량을 크게 줄일 수 있다. 휴대전화를 만들려면 원자재 약 20킬로그램이 필요하고 많은 폐기물이 발생한다는 점을 잊지 말자. 이 정도 원자재를 파내려면 엄청난 양의 에너지를 태워야 하고, 그 과정에서 온실 가스도 발생한다. 엔지니어이자 맥아더상 수상자인 사울 그리피스는 자신의 책 『모든 것을 전기화하라 Electrify』에서 여러 제품의 킬로그램당 에너지 사용량과 탄소 배출량을 분석했다. 그는 이렇게 결론 내렸다. "환경에 미치는 영향을 줄이기 위해서라면, 제품의 무게를 줄이거나 완전히 다른 재료를 사용할 수도 있다. 하지만 여기에서 가장 중요한 사항은 애초에 물건을 더 오래 사용할 수 있도록 만드는 것이다."[2] 유럽 환경단체 연합의 연구에 따르면, 유럽에서 사용하는 스마트폰의 수명을 딱 1년만 늘려도 이산화탄소 배출량을 2030년까지 210만 톤 줄일 수 있다.[3] 이는 도로에서 자동차 100만 대 이상을 감축하는 것과 같은 효과이다.

윈스와 소울스는 직접 작성한 노트북 수리 설명서를 인터넷에 올리면서 십자군 전쟁에 나섰다. 소비자들의 반응은 뜨거웠다. "첫날에 찍힌 조회 수가 3만이었어요." 윈스가 말했다. 이후 두 사람은 다른 제품군으로도 진출했고, 곧 기숙사 방에서 아이픽스잇이라는 이름의 회사를 설립했다. 윈스는 졸업을 앞둔 2005년에 이 일을 자신의 직업으로 삼기로 결심했다.

현재 샌 루이스 오비스포에 본사를 둔 아이픽스잇은 아이폰 15프로와 블랙앤데커의 휴대용 반려동물 털 청소기를 비롯한 5만4,000여 기기의 자가 수리 설명서 10만3,000건 이상을 무료 웹사이트에 올려놓았다. 설명서는 일부는 직원이 작성했고, 대다수는 여러 자원 봉사자들이 작성했다. 매달 수백만 명이 이 웹사이트를 방문한다. 아이픽스잇은 수리 도구와 교체 부품을 판매하거나 상담 서비스를 제공하는 방식으로 수익을 올린다. 윈스는 매출 규모를 밝히지는 않았지만, 아이픽스잇은 직원 170명을 고용할 수 있을 만큼의 현금을 거둬들이고 있다.

"우리 목표는 모든 사람이 모든 제품을 고칠 수 있도록 가르치는 겁니다." 윈스가 말했다. "우리는 지식을 쉽게 공유하고 제품의 수리 과정을 단순하게 만들고자 해요." 하지만 그는 개인이 해결책을 찾아보고 공유하는 방식으로는 회사의 목표를 대규모로 달성할 수 없다고 생각했다. 그는 기기를 만드는 기업이 자가 수리를 의무적으로 지원하기를 바란다. 그 일이 어렵다면 적어도 기업이 자가 수리를 어렵게 만드는 행위만큼은 중단하기를 바란다.

물론 소비자와 지구에 도움이 되는 행위가 기업에도 늘 도움이 되는 것은 아니다. 애플은 우리가 새 아이폰을 사야 돈을 번다. 우리가 사설 수리점에서 오래된 아이폰을 고쳐서 쓴다면 애플은 돈을 벌지 못한다. 바로 이런 이유 때문에 기업은 수십 년 동안 소비자에게 수리보다는 최신 제품을 사도록 권장해왔다. 포드와 제너럴모터스는 아직 쓸 만하지만 유행이 지난 자동차를 교체하도록 하려고 1920년대부터 의도적으로 매년 신차를 출시해왔다.[4] 계획적 구식화planned obsolescence라는 명칭으로 알려진 이 같은 전략은 소비자 경제를 활성화하는 도구로 각광받아왔다.[5]

미국에서는 사람들의 부가 급증하면서 물건을 고쳐 쓰는 풍조가 약해졌다. 애덤 민터는 자신의 책 『중고품Secondhand』에서 이렇게 말한다. "19세기나 20세기에는 절약이 선택이나 미덕의 문제가 아니었다. 꼭 필요한 행동이었다. 옷, 식기, 공구, 가구와 같은 생활용품은 값이 비쌌기 때문에 평생까지는 아니더라도 오래 사용하려고 노력했다. 고쳐 쓰는 행위는 그렇게 하기 위한 방법 중 하나였다."[6] 하지만 미국인이 부유해지고 제조비용이 하락하자 고쳐 쓰는 행위는 점점 구식이 되어갔다. 페르자노프스키의 말에 따르면, 1966년에는 미국인 20만 명이 가전제품 수리 기사로 일했지만, 2023년이 되면 그 수가 4만 명으로 감소했다.[7] 디지털 기기의 세계에서도 이와 똑같은 추세가 나타나고 있다. 미국 내 전자기기 및 컴퓨터 수리점의 숫자는 2013년 5만 9,200곳에서 2023년 4만 5,830곳으로 줄었다.[8]

아이러니하게도 전자기기는 대개 선진국보다는 개발도상국에서 고치기가 훨씬 더 쉽다. 하루 생계비가 단 돈 몇 달러에 불과한 나이지리아 같은 나라에서는 "생활필수품"이 여전히 비싸기 때문에 물건을 고쳐서 쓸 필요가 있다. 내가 바바 안와르를 만났던 이케자 전자마켓은 수많은 작은 가판대와 노점들이 다닥다닥 붙어 있었으며, 이곳 상인들은 손님이 기다리는 동안 고장 난 휴대전화 화면이나 노트북 하드 디스크를 교체해주었다. 이들은 대기업의 인증을 받지는 않았지만 솜씨가 끝내준다. 라고스는 특히 전자기기 수리공의 솜씨로 유명하지만, 이들과 똑같은 일을 하는 수리공은 델리나 카이로처럼 새 기기를 끊임없이 사들이며 낭비와 사치를 부릴 여유가 없는 모든 도시에서 만날 수 있다.

이런 현상은 부유한 소비자들만의 잘못은 아니다. 전자업계는 고의로 제품을 수리하기 어렵게 만들었다.[9] 우리가 가지고 있는 휴대전화, 태블릿, 노트북을 살펴보자. 아마도 이들 제품은 손전등의 배터리를 교체하듯이 배터리를 새로 교체하는 것은커녕, 자동차의 보닛을 열듯이 기기를 열고 내부 부품을 보는 것조차 쉽지 않을 것이다. 애초에 제품의 설계 자체가 그런 식으로 되어 있기 때문이다. 휴대전화 화면처럼 자주 파손되는 부품은 접착제로 고정되어 있어서 휴대전화를 손상시키지 않고서는 떼어내기가 어렵다. 또 일부 부품은 특이한 형태의 나사로 연결되어 있어서 특수 드라이버가 필요하다. 제조업체는 안전하지 않다거나 혹은 제품 보증이 무효화된다는 점을 내세우며 의도적으로 자가 수리를 가로막고 있다.

페르자노프스키의 말에 따르면, "2019년에 출시한 아이맥의 설명서는 '메모리를 제외하고 사용자가 직접 설치할 수 있는 부품은 없습니다. ……아이맥을 분해하는 행위는 아이맥의 고장이나 사용자의 부상으로 이어질 수 있습니다'라고 경고한다. 애플은 아이폰 사용자에게도 명확한 문구를 통해 이와 비슷하게 경고한다. '아이폰을 열거나 직접 수리하지 마십시오.'[10] 지역 수리점 역시 어려움을 겪고 있기는 마찬가지이다. 대체로 부품, 설명서, 필수 소프트웨어는 값비싼 공인 서비스 업체에서만 구입이 가능하다.

2010년대 초, 윈스는 전자제품 회사의 태도를 바꾸려면 변화를 강제하는 수밖에 없다고 판단했다. 그래서 그는 설명서를 게재하는 방식에서 정치적으로 해결하는 방식으로 방법을 바꿨다. 이후 윈스와 활동가들은 제조업체의 설명서, 장비, 부품의 공개를 의무화하는 수리할 권리를 제정하고자 지역 의원, 주 의원, 연방 의원을 대상으로 로비 활동을 벌였다. 이미 자동차 제조사는 이와 비슷한 법안을 적용받고 있으며, 덕분에 우리는 고장 난 폭스바겐 자동차를 공식 판매점이나 지역 판매점으로 가져갈 수 있다.[11] 2010년대 들어 주 의회에서 발의된 수리할 권리 법안은 100여 건이 족히 넘었다.[12] 하지만 법안은 모두 부결되고 말았다.

엄밀히 말해서 그 싸움은 공정하지 않았다. 한쪽에는 윈스와 지역 활동가, 소비자 단체가 있었고 다른 한쪽에는 애플, 마이크로소프트, 아마존, 구글, 테슬라, T-모바일을 비롯한 거대 기업이 있었는데, 이들 기업은 모두 수리할 권리 법안에 맞서 로비 활동을 벌였다.[13] "기술 업계는 공포와 불확실성, 의심의 씨앗을 무수히 많이 심었어요." 수리할 권리 법안 수십 건을 지지하고 증언해온 윈스가 말했다. "주 의원들이 참 불쌍하더군요. 그분들한테는 늘 여러 가지 복잡한 문제가 전달되는데, 그러다가 어느 날 애플 같은 회사가 와서 이렇게 말하는 거죠, '이번에 그 일을 하시면, 이곳이 그런 일을 처음으로 실시하는 주가 될 텐데, 그게 미국의 모든 상거래를 혼란에 빠뜨릴 겁니다.' 미국의 기술 업계를 망치는 자가 되고 싶은 사람은 아무도 없을 거예요."

제조업체는 영업 비밀 보호와 사용자의 부주의가 부상으로 이어지는 상황을 막기 위해서 제한 조치가 필요하다고 주장한다. 페르자노프스키의 책에 따르면, "애플은 네브라스카 주 의원들에게 수리할 권리 법안이 네브라스카 주를 '나쁜 짓을 하는 사람들의 소굴'로 만들 것이라면서, 해커나 기타 범죄자들이 소비자를 착취하기 위해 이곳으로 몰려들 것이라고 예측했다. 또 캘리포니아에서는 아이폰 배터리를 직접 교체하려고 시도하다가는 부상을 입을 수 있다고 경고했다. 이발기 회사 왈은 자사의 이발기를 수리하면 화재가 발생할 수 있다고 경고했으며, 다이슨과 엘지는 수리할 권리가 신원 확인 절차를 거치지 않은 수리 기사를 집에 들이는 결과로 이어져 소비자의 개인 안전을 위협할 수 있다는 근거 없는 경고문을 내놓았다."[14]

애플의 CEO 팀 쿡은 2019년 투자자에게 보내는 서한에서 이 법안을 반대하는 진짜 이유를 밝혔다.[15] 직전 해에 애플이 일부 구형 아이폰의 성능을 일부러 저하시켰다는 사실이 세간에 알려졌다. 소비자들은 분노했다. 애플은 소비자를 달래기 위해서 공인 배터리 교체 비용을 일시적으로 79달러에서 29달러로 낮췄다. 아이폰 사용자 약 1,100만 명이 이 혜택을 받아들여 구형 아이폰에 새 생명을 불어넣었다. 그 결과 신형 휴대전화의 판매량이 감소했다. 회사 입장에서는 커다란 문제였다. 아이폰의 판매고가 회사 매출의 상당 부분을 차지하기 때문이었다. 이에 대해 팀 쿡은 "아이폰의 업그레이드가……우리의 기대만큼 강력하지 않았다"고 말하면서도 "소비자들이 배터리를 현격히 낮은 비용으로 교체하는 혜택을 누린 것"도 판매량 감소에 일정 부분 영향을 미쳤다고 밝혔다. 배터리를 낮은 가격으로 교체

해주는 혜택은 곧 폐지되었다. 2023년 기준, 애플은 아이폰의 배터리 교체 비용으로 135달러를 청구하고 있다.

그러나 윈스와 몇몇 인물들이 수년간 압력을 넣은 결과 드디어 돌파구가 마련되었다. 2021년, 연방거래위원회는 수리할 권리에 반대하는 기술 업계의 의견을 면밀히 조사한 뒤 보고서를 펴냈다.[16] 보고서 작성자들은 제조업체의 우려는 약간의 개선으로 해결할 수 있거나 애초에 논의할 만한 가치가 없었다며 다음과 같이 냉정한 어조로 결론 내렸다. "수리할 권리를 제한해야 한다는 제조업체의 주장은 근거가 부족하다. 이들은 여러 가지 이유를 제시하지만 그중 대다수는 이를 뒷받침할 만한 기록이 없다." 당시 미국 대통령이던 조 바이든은 곧 "시장 지배력이 강한 제조업체가 사용자의 사설 수리점 이용이나 자가 수리를 제한하지 못하도록" 연방거래위원회에 행정 명령을 내렸다. 이듬해 연방거래위원회는 소비자의 수리할 권리를 불법적으로 제한한 할리-데이비슨과 웨스팅하우스에 벌금을 부과하며 행동에 나섰다.

그 무렵 유럽연합은 이미 제조업체로 하여금 예비 부품을 구비하고 일반 공구로 부품을 교체할 수 있게 해놓는 등, 가전제품의 수리를 용이하게 도와주는 규정을 채택했다.[17] 영국 역시 가전제품 회사가 소비자용 예비 부품을 공급해야 한다는 규정을 도입했다.[18]

제조업체도 이런 요구를 받아들이기 시작했다. 2021년 이후 모토로라나 삼성 같은 기업은 사설 수리점이 수리에 필요한 부품과 도구를 사용하도록 허용하고 거기서 더 나아가 고객의 제품 수리를 돕고자 아이픽스잇과 제휴 관계를 맺으며 180도 달라진 모습을 보였다.[19]

"적대적인 관계에서 비즈니스 파트너로 바뀐 거죠." 윈스가 말했다. "기업은 자기 의지로 바뀐 게 아니에요." 윈스가 재빨리 설명을 덧붙였다. "기업의 동참을 이끌어내려면 법안을 마련할 필요가 있다는 점이 명확해진 거죠."

모든 기업이 그렇게 전향적인 태도를 보인 것은 아니었다. 2022년, 애플은 자가 수리 프로그램을 선보였다. 애플은 웹사이트에 일부 제품의 설명서를 올리고 사용자에게 회사 수리 센터에서 사용하는 도구 세트를 보냈다. 반가운 소식이었다. 그래서 「뉴욕 타임스」의 한 기자가 자가 수리 프로그램을 이용한 경험담을 남겼다.[20] "우선 신용카드로 보증금 1,210달러를 결제하자, 집 앞으로 무게가 35킬로그램에 달하는 수리 도구 세트가 단단한 플라스틱 케이스에 담겨 도착했다. 이후 아이폰을 수리하는 과정은 너무나 까다로운 나머지 돌이킬 수 없는 실수로 이어져 휴대전화 화면이 순식간에 망가지고 말았다." 비평가들은 이를 두고 수리가 실패하도록 "규정을 악의적으로 준수한 사례"라고 평했다.

그러나 같은 해 미국에서는 수리할 권리를 주장하는 움직임이 법적으로 첫 승리를 거뒀다. 뉴욕 주는 아이픽스잇의 도움을 받아, 제조업체가 의무적으로 서비스 정보와 부품, 수리용 도구를 대중에게 공개하도록 하는 수리할 권리를 법으로 제정했다. 마이크로소프트와 애플 및 기타 기업의 로비스트들은 법안의 중대한 허점 몇 가지를 파고들었다.[21] 해당 법안은 디지털 기기만을 대상으로 삼은 탓에 가전제품을 비롯한 여러 기기는 적용 대상이 아니었으며, 디지털 기기조차 2023년 7월 1일 이후에 생산된 제품만 법안의 적용을 받았다. 그래도 윈스는 이렇게 소감을 남겼다. "정말 기뻤어요. 커다란 전환점이었으니까요." 이런 흐름은 더 강해지고 있다. 몇 달 후에는 미네소타 주도 비슷한 법안을 채택했다. 2023년 10월에는 캘리포니아 주에서도 법안이 하나 통과되었는데, 이 법안은 놀랍게도 애플이 지원하는 것이었다.[22] 머지않은 시점에는 모든 미국인이 수리할 자유를 누릴 수 있을 것으로 보인다.

아이픽스잇 본사에서 자동차를 타고 남동쪽으로 4시간을 가면 모하비 사막 끝자락에 앤텔로프 밸리라는 건조 지대가 나오는데, 이곳에서는 전자기기의 수명을 늘리기 위한 색다른 방법이 시도되고 있다. 수년간 앤텔로프 밸리의 농장 지대는 캘리포니아 내륙 지역이 대개 그렇듯이 팽창해가는 교외 지대에 자리를 내주었다. 그러나 이곳의 풍경을 결정짓는 또다른 경제적 유인이 하나 더 있다. 그것은 바로 재생 에너지이다. 이곳에는 거대한 태양광 발전소가 수천 에이커에 걸쳐 펼쳐져 있다.[23] 또 언덕으로는 풍력 발전기가 널따란 계곡의 바닥을 감싸는 형태로 숲을 이룬다. 랭커스터 시 외곽에는 중국 전기차 회사인 BYD의 전기 버스 공장이 있다. 프리먼 홀은 이 공장에서 1.6킬로미터도 채 떨어지지 않은 곳의 평평한 맨땅에다가 컨테이너 크기의 하얀 금속 상자를 여러 개 가져다놓고는 수익성이 있는 틈새시장을 창출하고자 애쓰고 있다.

컨테이너에서는 애절한 울음소리 같은 것이 흘러나온다. 이 소리는 전기가 내는 소리이다. 각 상자는 버려진 전기차에서 가져온 중고 배터리로 가득하다. 이 중고 배터리는 전기차를 제대로 작동시키기에는 부족하지만, 충전 능력만큼은 아직 준수한 편이다. 이 배터리를 수백 개씩 묶으면 에너지를 많이 저장할 수 있다. 각 컨테이너 안에 있는 배터리는 모두 홀의 스타트업인 B2U 스토리지 솔루션이 연결한 것으로, 다 합치면 3,400가구용 전력을 저장할 수 있다.

깔끔하게 수염을 기른 30대 남성인 홀은 전기차 배터리에 새 생명을 선사하겠다는 아이디어를 안고 2019년에 회사를 차렸다. "태양광 업계에서 일하다 보니 해가 저문 저녁 시간에 전력 수요가 많다는 걸 알게 되었어요." 홀이 말했다. "거리에 돌아다니는 리프의 숫자는 2017년에 이미 약 40만 대였어요. 동료와 저는 그 많은 배터리에 두 번째 생명을 불어넣을 수 있겠다고 생각했죠." 두 사람은 처음에는 닛산, 그 뒤에는 혼다와 계약을 맺었고, B2U는 중고차나 결함이 있는 차량을 수거해 배터리를 꺼낸 다음 컨테이너에 설치했다. 사업 아이디어는 간단했다. 낮 시간에는 B2U와 인접한 태양광 발전소가 컨테이너 속 배터리를 충전한다. 그러다가 날이 저물면 충전된 전기를 전력 회사에 판매한다. 태양 에너지를 밤에 전달하는 것이다.

태양광 발전과 풍력 발전은 해가 뜨고 바람이 부는 시간에 생성한 에너지를 그렇지 못한 시간에 사용할 수 있도록 저장할 방안이 있어야만 대규모로 활용이 가능하다. 전력을 저장했다가 필요할 때 꺼내 쓸 수 있는 방법이 마련되어야만 하는 것이다. 이 목표를 달성하기 위한 방법에는 몇 가지가 있다. 일부 지역에서는 전력 회사가 아예 처음부터 대규모로 배터리 시설을 짓는다. 중고 자동차 배터리를 다른 용도로 재사용하는 방법은 이미 존재하는 제품을 활용한다는 면에서 장점이 있다. 자동차 배터리를 활용하면 채굴, 제련, 제조 과정을 새로 거치지 않고서도 에너지 저장 시설을 지을 수 있다. 이것은 "절약하고 재사용하고 재활용하자"는 유명한 슬로건에서 "재사용"에 해당된다. 더욱이 컨설팅 회사인 맥킨지에 따르면, 에너지 저장 시설에 들어가는 중고 배터리는 새 배터리에 비해 가격이 최대 70퍼센트 저렴하다.[24] 2030년이면 중고 전기차 배터리로 매년 200기가와트시의 전력을 저장할 수 있게 된다. 이는 닛산 리프 약 200만 대를 충전할 수 있는 전력이다.[25]

물론 전기차 배터리를 재사용하는 방안은 손전등 속 건전지를 꺼내서 텔레비전 리모컨에 집어넣는 것과는 차원이 다른 이야기이다. 테슬라와 볼트, 리프에 장착되는 배터리는 표준 규격이 없다. 크기, 형태, 화학 성분이 제각각이다. 이처럼 종류가 각양각색인 배터리를 하나로 아울러 에너지 저장 시설로 작동시키는 일은 쉽지 않다. 게다가 중고 배터리는 잔존 수명이 충분한지 검사하는 과정을 거쳐야 하는데, 이 작업 역시 다양한 디자인 때문에 까다롭다. 배터리의 정확한 수명은 아무도 알 수가 없다. 배터리의 저장 온도와 충전 및 방전 속도 등의 요인이 배터리의 수명에 영향을 미칠 수 있기 때문이다. 홀은 B2U가 배터리를 5년 반쯤 사용할 수 있으리라고 내다보지만, 그것도 수명이 다할 때가 되어야 확실히 알 수 있다.

그럼에도 B2U의 사업 모델은 많은 관심을 받고 있다. 한국의 자동차 회사 기아는 독일의 국영 철도 회사와 제휴를 맺고 자동차 배터리를 전기 저장 시설에 재사용하는 프로젝트를 진행하고 있다.[26] 닛산은 미국 본사에 전력을 공급하는 작업에 오래된 리프의 배터리 팩을 투입하고 있다.[27] 또 닛산은 일본 내 가로등과 심지어 세븐일레븐 매장에 전력을 공급할 목적으로 리프의 배터리를 개량하기도 한다. 제너럴모터스와 도요타를 비롯한 다른 기업도 이와 비슷한 아이디어를 실험 중이다.

B2U는 다른 스타트업과도 경쟁을 펼치고 있다. 캘리포니아에 본사를 둔 스마트빌은 브랜드가 제각기 다른 자동차 배터리를 단일 저장 장치에 모으는 기술을 가지고 있다. 밴쿠버 인근에 위치한 모멘트 에너지는 외딴 곳에 있는 가정과 사업체에 독립형off-grid 전력을 공급하고자 중고 벤츠 자동차에서 배터리를 수거하고 개량한다. 이러한 시도는 아직 초기 단계이거나 규모가 작지만, 홀은 전체 전기차 산업과 함께 자동차 배터리를 재사용하는 산업도 빠르게 성장하리라고 예상한다. "시장은 매년 두 배씩 성장하고 있어요. 게임은 이제 막 시작되었을 뿐이죠." 홀이 말했다.

한편, 캘리포니아 주 새크라멘토 동쪽 시에라 풋힐스에서는 굿선이라는 이름의 비영리단체가 재생 에너지 분야의 또다른 장비인 오래된 태양광 패널을 재사용하고 있다. 태양광 패널은 배터리와 마찬가지로 시간이 흐르면서 성능이 떨어진다. 태양 에너지를 흡수하는 시간이 쌓이면서 해마다 발전 효율이 떨어지는 것이다.[28] 패널은 중고 상태에서도 전기를 생산하기는 하지만 생산량이 예전 같지는 않게 되며, 늘 출시되는 신제품과 비교했을 때는 생산량 격차가 훨씬 커진다. 그러다 보니 굿선의 본사가 있는 그래스 밸리 마을 인근에서는 태양광 발전 사용자가 장비를 업그레이드하면, 굿선이 중고 패널을 수거해 지역 내 노숙자 쉼터와 학교에 다시 설치한다. 굿선은 고아원과 병원에 사용할 목적으로 태양광 패널을 아프리카로 가져가기도 한다.

　태양광 패널은 핵심 광물을 조합해서 만드는데, 각 광물은 저마다 고유한 문제를 안고 있다. 그중에서 가장 중요한 물질은 폴리실리콘이다. 폴리실리콘은 태양광 패널에서 햇빛을 흡수하는 태양 전지의 재료이다. 짐작하다시피 폴리실리콘의 생산을 주도하는 나라는 중국이다. 중국 내 폴리실리콘 공장은 대개 석탄으로 가동되는데, "청정" 에너지용 장비 생산을 위해 세상에서 가장 지저분한 연료를 태우는 모습이 여기서도 또다시 나타난다. 설상가상으로 중국산 폴리실리콘의 거의 절반은 인권 탄압이 이루어지는 신장-위구르 자치구에서 생산된다. 인권 연구자들은 중국 정부가 위구르족에게 폴리실리콘 공장에서 일하도록 강요할 때가 많다고 주장한다.[29]

　태양광 패널의 전지 내부에는 은으로 만든 페이스트paste가 있어서 이것이 태양 에너지가 전류로 전환되도록 도와준다.[30] 현재 태양광 패널에 들어가는 은의 양은 전 세계에서 채굴하는 은의 10퍼센트가량이지만, 2050년이 되면 이 수치가 50퍼센트를 넘길 가능성이 있다. 물론 여기에는 부작용이 뒤따른다. 페루나 볼리비아 같은 나라에서는 은 광산에서 나오는 유출수 때문에 강이 오염되고 있다.[31]

　태양광 패널은 재활용이 무척 어렵기 때문에 재사용을 하는 쪽이 훨씬 더 합리적이다. 알루미늄 프레임과 구리 전선을 떼어내는 것은 그리 어렵지 않지만, 유리 패널에서 본드로 접착된 태양 전지를 떼어내기란 무척 어렵다. 게다가 태양광 패널은 납이나 카드뮴과 같은 위험한 금속이 가득 들어 있는 경우가 많기 때문에 조심해서 다루어야 한다. 미국에서 태양광 패널을 재활용하는 업체는 극소수에 불과하다. 일반적으로 버려진 패널은 매립지에 내다버리는 것이 비용 면에서는 가장 저렴하다. (반면, 생산자의 재활용 비용 부담을 의무화한 유럽 국가에서는 태양광 모듈의 재활용률이 95퍼센트에 달한다.[32])

국제 재생 에너지 기구는 2050년이 되면 태양광 패널 폐기물이 7,800만 톤 발생할 것으로 내다보고 있다.[33] 미국 에너지부의 2021년 보고서에 따르면, 향후 몇 년 동안 미국 한 곳에서만 태양광 폐모듈 1,000만 톤을 처리해야 한다.[34] 보고서를 보면, 그럼에도 "미국에서는 [태양광] 장비를 재사용하는 사례가 거의 없고 수명이 다한 모듈을 재활용하는 비율은 10퍼센트가 채 되지 않는다."

그러나 개발도상국에는 값싼 중고 패널을 기꺼이 사용하려는 사람이 많다. 아시아와 아프리카의 상당수 지역은 일조 시간이 충분한 덕분에 중고 패널의 낮은 효율을 보완할 수 있으며, 무엇보다 전기가 아예 들어오지 않는 곳도 많다. 세계은행은 전 세계 독립형 태양광 시장의 규모를 연간 30억 달러로 추산하고 있다.[35] 온라인 매체인 "솔라 파워 월드"에 따르면, 가장 큰 시장은 아프가니스탄이고, 그 뒤로 파키스탄과 몇몇 아프리카 국가들이 있다. 독립형 전력은 주로 1,000만 개가 넘는 중고 태양광 패널에서 생산되어 가정과 우물용 펌프, 와이파이 시설, 배터리에 공급된다.[36]

이와 비슷하게 아시아와 남아메리카의 개발도상국 사람들도 선진국 사람들의 관심 밖으로 밀려난 전자제품을 활용하고 싶어한다. 미국인들도 일부 전자제품은 재사용한다. 이베이 같은 곳에서는 리퍼브 노트북을 구매할 수 있으며, 사람들에게 컴퓨터를 구해주는 자선단체 같은 곳은 기부받은 컴퓨터를 비영리단체나 저소득층 주민들에게 나눠준다. 전자 폐기물을 재활용하는 일부 업체는 컴퓨터에서 정상 작동하는 하드 드라이브와 같은 부품을 꺼내 재판매하기도 하지만, 이는 개발도상국에서 일반적으로 이루어지는 판매 방식이 아니다. 이집트와 가나 같은 나라에서 판매하는 컴퓨터의 절반 이상은 중고 제품이다.[37] 전 세계적으로 중고 휴대전화 시장의 규모는 250억 달러로 추정된다.[38] 이케자 마켓에는 수입 중고 전자제품을 재판매용으로 깨끗하게 매만지는 소형 업체들이 무수히 많다. 나는 노트북이 도서관 서가의 책처럼 바닥에서 천장까지 꽂혀 있는 콘크리트 방에서 가게 주인이 중고 노트북의 흠집을 없애고 HP 로고가 찍힌 새 스티커를 붙이는 모습을 지켜보았다. 그 노트북은 정상적으로 작동하고 새 것처럼 보였으며, 원래 가격보다 훨씬 저렴하게 팔려나갈 것이다.

개발도상국에서는 이렇게 제품을 수리해서 재사용함으로써 수많은 일자리를 창출한다. 나이지리아만 해도 전자제품을 수리하고 리퍼브하는 사람의 숫자가 3만 명쯤 되는 것으로 추정된다. 전자제품을 수리하고 리퍼브하는 분야는 선진국에서도 많은 일자리를 창출할 수 있고, 또 그렇게 되어야 한다. "수리 작업에는 숙련자의 노동력이 많이 들어간다. 수리 작업은 제조 작업과 달리 자동화가 어려우며, 글로벌 대기업보다는 지역 내 소규모 업체에 득이 된다."[39] 페르자노프스키의 지적이다.

수리 및 재사용 산업은 재활용과 마찬가지로 정부 보조금으로 성장을 도모할 수 있다.[40] 이미 일부 국가에서는 정부가 보조금을 지급한다. 오스트리아의 몇몇 주와 시는 기기 수리 비용의 절반을 지원한다. 프랑스는 자전거를 고치는 사람에게 50유로를 지급한다. 미국도 저소득층을 대상으로 자동차 수리 비용을 지원하는 프로그램을 운영한다.

단기적인 관점에서 보자면, 수리 및 재사용 산업은 재활용 산업과 서로 충돌을 빚는다. 배터리 재활용 업체는 이미 공급 부족을 겪고 있다. 중고 배터리가 B2U와 같은 업체의 에너지 저장 단지에 더 많이 투입될수록 역공급망 안에 있는 리-사이클과 같은 업체는 배터리를 확보할 수 없게 된다.

그러나 장기적인 관점에서 보자면, 모든 것은 고철로 변한다. 수리를 한 휴대전화는 언젠가는 고칠 수 없는 지경으로 고장이 난다. 재사용한 배터리는 머지않아 성능이 크게 떨어져서 사용이 불가능한 상태가 된다. 수리와 재사용은 제품이 필연적으로 맞는 종말을 연기시켜줄 뿐이다. 하지만 제품의 수명을 늘려주면 제품이 생산되고 소비되고 폐기되는 주기를 늦출 수 있어서 원자재와 에너지 수요를 줄일 수 있다. 제품이 수명을 다했을 때는 제품을 역공급망에 올리고 재활용 야적장으로 보내는 것이 가장 좋은 방법이다.

제품을 수리하고, 재사용하고, 마지막으로 재활용하는 행위는 제품을 그냥 버리는 행위보다 훨씬 좋은 방법이다. 하지만 이러한 조치도 에너지와 물질 집약적인 생산과 소비 체계에 얽매여 있다. 이러한 틀에서 완전히 벗어나는 방법은 하나밖에 없다.

11

미래의 교통수단

1971년 10월 어느 아침, 여섯 살 소녀 시몬 랑겐호프는 네덜란드 남부의 한 도로에서 자전거를 타고 있었다.[1] 그때 갑자기 한 운전자가 사각지대에서 차를 부주의하게 몰다가 시몬을 들이받았다. 졸지에 시몬은 그해 네덜란드에서 교통사고로 사망한 450여 명의 어린이 중 1명이 되고 말았다. 유럽의 작은 나라 네덜란드는 여느 서구권 국가와 마찬가지로 자동차 의존도가 높아지면서 끔찍한 사고가 점차 증가했다. 20세기 전반부까지만 해도 네덜란드는 자동차를 미국처럼 열정적으로 받아들이지는 않았다. 하지만 제2차 세계대전이 끝난 뒤로 나라가 부유해지자 자가용의 수가 늘어났고, 덩달아 치명적인 사고도 증가했다.

그러나 시몬의 아버지이자 저명한 신문기자인 빅 랑겐호프는 딸의 죽음을 진보를 위한 대가로 순순히 받아들일 생각이 없었다. 그는 "어린이 살해를 중단하라"는 강력한 슬로건을 내세우고는 안전한 도로를 촉구하는 단체를 설립했다. 이 단체는 시위를 벌이고 도로를 점거하며 점점 더 많은 사람들로부터 지지를 받았다. 코펜하겐과 몬트리올을 비롯한 다른 곳에서도 비슷한 단체가 생겨났다. 시간이 걸리기는 했지만 네덜란드의 활동가들은 점차 입지를 다져갔다. 네덜란드 전역의 시 당국은 공공 도로에서 자동차의 사용 비중을 줄이겠다는 분명한 목표를 바탕으로 도로를 재설계하고 정책을 바꿔나가기 시작했다.

결과는 놀라웠다. 오늘날 암스테르담에서는 한 사람도 빠짐없이 모두가 자전거를 타는 것처럼 보인다. 미국과 달리 건강한 청년층뿐만 아니라 정장을 입은 회사원, 주름진 노년층, 아이를 동반한 어머니 등 다양한 사람들이 자전거를 탄다. 암스테르담은 자전거가 쉽고 간편하고 무엇보다 안전하게 다닐 수 있도록 도시 자체를 새로 단장해왔다. 자전거 도로는 단순히 페인트 도색으로 표시되는 것이 아니라 콘크리트 연석으로 차도와 분리된다. 게다가 자동차와 뒤섞이지 않고 도시 곳곳을 이동할 수 있도록 자전거 도로망이 연속적으로 잘 짜여 있다. 자전거 도로망은 훌륭한 대중교통과 바로 연결된다. 암스테르담의 철도 허브인 중앙역 옆에는 자전거로 가득한 대형 자전거 주차시설이 있다. 지역민과 관광객은 모두 자전거를 타고 역으로 와서 주차를 하고는 깨끗하고 저렴한 기차로 먼 곳에 있는 목적지로 향한다. 현재 암스테르담 사람들은 세 번 중 한 번 이상을 자전거로 이동한다.[2] 자동차는 두 가구 중 한 가구만 보유하고 있다.[3] 이는 인구가 100만 가까이 되는 현대 도시에서는 보기 어려운 수치이다.

이런 이야기가 핵심 금속과 무슨 관련이 있을까? 암스테르담은 광물과 에너지 소비로 인한 폐해를 줄이는 가장 좋은 방법, 즉 **모든**

것을 덜 쓰는 사례를 실제로 보여준다. 그중에서도 특히 자가용을 덜 쓰는 사례를 말이다.

에너지를 향한 인류의 끝없는 욕구는 기후 변화 위기를 불러왔다. 이제 그와 똑같은 욕구 때문에 우리는 엄청난 비용이 뒤따르는 에너지 전환 시대로 나아가고 있다. 화석연료를 재생 에너지로 전환하는 일은 인류가 한 단계 도약하는 길이기는 하지만 그것만으로는 충분하지 않다. 에너지 전환은 문제 해결을 위한 필요조건이기는 하지만 충분조건은 아니다. 현재 80억 인구가 살아가는 이 세상을 진정으로 지속 가능한 곳으로 만들려면, 에너지 사용량을 줄여야 한다. 그러면서도 선진국 사람들이 누리는 삶의 질을 희생하지 않고, 모든 사람의 삶의 질을 그와 비슷한 수준으로 높일 수 있다면 좋을 것이다.

참 쉽지 않은 일이다.

그러면서도 충분히 가능한 일이기도 하다.

옷을 예로 들어보자. 옷은 덜 산다고 해도 삶의 질이 떨어지지 않는 대표적인 상품이다. 의류 산업에서 발생하는 낭비는 놀라운 수준이다. 금세기 초 이래로 전 세계 의류 생산량은 약 2배가 된 반면, 옷의 수명은 급격하게 짧아졌다.[4] 패스트 패션이 등장한 이후로, 단 몇 번만 입고 버리는 옷이 해마다 상상을 초월할 정도로 많이 생산된다. 기자 J.B. 매키넌이 「시에라Sierra」지에 기고한 글에 따르면, "의류 기업은 현재 의류업계가 유기농 옷감을 주로 사용하고 버려진 옷을 재활용해 새 옷으로 만든다고 홍보하겠지만, 실상은 해마다 의류 10벌 중 6벌이 쓰레기 매립장이나 소각장으로 향한다."[5]

이 과정에서 면과 기타 물질 말고도 엄청난 양의 에너지가 낭비된다. 의류를 생산하는 공장, 의류를 실어나르는 선박 및 자동차, 의류를 판매하는 상점 모두 에너지를 엄청나게 잡아먹는다. 의류 생산 과정에서 발생하는 이산화탄소량은 전체 발생량의 8퍼센트에 달한다.[6] 이는 대부분의 국가에서 발생하는 이산화탄소량보다 많은 수치이다. 우리가 티셔츠를 덜 산다고 해서 삶의 질이 확 떨어질까? 한 가지 분명한 점은 지구 환경만큼은 확실히 좋아지리라는 것이다.

경제학자들은 특정 제품을 생산하는 데에 들어가는 에너지 총량을 측정하기 위해서 체화 에너지라는 개념을 사용한다. 에너지는 화석연료에서 오든 재생 에너지에서 오든, 그 대가로 환경에 해를 끼치거나 인간에게 고통을 안긴다. 소파, 기타, 블렌더, 타이어, 칫솔 등 우리가 사용하고 소비하는 모든 물건에는 체화 에너지가 들어간다. 대나무와 같은 천연 소재로 만드는 "친환경" 제품 역시 마찬가지이다. 대나무를 의류나 직물, 일회용 접시로 가공하려면 에너지와 물을 많이 사용해야 하며, 완제품을 운송할 때는 에너지가 더 많이 든다. 음식물에도 체화 에너지가 들어간다. 브로콜리, 닭고기, 쌀 등은 모두 에너지를 태우는 차량으로 운송하고, 에너지를 태우는 창고에 저장하고, 에너지를 태우는 식료품점에서 판매한다. 농작물을 재배하고 시장에 내놓을 때 필요한 농기구, 비료, 식품 가공 장비도 제조 과정에서 에너지를 사용한다는 점은 굳이 말할 필요도 없을 것이다. 그렇다면 무엇이 되었든 소비를 줄이기만 한다면, 에너지 소비 역시 줄일 수 있다. 이는 곧 화석연료와 핵심 금속을 찾는 수요가 줄어든다는 뜻이다.

옷을 덜 사는 방법 말고도, 소비를 줄이고 에너지 사용을 줄이면서도 실생활에서 느끼는 격차를 크게 실감하지 못하는 방법이 또 있다. 첫째, 집에서 냉난방 온도를 몇 도 낮춘다. 둘째, 음식 쓰레기를 줄인다. (전 세계적으로 음식물의 5분의 1이 쓰레기통으로 향한다.[7]) 셋째, 디지털 기기를 수리하고 재사용한다.

그러나 우리 각자가 실천할 수 있는 가장 효율적인 방법은 단연코 자동차를 구매하지 않는 것이다. 전기차조차 사지 않는 편이 좋다.

이상한 소리처럼 들릴지도 모르겠다. 그러나 내 말은 아무도 자동차를 소유하지 말자는 뜻이 아니다. 자동차가 본질적으로 나쁘다는 뜻도 아니다. 오히려 자동차는 놀라우리만큼 유용하다. 교외나 시골처럼 거리가 멀고 대중교통이 불편한 지역에서는 자동차가 필수품이다. 거동이 불편한 사람들에게도 마찬가지이다. 게다가 자동차를 운전하고 소유하는 행위에서 즐거움을 느끼는 사람도 많다. 자동차는 독립성과 지위를 나타내는 강력한 상징물이다. 자동차는 탁 트인 도로에서 음악을 틀어놓고 페달을 밟을 때처럼 적절한 상황에서는 재미로 가득한 물건이다. 자동차는 그 자체로는 문제가 아니다. 문제는 이 세상에 자동차가 너무 많다는 점이다.

특히 휘발유 차량은 가장 시급한 문제를 유발하고 있다. 현재 미국에서는 2억8,000만 대가 넘는 승용차와 트럭[8]이 가장 큰 온실 가스 배출원이다.[9] 자동차 배기가스는 기후 변화를 일으킬 뿐만 아니라 우리가 들이마시는 공기 중에 독성물질을 내놓는다. 매사추세츠 공과대학의 2013년 보고서에 따르면, 미국에서는 자동차 배기가스 때문에 해마다 5만3,000명이 사망한다.[10]

전기차는 배기가스 측면에서 조금씩 진전된 성과를 보이고 있다.

블룸버그NEF에 따르면, 우리는 전기 자전거, 전기차, 전기 트럭을 포함한 전 세계의 모든 전동 기구 덕분에 매일 석유 약 150만 배럴을 덜 태운다.[11] 이는 엄청난 양이기는 하지만, 지금도 내연기관 차량은 이보다 30배 많은 석유를 태우고 있다.[12] 전기차가 휘발유차보다 많아지려면 아직 많은 시간이 지나야 할 것이다. 요즘 출시되는 자동차는 보통 12년쯤 도로를 달린다. 그사이 휘발유차와 경유차는 계속해서 생산될 것이다. 글로벌 리서치 회사인 IHS는 2050년이 되면 전 세계 자동차 숫자가 20억 대에 육박할 것이며, 이러한 성장세는 주로 개발도상국이 주도할 것으로 예측한다.[13] 20억 대 중 전기차는 6억 1,000만 대밖에 되지 않는다. 이 예측이 옳다면, 내연기관 차량의 숫자는 거의 변화를 보이지 않는다는 뜻이 된다.

만약 휘발유차와 경유차를 전부 대체하고자 전기차 20억 대를 생산한다고 해도, 이는 한 가지 문제를 다른 문제로 바꾸는 꼴이 되고 만다. 우리에게 필요한 금속의 양과 이 금속을 생산함으로써 발생하는 피해는 너무나 막대하다. 에너지 전환에 따른 추가 광물 수요의 적어도 절반이 전기차와 배터리 생산에 쓰일 것으로 보인다.[14] 자동차에 대한 수요 감소는 핵심 금속에 대한 수요 감소로 가는 가장 효과적인 길이 될 것이다.

자동차를 줄여야 하는 이유는 이것 말고도 더 있다. 자동차는 동력원의 종류와 상관없이 우리 모두에게 온갖 피해를 준다. 우리는 그런 식의 대가에 너무나 익숙해져 있어서 대체로는 그런 생각을 잘 하지 못한다. 하지만 자동차가 끼치는 피해는 막대하기 때문에 그래서는 안 된다.

가장 심각한 피해인 사망 사고부터 들여다보자. 일반적으로 미국인의 일상생활에서 가장 위험한 행위는 운전이다. 가장 최근 자료를 살펴보면, 2022년에 자동차 사고로 사망한 미국인의 숫자는 4만 2,795명으로 추산된다.[15] 이는 매일 미국인 117명이 갑작스러운 사고로 목숨을 잃는다는 뜻이다. 이중 19명은 차에 타고 있지 않던 사람들이다. 이들은 어딘가로 걸어가다가 자동차에 치였다.[16] 전 세계에서 일어나는 교통사고 피해는 충격적인 수준이다.[17] 매년 교통사고로 약 130만 명이 목숨을 잃고, 약 5,000만 명이 부상을 당한다. 1896년 런던의 한 거리에서 교통사고 사망자가 처음 발생한 이래로 지금까지 5,000만 명 이상이 자동차 때문에 목숨을 잃었다.[18]

사망자 숫자가 계속해서 증가하는 이유 중 하나는 미국인이 크고 육중한 SUV와 픽업트럭을 예전보다 많이 몰면서, 이런 차량에 치인 사람의 사망 가능성이 더 높아졌기 때문이다.[19] 나머지 요인들이 똑같이 유지된다고 가정하면, 전기차 시대로 바뀐다고 해서 교통사고 사상자가 감소할 것이라고 볼 이유는 없다. 자동차 회사는 기쁜 마음으로 온갖 SUV와 픽업트럭의 전기차 모델을 출시하고 있다. 이는 훨씬 더 위험한 상황이라고 보아야 할지도 모른다. 전기차는 배터리 때문에 내연기관 차량보다 무게가 더 무겁기 때문이다.

그리고 전기차도 대기오염을 일으킨다. 전기차는 배기가스를 내뿜지는 않지만 타이어가 장착되어 있으므로 타이어에서 오염 입자가 나오는 것으로 알려져 있다. 타이어가 포장도로 위로 굴러갈 때, 화학 물질이 들어간 합성 고무에서 자잘한 입자들이 떨어져 나와 여기저기로 떠다닌다. 연구자들의 추정에 따르면, 매년 미국과 영국에서는 고무 총 30만 톤이 환경으로 방출되어 대기와 토양, 물을 오염시킨다.[20] 주요 고속도로와 가까이 붙어 있을 가능성이 높은 저소득층과 비백인층 동네는 이런 피해를 가장 많이 받는다.[21]

여기에 더해 자동차는 도시에서 특히나 중요한 요소인 공간을 많이 차지한다. 대다수 자동차는 자기 수명의 95퍼센트에 해당되는 시간을 가만히 자리만 차지한 채로 보낸다. 경제적 관점에서 보면, 이는 불합리한 일이다. 금융 회사인 모건스탠리는 자동차를 두고 "세계에서 가장 활용도가 낮은 자산"이라고 평가했다.[22] 토지 사용 측면에서도 무척 언짢다. 차고나 진입로를 설치하기 위해 자신의 땅을 희생한다면 그것은 어디까지나 그 사람의 권리이다. 하지만 자동차는 주로 공용 공간을 차지한다. 공공 도로에는 자동차 수백만 대가 주차되고 있다. 자동차가 이렇게 많은 땅을 차지하고 있는데도 이에 따른 요금은 대체로 부과되지 않는다. 이런 토지는 대개 비어 있는 상태로 다른 주차장에서 출발한 자동차가 이곳으로 들어오기를 기다린다. 이런 식으로 낭비되는 면적은 어마어마하다. 미국 전역에는 주차 구역이 20억 개나 있어서 자동차 1대당 주차 구역 7개씩이나 돌아간다.[23] 로스앤젤레스 카운티 한 곳만 해도 주차장 용도로 토지 약 520제곱킬로미터를 내놓았다.[24] 환경을 생각하는 곳으로 알려진 샌프란시스코 베이조차 사람이 차지하는 공간보다 주차 공간이 두 배 더 넓다.[25] 이런 주차장을 끝에서 끝까지 늘어놓으면 지구를 두 바퀴 돌 수 있다. 이 넓은 공간이 아스팔트로 덮이지 않았다면 어떻게 활용할 수 있었을지 상상해보자. 그 면적의 절반 정도만 되찾아도 공원, 카페 거리, 놀이터, 새로운 주택을 누릴 수 있다고 생각해보자.

자동차는 오래도록 도로를 지배했기 때문에 사람들은 별 생각 없이 그로 인한 대가와 비용을 감수해왔다. 수많은 사망자, 심각한 대기오염, 공간 손실은 아쉽기는 하지만 바꿀 수 없는 현실처럼 보인다. 어쨌거나 현대 사회에서 살아가려면 자동차가 **필요하지 않은가?**

맞다.

그러나 그렇게까지 많이 필요하지는 않다.

사람들은 왜 자동차를 소유할까? 누군가는 운전을 좋아한다. 또 누군가는 자동차 수집을 좋아한다. 하지만 대다수 사람들에게 자동차는 목적을 위한 수단이다. 자동차는 우리를 목적지로 데려다주기 위해서 상시 대기하는 편리한 기계이다. 자동차의 궁극적인 목적은 이동이지 소유가 아니다.

미국은 지구상에서 가장 자동차 친화적인 나라이다. 2018년 기준으로 인구 1,000명당 자동차 대수를 비교해보더라도, 미국은 867대인 반면에 유럽은 520대, 중국은 160대, 인도는 37대이다.[26] 유럽, 중국, 인도 국민들은 나름의 방식으로 어떻게든 직장, 학교, 축구장, 식당, 부모님 댁으로 이동한다. 그런 사실에 비춰보면, 자동차가 그렇게까지 어마어마하게 많지 않아도 사람들은 분명 이곳저곳으로 이동할 수 있다.

이런 관점에서 볼 때, 진짜 문제는 자동차를 더 많이 제조하기 위해 글로벌 공급망에 금속을 더 많이 공급할 방안을 찾는 것이 아니라, 사람들이 자신이 원하는 곳으로 이동하고자 할 때, 자동차를 더 적게 타는 방안을 찾는 것이다. 금속은 자동차라는 수단을 위한 수단이다. 여기서 우리가 추구하는 목표는 집, 직장, 학교까지 안정적으로 안전하고 빠르게 오가는 것이다. 이 목표는 자동차를 소유하지 않고서도 몇몇 방법들을 통해서 더욱 올바르고 효율적이고 지속 가능한 방식으로 달성할 수 있다. 그중 대표적인 방법은 자동차보다 앞서 태어난 기계를 활용하는 것이다.

현대식 자전거가 거리에 처음 등장한 1880년대만 해도 자전거는 우리 시대의 아이폰만큼이나 혁신적인 물건이었다. 당시는 자동차가 아직 발명되기 전이어서 말과 기차, 도보가 주요 이동 수단이었기 때문에 사람들은 과학과 공학의 경이로운 산물인 이 작고 가볍고 "조용한 강철 말"이 놀라운 속도로 쌩쌩 달리는 모습에 감탄했다.

자전거는 말보다 값이 싸고 청결할 뿐만 아니라 먹이와 마구간을 마련해주고 길들일 필요가 없었다. 필요한 것이라고는 두 다리와 약간의 용기뿐이었다. 1879년, 「샌프란시스코 크로니클*San Francisco Chronicle*」은 "자전거를 탈 때의 짜릿함은 직접 맛봐야 한다. 몸과 마음이 두둥실 떠 있는 상태에서 귓가에 바람이 스쳐 지나갈 때, 관성을 이겨냈다는 황홀감이 벅차오른다"라는 말로 자전거를 극찬했다.[27]

대중은 열광했다. 1885년, 미국 내 몇몇 공장들에서 자전거 1만 1,000대를 제작했다. 그로부터 10년이 조금 더 지난 후, 이 숫자는 200만 대 이상으로 급증했다. 자전거 경주는 미국에서 가장 인기 있는 스포츠로 떠올랐고, 야구보다 많은 관중을 끌어모았다. (자전거 경주는 미국 최초의 흑인 스포츠 스타인 마셜 "메이저" 테일러도 배출했다. 브루클린 출신인 그는 세계 챔피언의 자리에 올랐다.[28])

자전거의 인기가 절정에 달한 1896년 3월, 역사에 불길한 사건이 기록되었다. 미국에서 처음으로 자동차 교통사고가 발생한 것이다.[29] 헨리 웰스라는 이름의 한 남성은 최초의 상업용 자동차를 몰고 뉴욕의 거리를 달리다가 자전거를 들이받아 자전거 운전자의 다리를 부러뜨렸다. 당시에는 이 사건의 상징성을 알아차리는 사람이 아무도 없었다.

자전거는 또다른 혁신적 교통수단인 자동차에 곧 자리를 내주었다. 자동차는 더 빠르고 짜릿하고 발전된 교통수단이었다. 승부는 금방 갈렸다. 1899년에서 1909년 사이에 미국 내 자전거 판매량은 90퍼센트 급락한 반면, 자동차 판매량은 급증했다.[30] 자전거는 고작 몇 년 만에 교통수단에서 2인자의 자리로 멀찌감치 밀려났다. 그로부터 수십 년이 지나자, 자전거는 주로 아동용 놀이기구와 성인용 운동기구로 쓰이게 되었다.

그러나 요즘 들어 자전거는 다시 부흥기를 맞고 있다. 기후 변화 대응과 도시 재생을 위한 핵심 수단으로 점차 각광받으면서 도시 내 주요 교통수단으로 재차 부상한 것이다. 우아하면서도 단순한 자전거는 수많은 사람들의 이동 방식과 도시 형태를 다시 한번 바꿔나가고 있다.

자전거의 가장 명확한 장점은 탄소를 전혀 배출하지 않는다는 것이다. 날마다 조금씩이라도 자동차 대신 자전거를 이용한다면, 탄소 배출량을 크게 낮출 수 있다. (공교롭게도 애초에 자전거는 기후 변화에 대응하기 위해서 발명되었다.[31] 1815년, 대규모 화산 폭발로 지구 온도가 낮아지면서 유럽 전역에서 농작물이 제대로 자라지 못했다. 그 결과 수많은 사람들과 이들의 이동수단인 말이 무수히 굶어죽었다. 이에 독일의 한 발명가가 말을 대신할 교통수단으로 최초의 자전거를 선보였다.)

　자전거는 건강에도 좋다. 자전거를 정기적으로 타면, 비만과 당뇨, 뇌졸중, 심장 질환 등의 질병이 줄어든다는 사실이 여러 연구들을 통해서 입증되었다.[32] 게다가 자전거는 조용하고 크기가 작다. 혹여나 자전거에 치이거나 자전거에서 떨어진다고 해도 사망할 가능성은 낮다. 도시에서 자동차가 줄고 자전거가 늘면, 도로 환경은 더욱 안전하고 쾌적하고 인간친화적인 공간이 될 것이다.

　미국 사람들에게는 수백만 명의 자동차 운전자들이 자전거 운전자로 바뀐다는 소리가 허황되게 들릴지도 모르겠다. 하지만 그런 현상은 이미 벌어지고 있다. 1990년 이후로 전 세계 수십여 도시에서는 자전거를 이용한 이동이 기하급수적으로 늘고 있다. 암스테르담이나 코펜하겐과 같은 대표적인 자전거 도시와 더불어 베를린이나 파리, 빈, 바르셀로나와 같은 유럽의 대도시도 자전거 인프라에 막대한 예산을 투입해왔으며 자전거 이용률이 2배, 3배, 4배씩 증가했다.[33] 타이베이나 상하이를 비롯한 아시아 도시에서도 수백만 명이 자전거를 타고 직장과 학교를 오간다.[34] 세계 최대 도시인 도쿄에서는 자전거가 전체 이동량의 15퍼센트를 담당한다.

　자동차를 끔찍이 사랑하는 미국에서도, 자전거 친화 도시로 탈바꿈하고자 노력하고 있는 곳에서만큼은 교통수단 이용 습관이 바뀌고 있다. 1990년대 들어 오리건 주 포틀랜드가 자전거 도로를 공격적으로 확충하자, 자전거로 출퇴근하는 시민의 수가 6배로 늘어났다.[35] 미니애폴리스, 샌프란시스코, 워싱턴 DC에서도 비슷한 흐름이 나타났다. 미국 자동차 문화의 발원지라고 할 수 있는 로스앤젤레스에서도 도시 전역에 새 자전거 도로와 공유 자전거 시스템을 확충하고 있다. 노력은 결실로 이어지고 있다. 2005년 이래로 로스앤젤레스의 자전거 통근률은 2배로 늘었다.[36]

또다른 지표는 전 세계 자전거 산업의 성장이다. 1965년만 해도 전 세계에서는 자동차와 자전거가 거의 비슷한 규모(연간 2,000여 만 대)로 제작되었다. 하지만 오늘날 자전거는 연간 1억 대가 훌쩍 넘는 수준으로 제작되고 있어서[37] 자동차 생산량을 크게 앞지른다.[38] 현재 전 세계 자전거 산업의 규모는 약 700억 달러에 이른다.[39]

이제는 자전거를 타기 위해서 자전거를 소유해야 할 필요도 없다. 전 세계 도시에서는 공유 자전거 시스템이 우후죽순으로 생겨나고 있다. 가장 일반적인 공공 자전거 시스템은 자전거를 거점 구역에서 빌리고 반납하는 방식이지만, 이것 말고도 거점 구역 없이 앱을 활용하여 도시 여기저기에 흩어져 있는 자전거(킥보드)를 5분 혹은 5시간 빌렸다가 원하는 곳에 두고 갈 수 있는 방식도 있다. 2007년 파리에서 처음 운영을 시작한 공유 자전거 시스템은 현재 지자체 1,000곳 이상에서 운영되고 있다.[40] 전 세계 공유 자전거 숫자는 2007년 1만 5,000대에서 현재 수백만 대로 급증했다.[41] 공유 자전거가 운영되는 양상은 상당히 다양해서, 위스콘신 주 매디슨 같은 곳은 공유 자전거 300대를 자랑하는 반면, 중국 항저우 같은 곳은 공유 자전거를 6만 6,000대 이상 보유하고 있다.[42]

중국 내 자전거 이용자 숫자는 미국과 유사한 흐름을 보여왔는데, 그 흐름은 더 짧은 시간 안에 더 큰 규모로 일어났다. 1949년에 정권을 잡은 공산당은 자전거 생산을 국가의 우선 사업으로 선포했다.

자전거는 값이 싸고, 효율적이고, 제작이 쉽기 때문에 수많은 노동자와 농민을 동원하는 수단으로 안성맞춤이었다. 중국은 소규모 민간 제조업체를 몇몇 국영 대기업에 통합시키고는 배급 물자를 넉넉하게 공급했다.[43] 1980년대 후반 무렵, 중국은 매년 자전거 약 4,100만 대를 생산했다. 곧 중국 도시의 거리는 자전거로 가득 찼고, 그 숫자는 자동차를 압도했다.[44]

그렇다고 해서 자동차가 버림받은 것은 아니었다. 1990년대 경제 호황으로 시민 수백만 명이 중산층으로 올라서자, 이들은 자동차를 원했다. 중국 정부는 자동차 산업을 근대화를 위한 또다른 관문으로 보고 지원에 나섰다.[45] 오늘날 중국은 일본과 미국 다음으로 자동차를 많이 생산한다.

이후 중국인의 교통수단 이용 방식에 엄청난 변화가 나타났다.[46] 1986년만 해도 베이징 주민의 3분의 2가 이동 수단으로 자전거를 이용했다. 오늘날에는 대략 15퍼센트가 자전거를 탄다. 많아진 자동차가 미친 영향은 심각했다. 현재 중국의 수도 베이징은 지구상에서 대기오염이 가장 심한 곳이다. 중국 전역의 주요 도시들은 교통 체증으로 몸살을 앓고 있다. 또한 매년 수십만 명이 자동차 사고로 목숨을 잃는다.

이런 이유로 요즘 들어 중국은 새롭게 불고 있는 자전거 혁명의 선두에 서게 되었다. 현재 중국은 공유 자전거 시장이 전 세계에서 가장 가파르게 성장하는 곳이다. (미국이 매년 1,600만 대씩 수입하는 자전거 역시 주로 중국에서 생산된다.) 중국 공유 자전거 업계의 매출액은 2017년 한 해에만 1억 8,100만 달러에서 15억 2,000만 달러로

10배 가까이 증가했으며, 이용자의 숫자는 2억900만 명으로 상승했다.[47] 지구상에서 자전거가 변화를 몰고 올 수 있는 곳이 있다면, 14억 인구가 살아가는 중국 내에서도 인구 밀도가 높고 빠르게 성장하는 도시를 꼽을 수 있을 것이다. (이미 중국은 세계에서 가장 광범위한 고속 열차망을 확충해감으로써 자동차의 필요성을 줄이고 있다.[48] 고속 열차는 모든 대도시를 연결하는 약 3만7,800킬로미터의 선로를 따라 시속 320킬로미터로 질주한다. 고속 열차망은 2008년부터 건설되기 시작했다.)

물론 자전거도 단점이 있다. 일반적으로 자전거는 사람이 페달을 돌려야 굴러간다. 편한 의자에 앉아 가속 페달을 밟으며 돌아다니는 방식과는 거리가 멀다. 자전거를 타면 어느 지형에서나 숨을 헐떡이며 에너지를 소비해야 한다. 그러나 지난 몇 년 동안 기술이 빠르게 발전하며 자전거 역사상 가장 큰 변화라고 할 수 있는 전기 배터리가 장착되자 이러한 문제가 완화되기 시작했다. 전기 모터 덕분에 페달을 돌리기가 수월해지거나 아예 돌릴 필요가 없어지면서 게으른 사람은 물론이고 노약자들마저 자전거를 타고 웬만한 곳은 거의 다 다닐 수 있게 되었다. 도시 내 이동 거리는 대체로 1-3킬로미터 정도밖에 되지 않기 때문에 전기 자전거로 쉽게 다닐 만하다.

전기 자전거는 아직 대다수 선진국에서 틈새 상품 같은 것에 불과하지만, 그런 분위기가 빠르게 바뀌고 있다. 속도와 가격, 안정성 면에서 경쟁력이 생기자 전기 자전거의 판매량이 늘고 있다. 배터리 기술이 발달하고 규모의 경제가 형성된 덕분에 성능이 좋은 배터리의 가격이 낮아지고 있다. 2019년 이래로 미국에서는 전기 자전거 판매량이 3배로 늘었고, 2021년에는 한 해에 100만 대 가까이 팔려나갔다.[49] 같은 해 유럽에서는 약 500만 대가 팔렸다. 여러 유럽 국가들은 전기 자전거를 적극 장려한다. 프랑스는 자동차를 전기 자전거로 교체하면 보조금을 지급한다.[50]

「뉴욕 타임스」의 기후 전문 기자인 데이비드 월리스-웰스에 따르면, 개발도상국에서는 "이색적이게도 전기로 굴러가는 교통수단 혁명이 주로 바퀴 4개가 아닌 2개나 3개가 달린 형태로 펼쳐진다."[51] 도로에는 전동 킥보드, 전기 자전거, 전기 오토바이가 전기차보다 10배는 많아서, "전 세계의 모든 전기차보다 탄소 배출량을 더 많이 줄여준다." 전기 자전거를 세계에서 가장 많이 생산하고 소비하는 중국은 자동차보다 전기 자전거가 더 많다. 도로에는 이미 2억 대가 넘는 전기 자전거가 운행 중이며, 해마다 새 전기 자전거 3,000만 대가 팔려나간다.[52] 여기에 전동 킥보드와 기타 소형 이동 장치까지 포함하면, 자동차보다 작고 전기로 굴러가는 교통수단은 2030년이면 시장 규모가 3,000억 달러에 이를 것으로 보인다.[53]

그러나 전기 자전거 역시 금속으로부터 자유롭지 못하다. 자전거는 금속으로 만들며, 자전거용 배터리는 기본적으로 전기차용 배터리를 작게 만든 형태에 불과하다. 또 전기 자전거는 구리로 만든 전력망으로부터 전기를 공급받아야 한다. 따라서 도로를 달리는 자동차를 전기 자전거로 모두 교체한다고 해도, 핵심 금속이 필요하기는 마찬가지이다.

여기서 커다란 차이점을 하나 꼽자면, 필요한 금속의 양이 그렇게까지 많지 않다는 것이다. 자전거용 배터리는 전기차용 배터리보다 훨씬 작기 때문에 핵심 금속 사용량이 적다. 게다가 전기 소비량도 훨씬 적다. 극단적인 사례를 하나 들자면, 제너럴모터스의 허머 EV에 들어가는 대형 배터리 하나로 자전거용 배터리 240개를 만들 수 있다(소형차용 배터리는 3개를 만들 수 있다!).[54]

물론 자전거만으로는 우리의 교통 수요를 모두 감당할 수 없다. 자전거는 잘 갖춰진 대중교통 수단을 대신하지 못한다. 실제로 자전거는 대중교통과 결합해 기차나 버스 노선에 도달하는 수단으로 사용할 때 가장 효과적이다. 암스테르담 중앙역의 거대한 자전거 주차장이 바로 그런 방식으로 이용되고 있다.

그러나 여기에는 문제점이 하나 있다. 미국은 전체 인구의 절반인 1억 5,000만 명 이상이 교외 지역에서 살고 있는데, 보통 교외 지역은 대중교통이 잘 갖춰져 있지 않다.[55] 넓게 펼쳐져 있는 교외 지역에서는 자동차가 없으면 돌아다니기가 어렵다. 반면 9,000만 명이 넘는 미국인은 밀도가 높은 도시에서 살고 있는데, 이런 곳은 자동차가 필수품이 아니다. 전 세계로 범위를 넓히면, 인류의 대다수인 약 44억 명이 도시에서 살아간다.[56] 우리는 바로 이 지점에 초점을 맞춰 노력해야 한다.

도시에서 자동차 없는 삶을 실현하려면 몇 가지 계획이 필요하다. 먼저 자전거를 타거나 걸어 다니는 환경이 더 안전해져야 한다. 또 대중교통을 확충하고 접근성을 높여야 한다. 요약하자면, 도시를 사람 중심으로 다시 설계해야 한다. 지금 전 세계 여러 도시들에서는 이런 변화가 나타나고 있다.

우리는 현대 도시의 도로 설계안을 당연하게 받아들인다. 우리에게 도로 설계안은 원래 그러해야 하는 것처럼 보인다. 숲에 나무가 가득한 것처럼, 도시에도 자동차로 가득한 대로가 있는 것이 당연해 보인다. 하지만 도시는 숲이 아니다. 도시는 유기적으로 성장하지 않는다. 우리 인간이 만드는 모든 것이 그렇듯이 도시는 인간의 의도적인 선택과 결정, 영향력, 이해관계가 얽힌 결과물이다. 지난 100여 년간, 도시는 대체로 자동차를 수용하기 위한 모습으로 형성되어왔다.

교통 전문 기자인 칼턴 리드가 「포브스*Forbes*」에 게재한 기사에 따르면, "1900년대 초, 미국에서는 도시를 지배한다고 할 만한 교통수단이 없었다. 행인, 자전거, 말, 오토바이가 경계선이 명확하지 않은 도로를 함께 사용했다."[57] 당시의 사진을 보면 마차, 보행자, 자동차, 손수레 상인, 신문팔이 아이가 제각기 길을 헤치며 나아간다. 그 상태에서 거리를 오가는 자동차의 숫자가 늘어나자 자동차로 인한 충돌 사고도 증가했다. 제1차 세계대전 이후 4년 동안 자동차 사고로 사망한 미국인의 숫자는 유럽의 전쟁터에서 사망한 미국인의 숫자를 넘어섰다. 기자 클리브 톰프슨의 글에 따르면, "대중은 특히 자동차에 치여 숨진 아이들의 숫자에 경악했다. 1925년에는 전체 교통사고 사망자의 3분의 1이 어린아이였는데, 이 아이들의 절반이 집 근처에서 사망했다."[58] 무엇인가 조치가 필요했다.

한 가지 해결책으로 자동차에 속도 조절기를 장착하거나 도로에 말뚝 모양의 구조물을 세워 자동차의 속도를 늦추자는 안이 제시되었다. 자동차 업계와 석유 업계로서는 달갑지 않은 소식이었다. 사람들이 자동차를 원하는 주요 이유 중 하나는 자동차가 빠르기 때문이었다. 자동차가 도심의 도로에서 속도를 내지 못하도록 제한을 받는다면, 자동차 판매량은 떨어질 수밖에 없었다. 대형 자동차 회사들은 저명한 도로 건설 공학자 에드워드 J. 메렌의 접근법을 선호했다. 그는 자동차가 아니라 도로를 바꾸자고 주장했다. 1922년, 메렌은 한 사설을 통해서 "도시 도로에 대한 우리의 생각을 근본적으로 바꾸자"고 주문했다. 그는 자동차가 빠르고 쉽게 이동할 수 있도록, 도로에서는 자동차만 다니게끔 도로를 다시 설계하자는 안을 제시했다. 메렌이 제시한 안은 자동차 관련 단체의 광고와 로비를 통해서 사람들에게 널리 알려졌고, 결국 승리를 거두었다.[59]

도시는 줄줄이 도로를 넓히고 주차장을 설치하고 보행자의 통행 가능 구역을 제한했다. 피터 노턴은 자신의 책 『교통과 싸우다*Fighting Traffic*』에서 "1930년이 되니, 대다수의 도로가 자동차가 우선인 통행로가 되면서 아이들이 있어서는 안 되는 곳이자 보행자가 '무단횡단자'라는 신조어로 욕을 먹으며 범법자로 불리는 곳이 되었다"라고 설명한다.

그러나 자동차가 득세한 지 한 세기가 지나면서, 힘의 균형추가 다시 움직이기 시작했다. 수십 년 전에 네덜란드의 성난 아버지 빅 랑겐호프가 도시의 거리를 인간친화적인 장소로 만들기 위한 운동을 펼친 이래로, 이 운동은 느리지만 꾸준하게 전 세계로 퍼져나갔다. 여기에 기후 변화와 대기오염에 대한 우려가 더해지면서 관심이 증폭되었다. 자동차 수 감소는 기후 변화와 대기오염 완화에 도움이 되기 때문이다.

과거 1971년 당시의 맨해튼 미드타운의 모습을 떠올려보자. 꽉 막힌 도로와 뒤엉켜 있는 노란 택시, 영화 「미드나잇 카우보이」에서 랫

소 리조가 자동차 보닛을 두드리며 "여기 사람이 걸어가잖아요!"라고 외치는 장면을 말이다. 요즘 브로드웨이에는 차량 통행을 금지하는 구역이 있다. 도로를 따라 자전거 도로도 설치되어 있다. 타임스 스퀘어 한복판에서는 관광객들이 카페 테이블에 앉아 휴식을 취한다. 이는 주로 2010년대에 뉴욕 시 교통국장을 역임한 재닛 사디칸이 랑겐호프의 생각을 실행에 옮긴 덕분이었다. 이런 일이 뉴욕에서 가능하다면 다른 곳에서도 마찬가지일 것이다. 오늘날 크고 작은 수많은 도시들은 자전거와 보행자의 접근성을 높이고 자동차 사용을 줄이고자 거리를 재설계하는 한편 교통과 주차를 비롯한 여러 사안들을 재고하고 있다.

내 경험에 비춰보면, 이러한 전략은 효과가 있다. 나는 아내와 두 아이와 몇 년간 로스앤젤레스에서 살면서 (전기차 리프를 포함해) 자동차 두 대를 몰았다. 로스앤젤레스에서는 자동차가 없으면 돌아다니기가 어렵기 때문에 그럴 수밖에 없었다. 2020년, 우리 가족은 리프를 놔둔 채 캐나다 밴쿠버로 이주했다. 밴쿠버에서는 자동차가 한 대만 있어도 괜찮았다. 밴쿠버가 지난 수십 년에 걸쳐 자동차 없이도 편안하고 안전하게 다닐 수 있는 도시로 거듭난 덕분이었다. 밴쿠버는 물리적으로 안전하게 보호받는 자전거 도로와 차량 통행이 제한되는 거리가 도시 곳곳에 있다. 여기에 더해 버스와 경전철 시설도 잘 갖춰져 있다. 우리 네 식구는 대체로 목적지까지 도보, 자전거, 대중교통으로 이동했다.

자동차를 이용하는 날도 있기는 했다. 그런 경우는 보통 날씨가 궂거나 먼 거리를 이동하거나 짐이 무거울 때였다. (4인 가족용 식재료를 자전거로 실어나르는 일은 권하고 싶지 않다. 물론 그것도 화물용 전기 자전거를 사용하면 가능하겠지만 말이다.) 자전거가 자동차를 완전히 대체할 수는 없겠지만, 도시 구조를 바꿔서 자동차 대신 자전거를 많이 활용한다면 그로부터 커다란 이득을 얻게 될 것이다.

도시에서 일반 자전거나 전기 자전거를 교통수단으로 이용할 때 가장 큰 걸림돌은 부주의한 운전자 무리가 2톤짜리 쇳덩이로 자전거를 깔아뭉갤 수 있다는 점이다. 하지만 암스테르담의 사례를 살펴보면 그런 문제는 해결이 가능하다. 1975년 기준, 네덜란드의 1인당 교통사고 사망률은 미국보다 높았다.[60] 그 수치는 지금 절반 이하로 떨어졌다.

지금껏 수많은 곳에서 해결책을 찾고자 충분히 노력해온 덕분에 이제 우리는 효과적인 방법이 무엇인지 명확하게 알고 있다. 자전거는 단순히 자전거 도로에 선을 긋는 수준이 아니라 그 이상의 조치를 통해서 자동차와 분리해야 한다. 콘크리트 연석과 같은 물리적인 장애물을 마련하거나 아니면 아예 전체 도로를 자전거 전용으로 할당해야 한다. 또 자전거 도로는 자전거 운전자가 도시 곳곳으로 이동할 수 있도록 서로 연결해 도로망을 이루어야 한다. 이렇게 도로에 변화가 생기면, 자전거가 뒤따라 나타난다.

뉴욕 시는 2000년 이래로 거리에 자전거 도로 수백 킬로미터를 확충했고 이에 따라 자전거 통근자가 3배 이상 증가했다.[61] 런던은 수년간 도심 내 차량 통행을 제한하고자 노력한 덕분에 자전거 수가 자동차보다 더 많아졌고, 탄소 배출량과 대기 오염도가 뚝 떨어졌다. 스페인 세비야에서는 2010년대 들어 안전한 자전거 도로 120킬로미터를 확충한 결과, 자전거 이용률이 11배 증가했다. 파리는 자전거 도로를 2배 확충해 1,400킬로미터까지 늘리고 자전거 전용 주차장 1만 개소를 추가 설치하는 한편 자동차 주차장은 그만큼 줄이겠다는 계획을 발표했다.[62] 이 계획은 빛의 도시 파리를 15분 도시로 만들겠다는 정책의 일환이다. 15분 도시란 주민이 도보나 자전거로 직장, 상점, 대중교통 시설 등 자신이 원하는 곳까지 15분 내로 도달할 수 있도록 하겠다는 도시 계획 개념이다. 이미 프랑스에서는 1990년 이래로 자전거 및 대중교통 시설이 개선된 덕분에 자동차 이용률이 절반으로 줄었다.[63]

일부 도시는 특정 지역에 한해서 자동차 운행을 전면적으로 금지하기도 한다. 런던과 파리를 비롯한 유럽 내 여러 도시들은 뉴욕 브로드웨이처럼 자동차 없는 구역과 거리를 지정했다. 또한 혼잡도가 높은 지역으로 자동차가 덜 들어오게끔 혼잡 통행세를 실시하는 도시도 많다.

핀란드의 수도 헬싱키는 수년 내로 자가용의 필요성을 완전히 없앨 계획이다. 휴대전화 앱을 이용해서 대중교통, 공유 자전거, 차량 호출 서비스를 통합하는 것이 헬싱키의 목표이다. 사용자가 자신의 위치와 목적지를 입력하면, 앱이 지도에 여러 가지 경로를 보여준다. 그러면 사용자는 버스 정류장까지 걸어가서 버스로 공유 자전거 키오스크까지 간 다음에 자전거로 마지막 세 블록을 가면 되는 것이다.

이러한 접근법을 우리는 통합 교통 서비스라고 부른다. 통합 교통 서비스는 전기톱과 러그 세탁기를 모든 사람이 가지고 있을 필요가 없듯이, 자동차도 그러하다는 생각을 담고 있다. 전기톱은 유용하다

(그리고 사용하는 재미가 있다). 러그 세탁기도 유용하다(하지만 사용하는 재미는 그다지 좋지 않다). 하지만 우리는 어딘가에 넣어두었다가 어쩌다 한 번씩 쓰는 물건은 대체로 사들이지 않는다. 어쩌다 한 번 쓰는 물건 때문에 돈과 공간을 낭비할 필요가 있을까? 그런 물건은 필요할 때 빌리거나 관련 서비스를 이용하면 된다.

이것이 바로 우버나 리프트와 같은 차량 호출 서비스가 운영되는 원리이다. 하지만 실생활에서 차량 호출 서비스는 교통 정체를 악화시킬 때가 많다. 우버나 리프트의 사용자 중에는 차량 호출 서비스를 이용하지 않을 때, 자가용 대신 대중교통을 이용하는 사람이 많기 때문이다. 연구 결과를 보면, 실제로 우버는 도심 내에서 자동차 통행량을 늘리고 교통 체증을 악화시킨다. 그러나 이런 유형의 서비스는 적절한 규제가 이루어진다면, 적극적으로 도입해볼 만하다.

미국에서는 자전거 이용률이 급증하고, 대중교통 시설이 개선되고, 차량 호출 서비스가 확대되면서 젊은 층을 중심으로 자가용이 필요하지 않다고 생각하는 사람이 점점 늘고 있다. 내가 청소년기를 보낸 20세기 후반에는 모든 아이들이 적정 연령이 되자마자 운전면허를 따러 달려갔다. 운전면허 취득은 아주 중요한 통과 의례이자 부모로부터의 독립을 상징했다. 심지어 미국 대법원은 1977년에 자동차가 미국인에게 "사실상 필수품"이라고 공표하기도 했다.[64]

이제는 상황이 달라졌다. 운전면허를 취득하는 젊은 미국인의 숫자가 가파르게 줄고 있다.[65] 1997년에는 16세 청소년의 43퍼센트가 운전면허를 취득했다. 2020년, 이 수치는 25퍼센트로 줄었다. 수치 감소는 십대 청소년들 사이에서 가장 두드러지게 나타나며, 40대 이하 인구에서는 전 연령층에서 운전면허 취득률이 감소했다. 1983년에는 20세에서 24세 사이의 미국인 중 운전면허가 없는 사람이 12명 중 1명이었지만, 현재는 5명 중 1명이다.

운전면허 보유율이 감소하는 원인은 여러 가지이다. 십대들은 인터넷 덕분에 CD나 게임팩 같은 옛 물건은 물론이고 운동화를 살 때도 쇼핑몰에 갈 필요가 없어졌다. 또 운전면허 취득 과정이 예전보다 어렵고 오래 걸리는 지역이 많아졌다. 무엇보다 연구 결과를 보면 대체 가능한 교통수단의 증가와 기후 변화에 대한 우려 때문에 젊은 사람들이 자동차 없이 다니고자 하는 추세가 뚜렷이 나타난다.[66]

늘 그렇듯이 모든 일에는 대가가 따른다. 많은 사람들이 자가용에서 벗어나고자 하면, 자동차 산업과 주유소와 같은 관련 산업은 그 대가를 치러야 한다. 기술적으로, 사회적으로 이 정도의 변화가 나타나면 경제 상황에 커다란 혼란이 발생하기 마련이다. 자동차가 말을 대체하면서 대장장이와 마부가 일자리를 잃지 않았는가. 이상적으로 생각한다면, 일자리를 잃은 자동차 회사 노동자들은 재생 에너지 시설을 설치하고 보수하는 일이라든가 전자제품을 수리하고 재활용하는 일처럼 전기-디지털 시대가 창출하는 일자리를 새로 얻을 것이다. 『모든 것을 전기화하라』의 저자 사울 그리피스에 따르면, "이런 일자리는 중국이나 멕시코에 맡길 수 없고 로봇이 담당할 수도 없다. 이런 일자리는 우편번호가 부여된 미국 내 모든 지역에 존재한다. 이는 숙련된 블루칼라 일자리와 화이트칼라 일자리이자 전기, 배관, 건설직 등 상당히 많은 사람들이 종사하는 직종으로 임금 수준이 높을 것이다."[67]

어쨌거나 이 같은 변화가 대규모로 실제로 일어난다면, 자동차 산업은 사라지기보다는 쪼그라들 가능성이 높다. 자동차는 여전히 필요할 것이기 때문이다. 더욱이 필요하든 필요하지 않든 일단은 자동차를 **원하는** 사람도 있을 것이다. 그렇게 해도 괜찮다. 특히나 그 차가 전기차라면 말이다. 인구 밀도가 낮은 교외에 살면서 SUV를 몰고 싶다면, 그것은 각자의 권리이다. 그러나 자동차 소유자가 자동차 운행에 따르는 실제적 비용을 부담하지 않은 지가 너무나 오래되었다. 현재 미국 내 모든 납세자는 자신의 이동 방식과 상관없이 자동차 운행과 관련된 유지 보수 비용을 부담하고 있다.

자동차는 각 단계마다 대규모 공적 보조금에 힘입어 부상했다. 자동차 산업은 미국 정부가 방대한 주간 고속도로와 같은 공공 도로망 건설에 막대한 자금을 투입하지 않았다면, 결코 크게 성장하지 못했을 것이다. 『소비의 그림자 The Shadows of Consumption』를 쓴 피터 도베뉴는 "납세자는 무료 주차 공간, 도로, 교량, 교통 단속, 환경 정화 비용을 담당함으로써 자동차에 보조금을 주고 있다"라고 말한다.[68] 또한 도베뉴의 추산에 따르면, 교통사고 때문에 발생하는 "치료, 보험, 장애, 경찰 및 법률 서비스 등"의 총 비용은 2,300억 달러가 넘는다.

여기에 내연기관용 연료에 지급하는 막대한 보조금이 추가된다. IMF의 추산에 따르면, 미국은 2017년 한 해에만 화석연료 보조금으로 6,490억 달러를 지출했다.[69] 그해 전 세계가 지출한 화석연료 보조금은 5조2,000억 달러였다. 미국은 여기에다가 석유를 원활히 공급하기 위해서 페르시아 만을 비롯한 여러 지역의 미군 기지와 간간이 발생하는 중동 전쟁에 쏟아붓는 막대한 비용도 더해야 한다.

일반적으로 이런 종류의 공공 재정 지원은 (군사적인 용도를 제외하면) 나쁠 것이 없다. 공공의 안전, 더 나아가 생존이 걸려 있는 상황이라면 공공 재정을 투입하는 방안이 합리적일 뿐만 아니라 매우 중요하다. 우리는 1920년대 들어 전기 인프라 구축에 막대한 돈을 썼다. 코로나 백신 개발에 수십억 달러를 쓰기도 했다. 특정 산업에 대규모 보조금을 지급하는 안은 타당할 때가 많다. 그러나 전 세계가 기후 변화 위기를 겪고 있는 마당에 화석연료에 지속적으로 보조금을 지급하는 것은 불합리하다.

오히려 지금은 전기차를 비롯한 모든 자동차에 추가 세금이나 요금을 부과하여 그 재원으로 대중교통이나 자전거 인프라를 지원해야 한다. 물론 이는 미국 유권자, 그중에서도 특히 시골 지역에 거주해서 자동차 의존도가 높은 사람들로서는 받아들이기 어려운 제안이다. 그러나 여러 선진국은 일반적으로 자동차와 자동차 연료에 미국보다 더 높은 세금을 부과한다. 올바른 방향이다. 현재는 우리 모두가 자동차로 인한 비용을 지불하고 있다. 자동차를 사용하기로 선택한 사람이 그 비용을 더 많이 부담하는 방향으로 바뀌어야 하지 않을까?

지금 우리가 특정 산업 행위에 보조금을 지급한다면, 그 대상은 재생 에너지와 전기차로 전환을 꾀하는 분야여야 한다. 모든 것을 시장에 맡기는 방식만으로는 우리가 나아가야 할 방향으로 나아가지 못한다. 정책 입안자들도 이러한 사실을 인지하고 조금씩이나마 움직이기 시작했다. 미국 정부가 2022년에 내놓은 인플레이션 감축법에는 역사상 가장 거대한 규모의 융자, 대출, 보조금이 포함되어 있다. 미국 정부는 태양광이나 풍력을 비롯한 재생 에너지 기술과 전기

차 배터리 개발, 전기차 구매자에 대한 세금 공제에 수십억 달러를 지원하기로 했다.[70]

그러나 인플레이션 감축법은 주로 전동화와 전기차에 초점을 맞춘다. 도시 연구소 소속 연구원인 요나 프리마크의 지적대로, 이 법안은 대중교통이나 자전거 및 보행 시설은 직접적으로 지원하지 않는다.[71] 자동차 중심의 현 체계를 선호하는 미국 정부의 성향이 반영된 것이다. 2021년에 발표한 또다른 대형 법안인 인프라 투자 및 일자리 법에도 대중교통용 전기 버스 예산 16억 달러가 포함되어 있다.[72] 그리고 여기에는 연방 고속도로 예산 3,500억 달러도 들어 있다. 이 예산을 고속철도나 자전거 도로 건설에 투입한다면, 자동차에 대한 의존도를 줄일 수 있을 것이다.

다시 한번 말하지만 대중교통 시설과 자전거 인프라를 아무리 잘 갖춰놓는다고 해도 자동차를 짧은 시간 안에 없앨 수는 없다. 그럴 필요도 없다. 자동차가 필요한 사람과 자동차를 욕망하는 사람은 앞으로도 계속해서 존재할 것이다. 그러나 적절히 계획하고 지원한다면, 자동차 숫자를 크게 줄여도 일상생활에 문제가 없을 것이다. 전 세계 수많은 사람들은 자전거나 버스, 기차로 쉽고 빠르고 안전하게 이동할 수 있다면, 자동차를 운전하는 수고와 비용을 기꺼이 포기할 것이다. 이를 현실화하기 위해서 취하는 모든 조치는 지속 가능한 미래를 한 걸음 앞당기는 길이다.

재생 에너지와 지속 가능한 생활방식에 바탕을 둔 세상에서는 어떤 삶을 살아갈 수 있을까? 부유한 선진국의 경우에는 아마도 예전과 큰 차이가 없을 것이다. 물론 몇 가지 반대급부는 있을 것이다. 몇몇은 다소 편해지기도 하고 불편해지기도 할 것이다. 소유하는 물건은 줄되 즐길 수 있는 시간은 더 많아질 것이다. 부유하지 못한 나라의 경우에는 적어도 일부 사람들의 삶이 전반적으로 훨씬 더 나아질 것이다.

가까운 미래에 이상적인 전기-디지털 시대가 펼쳐진다면, 평범한 직장인 엘레나가 평범한 미국 도시에서 살아가는 모습은 다음과 같을 것이다.

휴대전화에서 오래된 테일러 스위프트의 노래가 울려퍼지기 시작하자, 엘레나가 고개를 든다. 이제 집을 나서야 할 시간이라는 뜻이다. "벌써?" 엘레나가 투덜댄다. 하지만 지각은 금물이다. 오늘 아침 미팅 자리에서 자신의 앞날을 결정할 중대한 계약이 성사될지도 모르기 때문이다.

남은 커피를 급히 마신 엘레나는 휴대전화와 열쇠를 챙긴 다음에 어깨 너머로 아파트 현관문이 잠기는 소리를 들으며 복도로 나선다. 이 신축 아파트는 한때 주유소가 있던, 도심과 가까운 동네의 한쪽에 위치하고 있다. 그녀는 이 도시에서 거의 평생을 살아왔다. 해마다 자동차 이용객이 줄면서 주유소와 주차장이 사라지고 그 자리에 새 아파트와 콘도가 빼곡히 들어서는 모습은 언제 봐도 놀랍기만 했다. 그녀가 사는 아파트에는 태양광 에너지로 움직이는 엘리베이터가 있지만, 그녀는 자전거를 타기 전에 재빨리 몸을 푸는 차원에서 계단으로 내려가는 쪽을 선호한다.

1층으로 내려온 엘레나는 재킷을 찾으러 로비에 위치한 작은 옷가

게에 들른다. 이곳은 새 옷을 팔기는 하지만 요즘 새로 문을 여는 대다수 의상실처럼 수선도 한다. 그녀는 고장 난 지퍼를 단단한 새 지퍼로 교체했다.

엘레나는 옷가게 옆에 있는 자전거 주차장으로 가서 비밀번호를 누른다. 여전히 출근길에 나서는 것보다는 소파에 있는 것이 좋지만, 그래도 신입사원 시절이던 2020년대 중반에 비하면 출퇴근길이 쉽고 빨라졌다. 자동차가 주요 도로를 주름잡던 그 당시에는 SUV를 몰며 교통정체를 뚫고 나가야 했다. 엘레나는 자신을 포함한 여러 통근자들이 일가족용 자동차를 혼자 타고 다녔다는 사실에 웃음이 나고는 했다. 그녀의 출퇴근 방법은 점진적으로 바뀌어갔다. 먼저 일주일에 이틀 정도 재택근무를 시작하게 되면서 예전보다 자동차 사용 횟수가 줄었다. 그사이 정부가 자동차로 인해 발생하는 건강 및 환경비용을 상쇄하고자 세금과 요금을 추가로 부과하면서 차량 유지비가 계속해서 올랐다. 자동차 제조사도 새로 제정된 재활용 책임제를 감당하기 위해서 차량 가격을 올렸다. 그리고 시 당국은 대다수 노상 주차장 및 업무 시간에 도심을 누비는 차량을 대상으로 요금을 부과하기 시작했다.

여기에 평소 기후 변화를 염려하던 마음까지 겹치면서, 엘레나는 더 이상 자동차를 보유하지 않기로 결정했다. 특히 그 무렵에는 대체 교통수단이 여럿 있었다. 자전거, 차량 호출 서비스, 지하철, 트램, 그리고 엘레나 본인의 두 발이 자동차의 빈자리를 편리하게 메웠다. 도시에 새로 들어서는 지하철 노선은 아직 공사 중이었고, 시내에 들어선 공사 현장 주변은 돌아다니기가 여간 어려운 것이 아니었다. 그러나 다행히도 엘레나는 완공된 지하철 노선 근처에 살았다. 지하철은 걸어갈 만한 거리까지는 아니어도 자전거로는 쉽게 갈 수 있는 위치에 있었다.

평소 엘레나에게 자전거란 교외에 거주하는 아이들이라든가 레깅스를 입은 운동 매니아, 도덕성을 내세우는 채식주의자를 위한 장난감 같은 물건이었지만, 주 정부가 파격 할인 제도를 실시하자 그녀 역시 거기에 이끌려 전기 자전거를 구매하게 되었다. 막상 자전거를 타고 도시를 돌아다녀보니 생각보다 훨씬 편리하고 안전했다. 처음에는 주로 주말마다 친구들과 함께 뉴욕의 하이라인파크를 본떠 만든 공원에서 취미로 자전거를 탔다. 얼마 후 엘레나는 자전거가 SUV 대신 자신의 주요 교통수단이 될 수 있겠다는 사실을 깨달았다. 자동차 행렬이 줄어들면서 거리에 소형 교통수단이 다닐 수 있는 공간이 열렸다. 한때 주차 차량이 줄줄이 늘어서 있던 아파트 앞에는 이제 나지막한 콘크리트 분리대로 구획된 자전거 도로가 들어섰다. 화창한 날이면, 엘레나는 자전거를 타고 자전거 도로와 한적한 도로를 따라 출근하는 생활이 좋았다.

그런데 오늘 아침은 가을이라 그런지 날씨가 싸늘하고 흐리다. 엘레나는 날씨가 궂을 때마다 애용하는 우버를 부를까 하고 고민한다. 추가로 내야 하는 비용이 늘 탐탁지 않지만 그래도 보험비, 유지비, 연료비, 주차비 등이 들지 않으니 자동차를 직접 보유하는 쪽보다 이득이다. 게다가 호출 차량은 빨리 온다. 도로에는 지금도 자동차가 많다. 교외 지역에 거주하는 엘레나의 오빠 제이콥은 그녀가 기름을 많이 먹는 미니밴을 처분하라고 권하자 면전에 대고 웃었다. "애들을 그 많은 곳에 어떻게 데려다 주라고? 스케이트보드로? 우리 차는 스쿨 버스이자 학원 차량이자 장보기용 차라고. 자전거로는 어림도 없지." 제이콥이 코웃음을 쳤다.

제이콥은 차를 전기차로 바꾸기는 했다. 세금 감면 및 각종 혜택이 주어지자 제이콥을 비롯한 수많은 사람들이 전기차로 갈아탔다. 물론 그는 국가가 그 많은 세금 혜택을 감당하지 못할 거라며 투덜대기는 했다. 그러나 전기차가 규모의 경제와 기술 발전에 힘입어 내연기관 차량 대비 가격 경쟁력이 생기자, 세금 혜택이 단계적으로 축소되었다.

어쨌거나 오늘은 날씨 앱을 보니 기온은 낮지만 비가 오지는 않는다. 그래서 엘레나는 배터리 덕분에 힘이 별로 들지 않는 전기 자전거를 타고 지하철역으로 향한다. 붐비는 플랫폼에서 지하철을 기다리는 동안 팔꿈치를 벌려 개인 공간을 확보하고는 뉴스 기사를 훑는다. 먼저 머리기사부터 살펴본다. UN이 새로 펴낸 보고서에 따르면, 전 세계 탄소 배출량이 계속해서 줄고 있다. 좋은 소식이지만 따분한 기사이다. 캘리포니아 주가 로스앤젤레스와 요즘 떠오르는 "리튬 밸리"를 잇는 고속철도를 놓기로 했다. 이 역시 좋은 소식이지만 따분한 기사이다. 중국이 타이완을 봉쇄하겠다고 위협하면서 긴장이 고조되고 있다. 엘레나는 그 기사를 누른다. 업무에 영향을 줄 수 있는 소식이기 때문이다. 타이완발 위기가 끓어오르자 미국과 캐나다, 유럽이 중국의 통제권 밖에서 핵심 금속 공급망을 구축하기 위해서 노력을 배가하고 있다는 기사를 읽으며 엘레나는 고개를 끄덕인다.

새로 문을 여는 광산이 전 세계적으로 많아지고 있기는 하지만,

2020년대에 추정했던 것만큼 많아지지는 않았다. 차량 보유율 감소로 핵심 금속을 찾는 예상 수요가 줄었고, 빠르게 성장한 재활용 산업이 핵심 금속을 날마다 공급하고 있다.

지금 엘레나는 자신도 예상하지 못했던 전자 폐기물 재활용 업계에서 일하고 있다. 수년 전, 자동차 부품 회사에서 사회생활을 시작한 그녀는 몇 차례 이직을 했다. 그러다가 한 재활용 회사가 이곳에 지점을 내고 직원을 공격적으로 모집하자 이직을 결심했다. 당시 이 회사는 전체 재활용 업계와 더불어 급속도로 성장하기 시작했다. 몇 가지 요인이 호황을 이끌었다. 우선 포괄적 생산자 책임 제도에 따른 세금 감면과 기업의 비용 지불이 도움이 되었다. 그리고 전 세계 광산이 의무적으로 임금을 인상하고 노동 환경을 개선해야 하게 되면서 새로 채굴하는 금속의 가격이 상승하기 시작했다. 반면 재활용 금속 가격은 AI의 도입으로 분류와 분해 과정이 점점 빠르고 효율적으로 이루어지면서 하락했다. 현재 진행 중인 에너지 전환은 곧 재활용 자원을 찾는 거대한 시장이 열리게 된다는 것을 뜻한다. 엘레나는 많은 사람들이 정체되어 있는 자동차, 석유, 가스 업계로부터 수리, 재활용, 재생 에너지 분야로 넘어오고 있다는 사실을 알고 있었기 때문에 자기도 도전해봐야겠다고 생각했다. 적응은 쉬운 편이었다. 엘레나가 기존에 담당하던 업무는 공급업체와 만나 회사 공장에서 쓸 원자재를 가장 좋은 조건으로 구매하는 일이었다. 재활용 회사도 점화 플러그 제조회사처럼 그런 일을 해줄 사람이 필요했다.

그러나 오늘 미팅은 평소 업무와는 다르다. 고용과 매출 규모가 어마어마한 세계 최고의 전자 폐기물 공급업체와 협업할 수 있는 흔치 않은 기회이기 때문이다.

　엘레나는 사무실 책상에 있는 노트북에서 발표 자료를 띄웠다. 노트북은 새 제품처럼 보이지만 근처 애플스토어에서 중고로 구매한 물건이다. 이제는 애플도 다른 대형 전자제품 할인점처럼 리퍼브 제품을 할인가로 판매한다. 엘레나의 노트북에는 인증 절차를 거친 재활용 금속이 들어 있는데, 그런 금속이 자기 회사에 속한 제련소에서 나왔을지도 모른다는 생각이 들 때면 기분이 좋았다. 그녀는 잠시 후 공급업체를 설득하는 과정에서 그 말을 꼭 꺼내야겠다고 생각했다.

　사무실 조명이 잠시 어두워졌다가 다시 밝아졌다. 전력원을 도시 전력망에서 지하에 있는 트레일러 적재함 크기의 배터리로 옮겼다는 신호이다. 이런 일은 옆 동네 대초원에서 바람이 잦아들거나 옛 천연가스전에 들어선 풍력 발전기들이 작동을 멈출 때 일어난다. 엘레나는 늘상 있는 일이어서 이런 순간을 의식하지 못할 때가 많다. 그녀는 회의실로 줄지어 들어가고 있는 공급업체 직원들에게 그들이 매년 수십억 달러씩 수출하는 인쇄 회로기판, 배터리, 기타 전자 폐기물을 엘레나의 회사에도 공급해야 한다는 점을 납득시키기 위해서 파워포인트 자료를 마지막으로 점검하고, 머릿속으로 발표 연습을 하며, 마음을 다잡는다. 심호흡을 마친 그녀는 회의실로 들어서며 아부바카르 인더스트리 직원들에게 자기소개를 한다.

　"반갑습니다." 엘레나가 말한다. "나이지리아에서 이곳까지 비행 여정은 괜찮으셨나요?"

　전자-디지털 시대가 이상적으로 펼쳐진다고 해도 완벽한 세상이 되려면 아직 멀었다. 재생 에너지와 소비 감축으로는 빈곤, 폭력, 착취를 해결하지 못할 뿐 아니라 기후 변화 역시 해결하지 못하지만, 두 방법은 기후 변화 해결을 위한 필수 요소이다.

지금 우리는 아주 중요한 순간을 맞고 있다. 아직 인류는 디지털 혁명의 초기 단계에 머물러 있으며 화석연료를 재생 에너지로 바꾸려는 노력은 이제야 막 시작되었다. 지금 우리가 전기-디지털 시대로 들어서며 내리는 선택은 앞으로 수십 년에 걸쳐 그 변화의 속도와 규모에 탄력이 붙는 동안 엄청난 영향을 미칠 것이다. 그 선택은 아타카마 사막에서 리튬을 채굴하거나 심해에서 코발트를 채굴하는 문제를 두고 왈가왈부하는 수준을 훨씬 넘어선다. 우리는 전기-디지털 시대로 접어들며 전환 비용은 최소화하고 편익은 극대화할 수 있는 방법을 찾아내야 한다. 광산을 운영하는 곳에서는 환경과 노동자, 인근 주민을 보호하기 위해서 최선을 다해야 한다. 중국이나 기타 미덥지 못한 상대에게 자원을 의존하고 있다면, 그러한 의존 관계를 깨뜨려야 한다. 더불어 물건을 재활용하고 수리하고 재사용하는 능력을 키우기 위한 노력과 투자를 아끼지 말아야 한다. 모두 우리가 해낼 수 있는 일이다. 그중 일부는 이미 해내고 있기도 하다.

지금까지 언급한 모든 조치는 새로운 시대에 나타날 부작용이 완화되도록 도와줄 것이다. 그러나 여기서 그치지 말고 무엇인가를 **줄여나가려는** 노력을 더 많이 기울여야 한다. 화석연료를 재생 에너지로 바꾸는 **동시에**, 모든 영역에서 에너지 사용량을 줄여야 한다. 휘발유 차량을 전기차로 전환하는 **동시에**, 도로 위를 달리는 전체 차량의 숫자를 줄여야 한다. 소비가 줄면, 에너지 사용량도 줄어든다. 에너지 사용량이 줄면, 금속 채굴량과 공해 발생량이 줄고, 해외 공급자에 대한 의존도도 감소한다. 우리의 자원 채취 방식과 소비 방식에 더 주의를 기울인다면, 사막과 열대 우림, 바다, 인명을 희생시키지 않으면서 우리가 원하는 세상을 열어갈 수 있을 것이다.

우리의 미래는 그야말로 금속에 달려 있다. 기후 변화라는 가장 심각한 위기에서 벗어나자면, 금속이 많이 필요하다. 그러나 우리 모두의 삶은 금속 사용량을 줄일수록 더 윤택해질 것이다.

감사의 글

이 책을 쓰고자 조사와 집필에 들인 세월을 되돌아보다가 참 많은 사람들로부터 다양한 방식으로 도움을 받았다는 사실을 깨닫고는 깜짝 놀랐다. 도움을 주신 모든 분들께 감사의 인사를 전한다.

집필 초기에 스콧 던바는 자신의 저서 『광산은 어떻게 운영되나 How Mining Works』 등을 통해서 광산이 운영되는 방식을 알기 쉽게 알려주었다. 애덤 민터의 책 『정크야드 플래닛』과 고철 금속 및 전자 폐기물의 국제적 거래를 주제로 그와 나눈 대화는 이 주제와 관련된 내 생각을 바꿨을 뿐만 아니라 이 책의 후반부 구성에 도움을 주었다. 내 사촌 존 랜도도 광산 및 금속 시장과 관련된 지식을 나눠주었는데, 그때마다 그와 함께 맥주를 마신 시간이 그에게도 즐거운 시간이었기를 바란다.

존 바틀릿은 산티아고에서 아타카마 사막에 이르는 구간을 방문했을 때 연락책 역할을 훌륭히 수행했다. 자헬 케사다는 빼어난 정치 논평을 곁들이며 우리 일행을 칠레 북쪽에 있는 구리 광산과 외딴 지역으로 안내했다. 막바지 인터뷰 때 통역 봉사에 나서준 뮤리엘 알라르콘에게도 특별히 감사하다는 인사를 전한다. 토론토에서 신세를 졌던 친구 애넷 망가르드와 개리 포포비치에게도 감사 인사를 전한다. 나이지리아에서는 용감한 부콜라 아데바요가 즐겁게 안내한 덕분에 진흙탕, 고철 야적장, 쓰레기장과 지구상에서 가장 혼란스러운 교통 체증을 뚫으며 우리끼리는 가보기 어려웠을 라고스 일대를 둘러볼 수 있다.

이외에도 많은 분들이 자신의 시간과 지식을 아낌없이 나눠주었지만 본문에는 이들의 이름을 인용하거나 거론하지 못했다. 그런 분들 중에서도 특히 켄트 맥윌리엄, 이언 모스, 댄 그로커, 패트리샤 모, 마크 셀비, 숀 후드, 크리스토퍼 그로브, 아데군 올루와토비, 레이철 "토요시" 아데몰라, 소냐 다이아스, 조쉬 레포스키, 테아 리오프란코스, 한스 에릭 멜린, 스티븐 데스포시토, 멜 데이비스에게 감사하다는 말을 전한다.

이 책을 쓰도록 재정적으로 지원해준 캐나다 예술위원회, 퓰리처 위기 보도 센터, 데이브 그레버 프리랜서 작가상, 액세스 저작권 협회에 깊이 감사드린다. 다른 지역을 방문하려면 돈이 많이 드는데, 책을 쓰는 동안에는 돈을 거의 벌지 못하는 시간이 길게 이어진다. 언론계의 상황이 점점 나빠지고 있다 보니 나 같은 독립 언론인에게는 이런 종류의 후원이 점점 더 중요해지고 있다. 독립 언론인을 후원하는 「와이어드」의 마리아 스트레쉰스키, 샌드라 업슨, 톰 시모나이트, 「시에라」의 제이슨 마크와 폴 로버, 이 책의 일부가 된 몇몇 기사를 편집하고 발표한 윌슨 센터의 제니퍼 터너에게 진심에서 우러나는 인사를 전한다. 친한 동료 작가 파라그 칸나, J. B. 매키넌, 찰스 몽고메리, 그리고 특히 타라스 그레스코도 조언과 지지를 아끼지 않았다.

최고의 에이전트 리사 뱅코프, 인내심이 넘치는 편집자 제이크 모리세이, 그리고 클리프 코르코란, 애슐리 갈랜드, 카탈리나 트리고와 리버헤드 출판사의 다른 팀원 분들에게도 깊은 감사 인사를 전한다. 더불어 성실한 자세로 조사와 사실 관계 확인을 도와주는 켈시 라닌에게도 고마움을 전한다.

　감사하게도 내게는 사촌과 친척이 많아서 이들로부터도 도움을 받았다. 제프리 랜도(그리고 베어와 록시)는 같이 산책을 자주 나가면서 내가 아이디어를 떠올릴 수 있도록 도와주었다. 제니 카민과 닐 구스타프슨은 마케팅 요령을 알려주었다. 매리앤 카플란은 남아프리카공화국의 문제에 대해서 조언을 했다. 세라 랜도는 우리가 도서관에 모여서 일하는 시간마다 내가 집중하도록 도왔다. 도미니크 랜도, 브라이언 말리스, 주니퍼 메이리스는 몇 차례 보웬 아일랜드에 있는 그들의 집에 머물며 글을 쓰도록 허락했다. 여름에 다들 다시 만날 수 있기를!

　마지막으로 나의 가족 아이제이아, 아다라, 케일에게 깊은 감사 인사를 전한다. 가족은 내가 몇 달, 아니 몇 년에 걸쳐 배터리의 화학적 성질과 주차 정책을 비롯한 지루한 이야기를 늘어놓으며 푸념해도 늘 제대로 된 조언과 격려와 피드백을 주었고 또 적절히 핀잔을 주기도 했다. 늘 사랑한다.

주

독자 여러분께: 이 책은 급변하는 분야를 여럿 다룬다. 나는 가급적 최신 정보와 수치를 언급하고자 노력했지만, 불가피하게도 여러분이 이 책을 읽는 시점에는 특정 정책이나 기술, 시장, 어떤 인물의 행동이 세부적인 면에서 지금과 다를 수 있다. 또한 모든 면에서 정확성을 기하고자 최선의 노력을 기울였지만, 실수를 저질렀을 가능성도 있다. 특정 사실과 관련해서 질문, 정정, 업데이트할 사항이 있다면, 나의 홈페이지 vincebeiser.com으로 편히 연락주기를 바란다.

모든 인용문은 별다른 언급이 없다면, 내가 직접 진행한 인터뷰에서 인용했다. 주는 특별히 놀랍거나 논쟁의 여지가 있거나 독자가 직접 확인하기 어려울 만한 내용에만 달았다.

제1장 전기-디지털 시대

1 Paul McGuiness and Romana Ogrin, eds., *Securing Technology-Critical Metals for Britain* (Birmingham, UK: University of Birmingham, 2021), 36, birmingham.ac.uk/documents/college-eps/energy/policy/policy-comission-securing-technology-critical-metals-for-britain.pdf.

2 Guillaume Pitron, *The Rare Metals War*, trans. Bianca Jacobsohn (London: Scribe, 2023), 44.

3 McGuiness, *Securing Technology-Critical Metals for Britain*, 96.

4 Jens Glüsing et al., "Mining the Planet to Death: The Dirty Truth about Clean Technologies," *Spiegel International*, November 4, 2021, spiegel.de/international/world/mining-the-planet-to-death-the-dirty-truth-about-clean-technologies-a-696d7adf-35db-4844-80be-dbd1ab698fa3.

5 International Energy Agency, *Renewables 2022* (Paris: IEA, 2022), 10, iea.org/reports/renewables-2022.

6 레드 클라우드 풍력 발전소는 로스앤젤레스의 총 전력 수요량 8,019메가와트 중에서 350와트를 생산한다. Los Angeles Department of Power and Water, "Mayor Garcetti Announces That Over 60% of LA's Energy Is Now Carbon-Free," press release, February 23, 2022; Los Angeles Department of Power and Water, "Facts and Figures, 2020-21," ladwp-jtti.s3.us-west-2.amazonaws.com/wp-content/uploads/sites/3/2021/10/04152431/2020-2021_Facts_and_Figures_Digital_final.pdf.

7 Metals in turbines etc.: The Mining Association of Canada, "Mining and Its Role in Clean Technology," mining.ca/our-focus/climate-change/mining-and-its-role-in-clean-technology. 풍력 발전 터빈에 쓰이는 니오븀에 대해서는 다음을 참조하라. CBMM North America, "Steelmakers Meet Demand for Taller Wind Towers with Low Carbon Structural Steel Containing Niobium," assets.niobium.tech/-/media/NiobiumTech/Documentos/Resource-Center/NT_Taller-wind-towers-with-low-coast-steel-containing-niobium.pdf.

8 Vaclav Smil, *How the World Really Works* (New York: Viking, 2022), 101.

9 US Geological Survey, "How Much Copper Has Been Found in the World?," usgs.gov/faqs/how-much-copper-has-been-found-world; S&P Global, *The Future of Copper* (New York: S&P Global, July 2022), 9, cdn.ihsmarkit.com/www/pdf/0722/The-Future_of_Copper_Full-Report_14July2022.pdf.

10 여러 기관과 연구자는 미래에 필요한 핵심 금속에 대한 수요를 두고 다양한 추정치를 내놓고 있으며, 이런 추정치는 계속해서 변하고 있다. 정책 변화, 시장 변모, 신기술 등 온갖 요소가 추정치에 영향을 미친다. 내가 국제에너지기구의 추정치를 선택한 이유는 이곳이 일반적으로 해당 주제와 관련해서 믿을 만한 곳으로 평가받기 때문이다. 해당 수치는 2023년 8월 22일, 국제 에너지 기구의 핵심 광물 자료 탐색기에서 목표 달성 시나리오를 바탕으로 얻었다. iea.org/data-and-statistics/data-tools/critical-minerals-data-explorer.

11 리튬을 말하는 것이지 탄산리튬을 말하는 것이 아니다. 탄산리튬의 경우에는 약 5배이다.

12 International Energy Agency, *Critical Minerals Market Review* 2023 (Paris: IEA, 2023), 12, iea.org/reports/critical-minerals-market-review-2023.

13 International Energy Agency, *Critical Minerals Market Review* 2023, 5.

14 International Energy Agency, *World Energy Outlook* 2022 (Paris: IEA, 2022),

217, iea.org/reports/world-energy-outlook-2022.

15 International Energy Agency, *The Role of Critical Minerals in Clean Energy Transitions* (Paris: IEA, 2021), 13, iea.org/reports/the-role-of-critical-minerals-in-clean-energy-transitions.

16 US Environmental Protection Agency, "Metal Mining," March 2023, epa.gov/trinationalanalysis/metal-mining.

17 Jared Diamond, *Collapse* (New York: Viking, 2005), 14.

18 미국 역사상 최악의 광산댐 붕괴 사고는 1972년 웨스트버지니아 주에서 일어났다. 2019년 브라질에서는 이 사건을 뛰어넘는 사고가 일어나 약 320킬로미터에 이르는 강이 오염되고 270명이 목숨을 잃었다.

19 Responsible Mining Foundation, *Harmful Impacts of Mining* (Canton de Vaud: RMF, 2021), 25, responsibleminingfoundation.org/app/uploads/RMF_Harmful_Impacts_Report_EN.pdf.

20 Stefan Giljum et al., "A Pantropical Assessment of Deforestation Caused by Industrial Mining," *PNAS* 119, no. 38 (September 12, 2022), pnas.org/doi/full/10.1073/pnas.2118273119.

21 Brian Merchant, "Everything That's Inside Your iPhone," *Vice*, August 15, 2017, vice.com/en/article/433wyq/everything-thats-inside-your-iphone.

22 Pitron, *The Rare Metals War*, 44.

23 Aaron Perzanowski, *The Right to Repair* (Cambridge: Cambridge University Press, 2022), 34.

24 Perzanowski, *The Right to Repair*, 31.

25 Lindsay Delevingne et al., "Climate Risk and Decarbonization: What Every Mining CEO Needs to Know," *McKinsey Sustainability*, January 28, 2020, mckinsey.com/capabilities/sustainability/our-insights/climate-risk-and-decarbonization-what-every-mining-ceo-needs-to-know.

26 Global Witness, "1910 Land and Environmental Defenders Were Killed between 2012 and 2022," globalwitness.org/en/campaigns/environmental-activists/numbers-lethal-attacks-against-defenders-2012.

27 Ani Petrosyan, "Number of Internet and Social Media Users Worldwide as of January 2024," *Statista*, January 31, 2024, statista.com/statistics/617136/digital-population-worldwide.

28 Bruno Venditti, "This Graphic Shows What Your Smartphone Is Made of," *World Economic Forum*, August 27, 2021, weforum.org/agenda/2021/08/this-visualization-breaks-down-the-metals-in-a-smartphone.

29 Frederica Laricchia, "Forecast Number of Mobile Devices Worldwide from 2020 to 2025," *Statista*, March 10, 2023, statista.com/statistics/245501/multiple-mobile-device-ownership-worldwide.

30 Sharon Bernstein, Jake Spring, and David Stanway, "Insight: Droughts Shrink Hydropower, Pose Risk to Global Push to Clean Energy," *Reuters*, August 13, 2021.

31 Ember, Global Electricity Insights, ember-climate.org/insights/research/global-electricity-review-2024/global-electricity-source-trends/; BP, *BP Statistical Review of World Energy* 2022 (London: BP, 2021) 3; Nathaniel Bullard, "Four Charts Reveal Seismic Shifts in Global Energy Within One Lifetime," Bloomberg, June 30, 2022.

32 US Energy Information Administration, "Short-Term Energy Outlook," accessed January 4, 2024, eia.gov/outlooks/steo.

33 International Energy Agency, *Renewables* 2022, 30.

34 International Energy Agency, *Renewables* 2022, 10.

35 International Energy Agency, *Renewables* 2023 (Paris: IEA, 2024), 8–9, iea.org/reports/renewables-2023.

36 International Energy Agency, *Renewables* 2022, 10, 26.

37 International Energy Agency, *Global EV Outlook 2022* (Paris, IEA, 2022), 5, iea.org/reports/global-ev-outlook-2022.

38 David Wallace-Wells, "Electric Vehicles Keep Defying Almost Everyone's Predictions," *The New York Times*, January 11, 2023.

39 NREL, "Building the 2030 National Charging Network," nrel.gov/news/program/2023/building-the-2030-national-charging-network.html; Ian Telfer and Patricia Mohr, "Commodities and Financial Markets" (presentation, AME Roundup 2022, Vancouver, BC, February 1, 2022).

40 Henry Sanderson, *Volt Rush: The Winners and Losers in the Race to Go Green* (London: Oneworld, 2022), 11.

41 Danny Lee, David Stringer, and Jacob Lorinc, "Shortage of Metals for EVs Is

Rising up the Agenda in Automakers' C-Suites," *Bloomberg*, March 3, 2023, bloomberg.com/news/articles/2023-03-04/shortage-of-metals-for-ev-batteries-now-a-key-concern-for-automakers-c-suites.

42 Benchmark Mineral Intelligence, "From Oil to Lithium: How Saudi Arabia Is Building a Battery Supply Chain," June 16, 2023, source.benchmarkminerals.com/article/from-oil-to-lithium-how-saudi-arabia-is-building-a-battery-supply-chain.

43 US Geological Survey, *Mineral Commodity Summaries* 2022 (Reston, VA: US Geological Survey, January 2022), 116–17.

44 International Energy Agency, *World Energy Investment* 2022 (Paris: IEA, 2022), 116, iea.org/reports/world-energy-investment-2022.

45 International Energy Agency, *World Energy Investment* 2022, 117, 128.

46 Eric Onstad, "EU, US Step Up Russian Aluminum, Nickel Imports since Ukraine War," *Reuters*, September 7, 2022.

47 The White House, *Building Resilient Supply Chains, Revitalizing American Manufacturing, and Fostering Broad-Based Growth*, 100-Day Reviews under Executive Order 14017 (Washington, DC: The White House, June 2021), 121.

48 International Energy Agency, *World Energy Investment* 2022, 130–31.

49 Anna Swanson and Chris Buckley, "Red Flags for Forced Labor Found in China's Car Battery Supply Chain," *The New York Times*, November 4, 2022.

50 International Energy Agency, *World Energy Investment* 2022, 130–31.

51 International Energy Agency, *Global EV Outlook* 2022, 7–8; Benchmark Mineral Intelligence, "Infographic: China's Lithium Ion Battery Supply Chain Dominance," October 3, 2022; Steve LeVine, "America Isn't Ready for the Electric-Vehicle Revolution," *The New York Times*, November 10, 2021.

52 Dolf Gielen, *Critical Materials for the Energy Transition* (Abu Dhabi: International Renewable Energy Agency, May 2021), 16; S&P Global, *The Future of Copper*, 12.

53 Daniel Yergin, *The New Map* (New York: Penguin Press, 2020), 341, 396–97.

54 Shashi Barla, *Global Wind Turbine OEMs 2020 Market Share* (Edinburgh, UK: Wood Mackenzie, March 31, 2021), 3.

55 Yergin, *The New Map*, 341.

56 Daisuke Wakabayashi and Claire Fu, "For China's Auto Market, Electric Isn't the Future. It's the Present," *The New York Times*, September 27, 2022.

57 International Energy Agency, *Critical Minerals Market Review* 2023, 6.

58 S&P Global, *The Future of Copper*, 15.

59 The White House, "Fact Sheet: Biden–Harris Administration Driving US Battery Manufacturing and Good-Paying Jobs," October 19, 2022, whitehouse.gov/briefing-room/statements-releases/2022/10/19/fact-sheet-biden-harris-administration-driving-u-s-battery-manufacturing-and-good-paying-jobs.

60 US Department of Energy Alternative Fuels Data Center, "Electric Vehicle (EV) and Fuel Cell Electric Vehicle (FCEV) Tax Credit," August 16, 2022, afdc.energy.gov/laws/409.

61 S&P Global, *Inflation Reduction Act: Impact on North America Metals and Minerals Market* (New York: S&P Global, August 2023), 6, 10–11, 86.

62 From Friedland's Day 3 Keynote Presentation at the CRU World Copper Conference 2022 in Santiago, Chile, March 30, 2022.

63 "Mapping the Legal Consciousness of First Nations Voters: Understanding Voting Rights Mobilization; A Brief History of First Nations Voting Rights," Elections Canada, August 27, 2018, elections.ca/content.aspx-section=res&dir=rec/part/APRC/vot_rights&document=p4&lang=e.

64 "Rio Tinto Reaches Historic Agreement with Juukan Gorge Group," *Reuters*, November 27, 2022, reuters.com/world/asia-pacific/rio-tinto-reaches-historic-agreement-with-juukan-gorge-group-2022-11-28.

65 Libby Sharman (speech at AME Roundup 2023, Vancouver, Canada, January 23, 2023).

66 Diamond, *Collapse*, 8–11.

67 "The Transition to Clean Energy Will Mint New Commodity Superpowers," *The Economist*, March 26, 2022; S&P Global, *The Future of Copper*, 13.

68 S&P Global, *The Future of Copper*, 69–70, 73.

69 International Energy Agency, *World Energy Investment* 2022, 134–35.

70 United Nations Framework Convention on Climate Change, "The Paris Agreement," unfccc.int/process-and-meetings/the-paris-agreement.

71 S&P Global, *The Future of Copper*, 15.

제2장 자원 초강대국

1 이 사건은 몇몇 출처에서 얻은 정보를 바탕으로 세부적으로 재구성했다. 2023년 7월 기준, 이 사건과 관련된 여러 영상은 스팅뮤스에서 찾아볼 수 있다. "China Secret Ship Attacks Japan Coast Guard 1," Dailymotion.com, dailymotion.com/video/x2s5bs6; and Waiqueure, "Sengoku 38," YouTube.com, Nov. 5, 2010, youtube.com/watch?v=lDLKkiqiVs8.

그외의 중요한 출처는 다음과 같다. Alexis Pedrick and Lisa Berry Drago, "Rare Earths: Hidden Cost to Their Magic," *Distillations* podcast, June 25, 2019, produced by Mariel Carr, Rigoberto Hernandez, and Alexis Pedrick for Science History Institute, sciencehistory.org/stories/distillations-pod/rare-earths-the-hidden-cost-to-their-magic; David Abraham, *The Elements of Power* (New Haven, CT: Yale University Press), 22–23; Wei Tian, "Arrest Brings Calamity to Trawler Captain's Family," *China Daily*, September 13, 2010; Yomiuri Shimbun, "Video Shows Clear Hits on JCG Boats," *Asia One News*, November 6, 2010.

2 Council on Foreign Relations, "China's Maritime Disputes, 1895–2023," cfr.org/timeline/chinas-maritime-disputes.

3 Andrew H. Malcolm, "Japanese-Chinese Dispute on Isles Threatens to Delay Peace Treaty," *The New York Times*, April 15, 1978.

4 Alexis Pedrick and Elisabeth Berry Drago, "Rare Earths: The Hidden Cost to Their Magic: Parts 1 and 2," June 25, 2019, *Distillations* podcast, produced by Rigoberto Hernandez, podcast, 57:04, sciencehistory.org/distillations/podcast/rare-earths-the-hidden-cost-to-their-magic#transcript.

5 Keith Bradsher, "Amid Tension, China Blocks Vital Exports to Japan," *The New York Times*, September 22, 2010.

6 Keith Bradsher, "Rare Earths Stand Is Asked of G-20," *The New York Times*, November 5, 2010.

7 Abraham, *The Elements of Power*, 24.

8 Abraham, *The Elements of Power*, 25.

9 Julie Michelle Klinger, *Rare Earth Frontiers* (Ithaca, NY: Cornell University Press, 2018), 155.

10 Bradsher, "Rare Earths Stand Is Asked of G-20."

11 Bradsher, "Amid Tension, China Blocks Vital Exports to Japan."
12 Sophia Kalantzakos, *China and the Geopolitics of Rare Earths* (Oxford, UK: Oxford University Press, 2018), 23.
13 Austin Ramzy, "Japan Releases Chinese Captain, but Tensions Remain," *Time*, September 27, 2010.
14 Kalantzakos, *China and the Geopolitics of Rare Earths*, 14, 16–17, 21–22.
15 Klinger, *Rare Earth Frontiers*, 16.
16 Klinger, *Rare Earth Frontiers*, 61.
17 Klinger, *Rare Earth Frontiers*, 46.
18 Klinger, *Rare Earth Frontiers*, 62.
19 Pedrick and Drago, "Rare Earths: Hidden Cost to Their Magic."
20 Kalantzakos, *China and the Geopolitics of Rare Earths*, 2.
21 Klinger, *Rare Earth Frontiers*, 71. See also: MP Materials Corp., Annual Report (Form 10_K), *US Securities and Exchange Commission*, December 31, 2020, 30– 31; Perzanowski, *The Right to Repair*, 31; Marla Cone, "Desert Lands Contaminated by Toxic Spills," *Los Angeles Times*, April 24, 1997.
22 Sareena Dayaram, "Metals Inside Your iPhone Are More Precious Than You Thought: Here's Why," CNET.com, November 23, 2022; Pitron, The Rare Metals War, 195.
23 The Interagency Task Force in Fulfillment of Executive Order 13806, *Assessing and Strengthening the Manufacturing and Defense Industrial Base and Supply Chain Resiliency of the United States* (Washington, DC: Department of Defense, September 2018), 32.
24 Ryan Castilloux, "Rare Earths: Small Market, Big Necessity," *Adamas Intelligence*, 2019, 10.
25 Pitron, *The Rare Metals War*, 21, 194.
26 Keith Veronese, *Rare: The High-Stakes Race to Satisfy Our Need for the Scarcest Metals on Earth* (Buffalo, NY: Prometheus, 2015), 42.
27 Kalantzakos, *China and the Geopolitics of Rare Earths*, 4.
28 "The World Bank in China," *The World Bank*, April 20, 2023, worldbank.org/en/country/china/overview.
29 Sandra Atchison, "The Death of Mining [in America]," *BusinessWeek*,

December 17, 1984.

30 "The Origins of EPA," US Environmental Protection Agency, June 5, 2023, epa.gov/history/origins-epa.
31 Klinger, *Rare Earth Frontiers*, 127.
32 Pitron, *The Rare Metals War*, 68–69.
33 US Geological Survey, *Mineral Commodity Summaries* 2023 (Reston, VA: US Geological Survey, January 2023), 142–43.
34 Kalantzakos, *China and the Geopolitics of Rare Earths*, 1.
35 Ernest Scheyder, "American Quandary: How to Secure Weapons-Grade Minerals without China," *Reuters*, April 22, 2020.
36 Kalantzakos, *China and the Geopolitics of Rare Earths*, 3.
37 Klinger, *Rare Earth Frontiers*, 70, 75, 134.
38 Pitron, *The Rare Metals War*, 31; Klinger, *Rare Earth Frontiers*, 136.
39 Perzanowski, *The Right to Repair*, 32.
40 International Energy Agency, *World Energy Investment* 2022, 130–31.
41 Interagency Task Force, *Assessing and Strengthening*, 33, 40–41.
42 Jeff Pao, "China Takes Rare Earth Aim at Raytheon and Lockheed," *Asia Times*, February 22, 2022.
43 Amy Lv and Brenda Goh, "Beijing Jabs in US−China Tech Fight with Chip Material Export Curbs," *Reuters*, July 4, 2023; Nick Carey, "China Gallium Curbs Raise Chip Questions for Future EV Models," *Reuters*, July 11, 2023. 중국은 흑연 수출에 새로 제한을 걸기도 했다. 다음 사례를 참고하라 "China curbs graphite exports in latest critical minerals squeeze," *Reuters*, October 20, 2023.
44 Joe Deaux, "China's Grip on Critical Minerals Draws Warnings at IEA Gathering," *Bloomberg*, September 28, 2023.

제3장 전 세계가 벌이는 보물 사냥

1 MP Materials Corp., 2020 Annual Report, 11.
2 MP Materials Corp., Annual Report, 95; MP Materials, "MP Materials Reports Fourth Quarter and Full Year 2022 Results," press release, February 23, 2023.
3 US Geological Survey, *Mineral Commodity Summaries* 2023, 142–43.

4 MP Materials, "Fourth Quarter and Full Year 2022 Results."
5 MP Materials Corp., Annual Report, 7.
6 MP Materials Corp., Annual Report, 21.
7 US Geological Survey, "Advance Data Release of the 2020 Annual Tables," November 1, 2022.
8 전체 과정을 보고 싶다면, 이곳을 참고하라. MP Materials, "Rare Earth Magnets—HOW They're Made," YouTube.com, March 15, 2023, youtube.com/watch?v=vXqOcZDNSfg.
9 Diamond, *Collapse*, 16; Mine Safety and Health Administration, "Buffalo Creek Mine Disaster 50th Anniversary," US Department of Labor, msha.gov/buffalo-creek-mine-disaster-50th-anniversary.
10 Responsible Mining Foundation, *Harmful Impacts of Mining*, 17.
11 Mary Hui, "Lynas Is Shaking Up the Supply Chain for Rare-Earth Metals," *Quartz*, March 6, 2021.
12 Shane Lasley, "A North of 60 Rare Earths Supply Chain," *North of 60 Mining News*, December 2, 2021.
13 Pitron, *The Rare Metals War*, 61.
14 "Greenland Minerals' Kvanefjeld Rare-Earths Project Hits Roadblock," *Mining Technology*, September 27, 2022.
15 "Sweden Gives Green Light to Controversial Iron Mine," *Deutsche Welle*, March 22, 2022.
16 Melanie Burton, "Lynas' Malaysia Rare Earths Plant Faces Part Closure as Regulator Keeps Curbs," *Reuters*, February 13, 2023.
17 Dake Kang, Victoria Milko, and Lori Hinnant, "'The Sacrifice Zone': Myanmar Bears Cost of Green Energy," Associated Press, August 9, 2022.
18 "Myanmar's Poisoned Mountains," Global Witness, August 9, 2022, globalwitness.org/en/campaigns/natural-resource-governance/myanmars-poisoned-mountains.
19 "China's Rare Earth Imports from Myanmar Surge in First Half of 2023," *Reuters*, July 20, 2023.
20 Kang, Milko, and Hinnant, "'The Sacrifice Zone.'"
21 "Myanmar's Poisoned Mountains," Global Witness.

22 "Rare Earth Metals Used in Electric Vehicles May Come from Mines Controlled by Myanmar Junta," *Myanmar Now*, November 10, 2021.
23 "'Quick Profits': Activists Fear for Environment under Military Rule," *Frontier Myanmar*, April 17, 2022.

제4장 살인을 부르는 구리

1 해당 내용은 지역 언론의 보도를 바탕으로 세세하게 재구성한 것이며, 특히 도움을 많이 받은 보도는 다음과 같다. Tankiso Makhetha, "Coper Cable Thieves Get Violent and Deadly," *SowetanLIVE*, May 18, 2021; Tankiso Makhetha, "Families Heartbroken after Loved Ones Are Killed by Cable Thieves," *SowetanLIVE*, June 14, 2021.
2 Tankiso Makhetha, "Guard Recalls How His Two Colleagues Were Killed by 'Izinyoka,'" *SowetanLIVE*, June 14, 2021.
3 Saul Griffith, *Electrify: An Optimist's Playbook for Our Clean Energy Future* (Cambridge, MA: MIT Press, 2021), 2.
4 Nicholas Snowdon, Daniel Sharp, and Jeffrey Currie, *Green Metals: Copper Is the New Oil* (New York: Goldman Sachs, April 13, 2021).
5 Nick Pickens, Eleni Joannides, and Bhavya Laul, Red Metal, Green Demand: Copper's Critical Role in Achieving Net Zero (Edinburgh, UK: Wood Mackenzie, October 2022), 2–3.
6 "How Copper Drives Electric Vehicles," Copper Development Association, 2017, copper.org/publications/pub_list/pdf/A6192_ElectricVehicles-Infographic.pdf.
7 S&P Global, *The Future of Copper*, 9.
8 S&P Global, *The Future of Copper*, 46.
9 예를 들면, Snowdon, *Green Metals*, 1–2.
10 S&P Global, *The Future of Copper*, 9–12, 25.
11 Susan Schulman, "The $100bn Gold Mine and the West Papuans Who Say They Are Counting the Cost," *The Guardian*, November 1, 2016.
12 Mike Holland, "Reducing the Health Risks of the Copper, Rare Earth and Cobalt Industries," *OECD Green Growth Papers*, no. 2020/03 (Paris: OECD, 2020), 48.
13 "Two Killed in Protest at $7.4-bln MMG Copper Project in Peru," *Reuters*,

September 28, 2015, reuters.com/article/idUSL1N11Z05P/.

14 S. Khan, "Why China's Investment Is Stoking Anger in Balochistan," *Deutsche Welle*, July 15, 2020, dw.com/en/why-chinese-investment-is-stoking-anger-in-pakistans-balochistan-province/a-54188705.

15 "Update on the Panguna Mine," Rio Tinto, 2024, riotinto.com/en/news/trending-topics/panguna-mine.

16 Ben Doherty, "Rio Tinto Accused of Violating Human Rights in Bougainville for Not Cleaning Up Panguna Mine," *The Guardian*, March 31, 2020; Ben Doherty, "After 32 Years, Rio Tinto to Fund Study of Environmental Damage Caused by Panguna Mine," *The Guardian*, July 20, 2021.

17 "Copper: An Ancient Metal," Dartmouth Toxic Metals Superfund Research Program, sites.dartmouth.edu/toxmetal/more-metals/copper-an-ancient-metal.

18 Mark Miodownik, *Stuff Matters: Exploring the Marvelous Materials That Shape Our Man-Made World* (Boston: Houghton Mifflin, 2014), 8.

19 Rob Tyson, "The Metals of Antiquity—Copper," Mining.com, March 30, 2021, mining.com/the-metals-of-antiquity-copper.

20 Deut. 8:9 (New International Version).

21 "A Timeline of Copper Technologies," Copper Development Association, copper.org/education/history/timeline/timeline.html.

22 George F. MacDonald, *Haida Monumental Art* (Vancouver, BC: University of British Columbia Press, 1983), 6.

23 S&P Global, *The Future of Copper*, 14.

24 "A Timeline of Copper Technologies."

25 "A Timeline of Copper Technologies."

26 "Copper's Millennia-Old Role in Conflict," Copper Development Association, Spring 2001, copper.org/publications/newsletters/discover/2001/Ct91/millennia.html.

27 Lenka Muchová, Peter Eder, Alejandro Villanueva Krzyzaniak, *End-of-Waste Criteria for Copper and Copper Alloy Scrap: Technical Proposals* (Luxembourg: Publications Office of the European Union, 2011), 11.

28 Timothy J. LeCain, *Mass Destruction: The Men and Giant Mines That Wired America and Scarred the Planet* (New Brunswick, NJ: Rutgers University

Press, 2009), 17.

29 LeCain, *Mass Destruction*, 25; Kathleen McLaughlin, "Once-Powerful Montana Mining Town Warily Awaits Final Cleanup of Its Toxic Past," *The Washington Post*, February 10, 2020.

30 LeCain, *Mass Destruction*, 12.

31 LeCain, *Mass Destruction*, 8.

32 Diamond, *Collapse*, 3, 5.

33 Diamond, *Collapse*, 5.

34 Daniel M. Flanagan, "Copper," *Metals and Minerals: US Geological Survey Minerals Yearbook 2018* (New York: US Government Publishing Office, 2018), 2.

35 Debra Utacia Krol, "Oak Flat: A Place of Prayer Faces Obliteration by a Copper Mine," *Arizona Republic*, August 18, 2021; Ernest Scheyder, "Rio Tinto's 26_Year Struggle to Develop a Massive Arizona Copper Mine," *Reuters*, April 19, 2021.

36 Jael Holzman, Ariel Wittenberg, and Hannah Northey, "Biden EPA Deals Major Blow to Pebble Mine," *E& E News*, May 25, 2022.

37 Javier Blas and Jack Farchy, *The World for Sale* (Oxford: Oxford University Press, 2021), 3–7.

38 Pete Pattisson, " 'Like Slave and Master': DRC Miners Toil for 30p an Hour to Fuel Electric Cars," *The Guardian*, November 8, 2021.

39 "The World Bank in DRC," The World Bank, September 25, 2023, worldbank.org/en/country/drc/overview.

40 Walter Isaacson, *Steve Jobs* (New York: Simon & Schuster, 2011), 38.

41 Sanderson, *Volt Rush*, 187.

42 Sanderson, *Volt Rush*, 189.

43 "Founder's Business Profile: Robert M. Friedland," Ivanhoe Capital Corporation, August 2019, ivanhoecapital.com/site/assets/files/4041/rmf-business-profile-august-2019.pdf.

44 Jacob Kushner, *China's Congo Plan* (Washington, DC: Pulitzer Center on Crisis Reporting, 2013), 31.

45 Robert Friedland, Day 3 Keynote Presentation, CRU World Copper Conference.

46 US Geological Survey, *Mineral Commodity Summaries* 2022 (Reston, VA: US

Geological Survey, January 2022), 54–55.

47 David R. Fuller, "The Production of Copper in 6th Century Chile's Chuquicamata Mine," *Journal of the Minerals, Metals & Materials Society* 56 (November 2004), 62–66, doi.org/10.1007/s11837-004-0256-6.

48 "Chuquicamata Mine," Encyclopedia.com, 2019, encyclopedia.com/humanities/encyclopedias-almanacs-transcripts-and-maps/chuquicamata-mine.

49 "Copper: An Ancient Metal," *Dartmouth Toxic Metals*.

50 Ernesto "Che" Guevara, *The Motorcycle Diaries* (New York: Verso, 1995).

51 Ed Conway, *Material World* (New York: Knopf, 2023).

52 Stephan Lutter and Stefan Giljum, "Copper Production in Chile Requires 500 Million Cubic Metres of Water," *Fineprint Brief* No. 9 (Vienna: Vienna University of Economics and Business, December 2019); James Blair et al., *Exhausted: How We Can Stop Lithium Mining from Depleting Water Resources, Draining Wetlands, and Harming Communities in South America* (New York: Natural Resources Defense Council, 2022).

53 "Chilean Mining Players Urge More Forceful Measures against Copper Theft," *BNAmericas*, October 14, 2022.

54 "How LatAm Telcos Grapple with Copper Cable Theft," *BNAmericas*, March 14, 2022; Juan Delgado, "Copper Thefts in Chile Linked to China," *Diálogo Américas*, March 19, 2020.

55 Laura Millan, "Copper Cops Play Game of Cat and Mouse Around Desert Convoys," *Bloomberg*, February 15, 2019; James Attwood, "A Jump in Train Heists Has Chilean Copper Mines Turning to Trucks," *Bloomberg*, October 11, 2022; 나와 이야기를 나눈 칠레 경찰 간부가 이 사건과 관련된 추가 정보를 알려주었다. 열차 강도들의 영상을 보고 싶다면, 다음을 참고하라. T13, "Bandoleros del Norte: Robo de Cobre a Trenes y Fuertemente Armados," YouTube.com, January 9, 2023, youtube.com/watch?v=q2WjISq9Tb0.

56 Henry Shuldiner, "Chile's Copper Industry Under Siege as Robbers Attack Ports and Trains," *InSight Crime*, January 19, 2023.

57 Dan Stamm, "Workers, Security Guards Swipe Nearly $1 Million in Nickel from Chester County Steel Plant: DA," *NBC10 Philadelphia*, December 14, 2016; US Department of Justice, "Baltimore Warehouse Owners Sentenced in

Scheme to Steal $1 Million of Nickel Imported into the Port of Baltimore," press release, May 27, 2015.

58 Kit Chellel and Mark Burton, "Grand Theft Cobalt: Rotterdam," *Bloomberg Businessweek*, December 27, 2018.
59 Andy Hoffman and Bendikt Kimmel, "How Thieves Stole $40 Million of Copper by Spray-Painting Rocks in Turkey," *Bloomberg*, June 29, 2021.
60 Julie Steinberg, "Massive Metals Theft Reported at Europe's Largest Copper Producer," *The Wall Street Journal*, September 1, 2023.
61 "ASARCO Multimillion-Dollar Copper Theft Ring Shut Down," *Arizona Daily Independent*, May 1, 2013. 나는 이 사건을 담당한 수사관 중 한 명과도 이야기를 나누었다.
62 Richard Gonzales, "Digging (Six Feet Under) for Scrap Metal," NPR's *All Things Considered*, October 6, 2008.
63 "Bell Heralds Break in Theft Case," Associated Press, March 7, 2008.
64 Carrie Hodgin, "Wright Brothers Monument Theft: Copper Bust of Orville Wright Stolen from National Park," WFMY News 2, October 13, 2019.
65 James A. Cook, "Beating the Red Gold Rush: Copper Theft and Homeland Security" (master's thesis, Naval Postgraduate School, December 2015), 21–22, apps.dtic.mil/sti/tr/pdf/ADA631979.pdf.
66 "Copper Thief Sentenced to 15 Years in Thetford Mines Killing," *CTV News Montreal*, May 27, 2013.
67 Kimon de Greef, "The Dystopian Underworld of South Africa's Illegal Gold Mines," *The New Yorker*, February 20, 2023.
68 Bheki Simelane and Greg Nicolson, "Blood and Gold: Zama Zamas Dice with Death in Daily Underground Hell," *Daily Maverick*, November 13, 2022.
69 Poloko Tau, "Update: Eight Killed as Police Exchange Fire with Zama Zamas in North West," *City Press*, October 7, 2021.
70 Zandi Shabalala and Helen Reid, "Exclusive: Bandits Steal Truckloads of Copper Worth Millions in Southern Africa—Sources," *Reuters*, July 27, 2021.
71 Isaac Mangena, "City Power Is Turning the Tide on Copper Cable Thieves ……," City Power Johannesburg, press release, July 28, 2022, citypower.co.za/customers/Load%20Shedding%20Media%20updates/MEDIA%

20STATEMENT% 2028072022.pdf.

72 Myles Illidge, "This Crime Is Killing South Africa," *MyBroadband*, May 22, 2023.

73 Sonri Naidoo, "Disastrous Theft Delays Reopening of Charlotte Maxeke," *The Star*, March 8, 2022.

74 Noxolo Majavu, "City Power Records 24 Deaths Due to Electrocutions in Two Years," *City Press*, January 26, 2022.

75 Thabiso Malesele, "Five Murdered in Suspected Cable Theft Gang Rivalry in Eldorado Park," *SABC News*, January 19, 2022; Tankiso Makhetha and Graeme Hosken, "Illegal Lesotho Miners' Rivalry at Centre of Tavern Bloodbath," *Sunday Times*, July 17, 2022.

76 Maseo Nethanani, "Mob Justice Rules Over Copper and Cable Thieves in Muledane," *Polokwane Review*, March 9, 2023.

77 Koketso Ratsatsi, "Four Electricians Mistaken for Cable Thieves Killed," *SowetanLIVE*, March 9, 2023.

78 Gill Gifford, "Community Army Tackles Armed Cable Thieves," *The Herald*, April 21, 2022; Itumeleng Mafisa and Ntombi Nkosi, "Dudula Member Killed Protecting Eskom Workers after Cable Theft Incident," *The Star*, April 20, 2022.

제5장 배터리

1 Marianne Lavelle, "Russia's War in Ukraine Reveals a Risk for the EV Future: Price Shocks in Precious Metals," *Inside Climate News*, March 28, 2022.

2 Sam Meredith, "Nickel Prices Double to Record $100,000 a Ton, Trading Suspended in London," *CNBC*, March 8, 2022.

3 Katrina Krämer, "The Lithium Pioneers," *Chemistry World*, October 17, 2019.

4 Sanderson, *Volt Rush*, 26.

5 Jael Holzman, "African Conflict Zone May Supply Key US Battery Material," *E&E News*, May 11, 2022.

6 Scott Minos, "How Lithium-Ion Batteries Work," *US Department of Energy*, February 28, 2023, energy.gov/energysaver/articles/how-does-lithium-ion-battery-work.

7 "BU-204: How Do Lithium Batteries Work?," Battery University, February 22, 2022, batteryuniversity.com/article/bu-204-how-do-lithium-batteries-work.

8 Krämer, "The Lithium Pioneers."

9 "M. Stanley Whittingham—Biographical," NobelPrize.org, 2019, nobelprize.org/prizes/chemistry/2019/whittingham/biographical.

10 Krämer, "The Lithium Pioneers."

11 Sanderson, *Volt Rush*, 20, 27.

12 International Energy Agency, *Global EV Outlook* 2022, 8.

13 Shannon Osaka, "The Unlikely Center of America's EV Battery Revolution," *The Washington Post*, April 17, 2023.

14 Adam Minter, "EV Battery Recycling Has Boomed Too Soon," *Bloomberg*, February 22, 2023.

15 Yergin, *The New Map*, 340–42.

16 International Energy Agency, *Global EV Outlook* 2022, 8.

17 Morgan Meaker, "The Rise and Precarious Reign of China's Battery King," *Wired*, June 28, 2022.

18 Sanderson, *Volt Rush*, 37.

19 Sanderson, *Volt Rush*, 43–44.

20 International Energy Agency, *Global EV Outlook* 2022, 8.

21 International Energy Agency, *Critical Minerals Market Review* 2023, 7.

22 Marianne Lavelle, "In the Russian Arctic, One of the Most Polluted Places on Earth," *Undark*, November 29, 2021; "Navigating the Transition to a Net Zero World," presentation, Nornickel Strategy Day, November 2021, 6, 7, 10–11.

23 "Nickel: Hidden in Plain Sight," Dartmouth Toxic Metals Superfund Research Program, sites.dartmouth.edu/toxmetal/more-metals/nickel-hidden-in-plain-sight.

24 "Nickel," US Mint Coin Classroom, usmint.gov/learn/kids/about-the-mint/nickel.

25 Lavelle, "Russia's War in Ukraine Reveals a Risk."

26 "Navigating the Transition to a Net Zero World," Nornickel Strategy Day, 46.

27 "Vladimir Potanin," Bloomberg Billionaires Index, bloomberg.com/billionaires/profiles/vladimir-o-potanin.

28 "Momentum of Renewal," Nornickel Annual Report 2022, 3.

29 Lavelle, "In the Russian Arctic."

30 "Navigating the Transition to a Net Zero World," Nornickel Strategy Day, 11.

31 2023년 10월, 탐사 보도 매체「인베스티게이트 유럽」역시 "팔라듐과 고품질 니켈 분야에서 전 세계를 선도하는 노르니켈이, 전쟁이 시작되고 나서부터 2023년 7월까지 핀란드와 스위스 자회사를 통해서 구리와 니켈 76억 달러어치를 유럽으로 수출했다"고 보도했다. Pascal Hansens et al., "Russia: Europe Imports €13 Billion of 'Critical' Metals in Sanctions Blindspot," *Investigate Europe*, October 24, 2023, investigate-europe.eu/posts/russia-sanctions-europe-critical-raw-materials-imports.

32 Eric Onstad, "Exclusive; EU, US Step Up Russian Aluminium, Nickel Imports since Ukraine War," *Reuters*, September 6, 2022.

33 The White House, *Building Resilient Supply Chains*.

34 Sanderson, *Volt Rush*, 155.

35 Aine Quinn, "Russian Arctic Peoples Appeal to Elon Musk for Nornickel Boycott," *Bloomberg*, August 7, 2020.

36 Rachel Cheung, "Workers Keep Dying at This Chinese Nickel Mining Company in Indonesia," *Vice*, February 7, 2023. 셀레의 인스타그램과 틱톡 계정에서 추가 정보를 얻었으나, 이후 인스타그램 계정은 폐쇄되었다.

37 "Blaze at Indonesian Nickel Smelter Kills Worker, Wounds 6," *Reuters*, June 28, 2023.

38 Amy Chew, "Indonesia's Electric Battery Hub Bid Clouded by Mining Deaths," *Al Jazeera English*, July 11, 2023.

39 "Explosion at a Nickel Plant in Indonesia Leaves at Least 13 Dead and 46 Injured," *The Guardian*, December 24, 2023, theguardian.com/world/2023/dec/24/explosion-at-a-nickel-plant-in-indonesia-dead-injured; "The Death Toll Rises to 18 in a Furnace Explosion at a Chinese-Owned Nickel Plant in Indonesia," Associated Press, December 26, 2023, apnews.com/article/indonesia-china-nickel-plant-explosion-e27a80240ab9376273ee906c3d8ecbdb.

40 Sanderson, *Volt Rush*, 163.

41 Peter Yeung, "Workers Are Dying in the EV Industry's 'Tainted' City," *Wired*, February 20, 2023.

42 Yudith Ho and Eko Listiyorini, "Chinese Companies Are Flocking to Indonesia for Its Nickel," *Bloomberg Businessweek*, December 15, 2022.

43 Jon Emont, "Ford Invests in $4.5 Billion Indonesia Facility to Secure Nickel for EV Batteries," *The Wall Street Journal*, March 30, 2023.

44 Peter S. Goodman, "How Geopolitics Is Complicating the Move to Clean Energy," *The New York Times*, August 18, 2023.

45 Yeung, "Workers Are Dying in the EV Industry's 'Tainted' City."

46 Carolyn Fortuna, "Should Tesla Invest In Indonesia's Nickel Mines & Build a New Gigafactory There?," *CleanTechnica*, July 29, 2022.

47 Febrina Firdaus and Tom Levitt, " 'We Are Afraid': Erin Brockovich Pollutant Linked to Global Electric Car Boom," *The Guardian*, February 19, 2022.

48 Enrico Dela Cruz and Manolo Serapio Jr., "Philippines to Shut Half of Mines, Mostly Nickel, in Environmental Clampdown," *Reuters*, February 1, 2017.

49 Nick Aspinwall, "Angry Philippine Islanders Are Trying to Stop the Great Nickel Rush," *Rest of World*, August 30, 2023.

50 Sanderson, *Volt Rush*, 162.

51 Rebecca Tan, Dera Menra Sijabat, and Joshua Irwandi, "To Meet EV Demand, Industry Turns to Technology Long Deemed Hazardous," *The Washington Post*, May 10, 2023.

52 Sanderson, *Volt Rush*, 155–58.

53 Antonia Timmerman, "The Dirty Road to Clean Energy: How China's Electric Vehicle Boom Is Ravaging the Environment," *Rest of World*, November 28, 2022.

54 Peter S. Goodman, "China's Nickel Plants in Indonesia Created Needed Jobs, and Pollution," *The New York Times*, August 18, 2023.

55 Jonathan Barrett, "New Caledonia's Government Collapses over Independence, Nickel Unrest," *Reuters*, February 3, 2021.

56 Garret Ellison, "Rising EV Demand Puts America's Only Nickel Mine in the Spotlight," MLive.com, July 16, 2022.

57 Walker Orenstein, "'Secrecy Is Unacceptable.' Minnesota Supreme Court Reverses NewRange Mining Permit after Regulators Shield Federal Criticisms," *MinnPost*, August 3, 2023.

58 US Geological Survey, *Mineral Commodity Summaries* 2022, 52–53.
59 "The World Bank in DRC," The World Bank.
60 Siddharth Kara, *Cobalt Red* (New York: St. Martin's, 2023), 4–5.
61 유튜브 등에 올라와 있는 여러 다큐멘터리를 통해서 직접 확인할 수 있다. 다음을 참고하라. Unreported World, "Toxic Cost of Going Green," YouTube.com, October 31, 2021, youtube.com/watch?v=ipOeH7GW0M8.
62 Vivienne Walt and Sebastian Meyer, "The Race for Cobalt," Pulitzer Center, August 23, 2018, pulitzercenter.org/projects/race-cobalt.
63 Sanderson, *Volt Rush*, 106, 126, 128.
64 Benjamin K. Sovacool et al., "The Decarbonisation Divide: Contextualizing Landscapes of Low-Carbon Exploitation and Toxicity in Africa," *Global Environmental Change* 60 (January 2020).
65 Sanderson, *Volt Rush*, 129–30, 137.
66 RAID, *The Road to Ruin? Electric Vehicles and Workers' Rights Abuses at DR Congo's Industrial Cobalt Mines* (London: RAID, November 2021), 3, 4; Pattisson, "'Like Slave and Master.'"
67 Amnesty International, *Powering Change or Business as Usual?* (London: Amnesty International, 2023).
68 Govind Bhutada, "The Key Minerals in an EV Battery," Elements.Visual Capitalist.com, May 2, 2022; Walt, "The Race for Cobalt."
69 The Faraday Institution, "Building a Responsible Cobalt Supply Chain," *Faraday Insights*, Issue 7 (May 2020, updated January 2023).
70 Andrew L. Gulley, "One Hundred Years of Cobalt Production in the Democratic Republic of the Congo," *Resources Policy* 79 (December 2022).
71 US Department of the Treasury, "Treasury Targets Corruption Linked to Dan Gertler in the Democratic Republic of Congo," press release, December 6, 2021.
72 Sanderson, *Volt Rush*, 105–106.
73 Willem Marx, "Forget Gas Prices. The Billionaire Club's Run on Cobalt Says Everything about Our Battery-Powered Future," *Vanity Fair*, April 21, 2022.
74 Walker Orenstein, "How the Invasion of Ukraine Became Part of the Debate over Copper-Nickel Mining in Northern Minnesota," *MinnPost*, March 14,

2022.
75 Sanderson, *Volt Rush*, 120.
76 Stephen Chen, "Chinese Using a Mobile Phone in Beijing Effectively Manage Cobalt Mines in Africa by Remote Control: Study," *South China Morning Post*, December 7, 2022.
77 Sanderson, *Volt Rush*, 149.
78 The Faraday Institution, "Building a Responsible Cobalt Supply Chain."
79 RAID, "The Road to Ruin?," 6; Sanderson, *Volt Rush*, 136.
80 Michael Holtz, "Idaho's Cobalt Rush Is Here," *The Atlantic*, January 24, 2022.
81 Perzanowski, *The Right to Repair*, 33.
82 Adam Morton, "Evidence Grows of Forced Labour and Slavery in Production of Solar Panels, Wind Turbines," *The Guardian*, November 28, 2022.
83 Benjamin Hitchcock et al., *Recharge Responsibly: The Environmental and Social Footprint of Mining Cobalt, Lithium, and Nickel for Electric Vehicle Batteries* (Washington, DC: Earthworks, March 2021), 14–15.
84 "How the World Depends on Small Cobalt Miners," *The Economist*, July 5, 2022.
85 Siddharth Kara, 그런 비평가들 중 한 사람이다.
86 Holtz, "Idaho's Cobalt Rush Is Here."
87 2023년 3월 기준, 해당 광산은 코발트 가격 하락 때문에 운영을 중단했다.
88 US Geological Survey, *Mineral Commodity Summaries 2022*, 52–53.
89 Kara, *Cobalt Red*.
90 Krämer, "The Lithium Pioneers."
91 International Energy Agency, *Critical Minerals Market Review 2023*, 41.
92 "America's Frightening Phosphate Problem," Center for Biological Diversity, biologicaldiversity.org/campaigns/phosphate_mining/?ref=ambrook.

제6장 위험에 내몰린 사막

1 International Energy Agency, *World Energy Investment 2022*, 127.
2 US Geological Survey, *Mineral Commodity Summaries 2022*, 100–101.
3 International Energy Agency, *Critical Minerals Data Explorer*, updated July 11, 2023, iea.org/data-and-statistics/data-tools/critical-minerals-data-explorer.

4 US Geological Survey, *Mineral Commodity Summaries* 2022, 100–101.
5 Amit Katwala, "The Spiralling Environmental Cost of Our Lithium Battery Addiction," *Wired*, August 5, 2018.
6 Simon Denyer, "Tibetans in Anguish as Chinese Mines Pollute Their Sacred Grasslands," *The Washington Post*, December 26, 2016; Siyi Liu and Dominique Patton, "In China's Lithium Hub, Mining Boom Comes at a Cost," *Reuters*, June 14, 2023.
7 Linda Murjuru, "For Villagers in Zimbabwe, Lithium Boom Might Prove a Bust," *Global Press Journal*, September 5, 2023.
8 "The History of Lithium," International Battery Metals, December 14, 2021, ibatterymetals.com/insights/the-history-of-lithium.
9 Taylor Quimby, "Outside/In: The Lithium Gold Rush," New Hampshire Pubic Radio, September 25, 2020, nhpr.org/environment/2020-09-25/outside-in-the-lithium-gold-rush#stream/0.
10 Blair et al., *Exhausted*, 11.
11 Blair et al., *Exhausted*, 18.
12 SQM, *Sustainability of Lithium Production in Chile* (Santiago, Chile: SQM, 2021), 9.
13 여러 추정치는 이 수치를 더 높게 잡는다. 그 예로 다음을 참조하라. Jorge S. Gutiérrez et al., "Climate Change and Lithium Mining Influence Flamingo Abundance in the Lithium Triangle," *Proceedings of the Royal Society* B 289, no. 1970 (March 9, 2022): 2; Blair et al., *Exhausted*, 10; Victoria Flexer, Celso Fernando Baspineiro, and Claudia Inés Galli, "Lithium Recovery from Brines: A Vital Raw Material for Green Energies with a Potential Environmental Impact in its Mining and Processing," *Science of the Total Environment* 639 (October 15, 2018).
14 "맞아요, 채굴 때문이죠. 우리 때문에 저장층에 있는 염수가 줄고 있어요." 리튬 광산을 방문했을 때 내게 해당 과정을 설명해준 SQM의 수리지질학자 코라도 토레가 말했다.
15 Ben Heubl, "Lithium Firms Depleting Vital Water Supplies in Chile, Analysis Suggests," *Engineering & Technology*, August 21, 2019.
16 SQM, *Sustainability of Lithium Production in Chile*, 20.

17 SQM, *Sustainability of Lithium Production in Chile*, 2, 22.
18 Dave Sherwood, "Water Fight Raises Questions Over Chile Lithium Mining," *Reuters*, October 18, 2018.
19 Dave Sherwood, "Chile Indigenous Group Asks Regulators to Suspend Lithium Miner SQM's Permits," *Reuters*, September 13, 2021.
20 "Chile Lithium Producer SQM Gets Green Light on Environmental Plan," *Reuters*, August 30, 2022.
21 Fabian Cambero, "Chilean State Sues BHP, Antofagasta Mines over Atacama Water Use," *Reuters*, April 8, 2022.
22 Blake Schmidt and James Attwood, "Lithium King's $3.5 Billion Fortune Now Facing Government Threat," *Bloomberg*, June 23, 2022.
23 SQM, *Sustainability of Lithium Production in Chile*, 26–27.
24 Gutiérrez, "Climate Change and Lithium Mining Influence Flamingo Abundance in the Lithium Triangle," 2; Brendan J. Moran et al., "Relic Groundwater and Prolonged Drought Confound Interpretations of Water Sustainability and Lithium Extraction in Arid Lands," *Earth's Future* 10, no. 7 (July 2022).
25 Cecilia Jamasmie, "BHP to Pay $93m for Environmental Harm at Escondida," Mining.com, June 4, 2021.
26 Wenjuan Liu, Datu B. Agusdinata, and Soe W. Myint, "Spatiotemporal Patterns of Lithium Mining and Environmental Degradation in the Atacama Salt Flat, Chile," *International Journal of Applied Earth Observation and Geoinformation* 80 (August 2019), 1, 5, 6, 8, 10.
27 Liu, Agustdinata, and Myint, "Spatiotemporal Patterns of Lithium Mining," 10.
28 Sherwood, "Water Fight Raises Questions Over Chile Lithium Mining." 셔우드는 원문을 여기에도 공개했다: documentcloud.org/documents/5003677-Presentaci%C3%B3N-CORFO.html#document/p3/a461155.
29 Heubl, "Lithium Firms Depleting Vital Water Supplies in Chile": 『엔지니어링 & 테크놀로지』는 위성 분석 회사 스페이스노와 협력하여 SQM이 2015년부터 2019년까지 리튬 염수를 채취하는 과정에서 아타카마 소금 평원의 취약한 수생 생태계에 커다란 환경 피해를 입혔다는 정량적 분석 결과를 추가로 확보했다.
30 Gutiérrez et al., "Climate Change and Lithium Mining Influence Flamingo Abundance in the Lithium Triangle," 4, 6.

31 Gutiérrez et al., "Climate Change and Lithium Mining Influence Flamingo Abundance in the Lithium Triangle," 4, 5, 8.
32 "CTR Commences Drill Program at Hell's Kitchen Lithium and Power," *Controlled Thermal Resources*, cthermal.com/latest-news/ctr-commences-drill-program-at-hells-kitchen-lithium-and-power.
33 "The Power of California's Lithium Valley," *Controlled Thermal Resources*, cthermal.com/projects.
34 Janet Wilson and Erin Rode, "Lithium Valley: A Look at the Major Players Near the Salton Sea Seeking Billions in Funding," *Desert Sun*, May 13, 2022.
35 "Unemployment Rate in Imperial County, CA," "Percent of Population Below the Poverty Level (5 Year Estimate) in Imperial County, CA," US Bureau of Labor Statistic, retrieved from FRED, Federal Reserve Bank of St. Louis, fred.stlouisfed.org/series/CAIMPE5URN, fred.stlouisfed.org/series/S1701ACS006025.
36 For example: Kate Fehrenbacher, "Tesla Tried to Buy a Lithium Startup for $325 Million," *Fortune*, June 8, 2016.
37 Dolf Gielen and Martina Lyons, *Critical Materials for the Energy Transition: Lithium* (Abu Dhabi: International Renewable Energy Agency, January 2022), 6.
38 Max Schwerdtfeger, "BMW Joins Lithium Mining Project," *Mining Magazine*, February 28, 2022.
39 "Mine Site Assessment Public Summary Report: SQM Salar de Atacama," Initiative for Responsible Mining Assurance, September 6, 2023, responsiblemining.net/wp-content/uploads/2023/09/Initial-Audit-Report-SQM-Salar-de-Atacama-FINAL_en.pdf.
40 SQM, *Sustainability of Lithium Production in Chile*, 22.

제7장 심해 채굴의 대가

1 "A Battery in a Rock. Polymetallic Nodules are the Cleanest Path Toward Electric Vehicles," The Metals Company, metals.co/nodules.
2 James R. Hein and Kira Mizell, "Deep-Ocean Polymetallic Nodules and Cobalt-Rich Ferromanganese Crusts in the Global Ocean," chap. 8 in *The United Nations Convention on the Law of the Sea, Part XI Regime and the International*

Seabed Authority: A Twenty-Five Year Journey (Leiden: Brill, 2022), usgs.gov/publications/deep-ocean-polymetallic-nodules-and-cobalt-rich-ferromanganese-crusts-global-ocean-new.

3 Olive Heffernan, "Seabed Mining Is Coming—Bringing Mineral Riches and Fears of Epic Extinctions," *Nature*, July 24, 2019; James R. Hein, Andrea Koschinsky, and Thomas Kuhn, "Deep-Ocean Polymetallic Nodules as a Resource for Critical Materials," *Nature Reviews Earth & Environment* 1 (February 24, 2020), 158–69.

4 International Seabed Authority, "Nauru Requests the President of ISA Council to Complete the Adoption of Rules, Regulations and Procedures Necessary to Facilitate the Approval of Plans of Work for Exploitation in the Area," press release, June 29, 2021, isa.org.jm/news/nauru-requests-president-isa-council-complete-adoption-rules-regulations-and-procedures.

5 Jerry R. Schubel and Kimberly Thompson, "Farming the Sea: The Only Way to Meet Humanity's Future Food Needs," *GeoHealth* 3, no. 9 (September 2019), 238, 244.

6 United Nations Environment Programme Finance Initiative, *Harmful Marine Extractives: Understanding the Risks and Impacts of Financing Non-Renewable Extractive Industries* (Geneva: United Nations Environment Programme, 2022), 33–34.

7 The Metals Company, "NORI and Allseas Lift Over 3,000 Tonnes of Polymetallic Nodules to Surface from Planet's Largest Deposit of Battery Metals, as Leading Scientists and Marine Experts Continue Gathering Environmental Data," press release, November 14, 2022.

8 "Polymetallic Nodules," International Seabed Authority, June 2022, isa.org.jm/files/documents/EN/Brochures/ENG7.pdf.

9 Kate Golembiewski, "H.M.S. Challenger: Humanity's First Real Glimpse of the Deep Oceans," *Discover*, April 19, 2019; John Murray, "The Cruise of the Challenger" first lecture, delivered in the Hulme Town Hall, Manchester, December 11, 1877.

10 Michael Lodge, "The International Seabed Authority and Deep Seabed Mining," *Our Ocean, Our World* 54, nos. 1 & 2 (May 2017).

11 "Project AZORIAN," Central Intelligence Agency, cia.gov/legacy/museum/exhibit/project-azorian.

12 Joshua Davis, "Race to the Bottom," *Wired*, March 1, 2007.

13 Davis, "Race to the Bottom."

14 Justin Scheck, Eliot Brown, and Ben Foldy, "Environmental Investing Frenzy Stretches Meaning of 'Green,'" *The Wall Street Journal*, June 24, 2021.

15 Scheck, Brown, and Foldy, "Environmental Investing Frenzy Stretches Meaning of 'Green.'" 바론은 우리가 이야기를 나눌 때 그 수치들에 대해서 이의를 제기하지 않았다.

16 Darian Naidoo, "Poverty and Equity Brief: Papua New Guinea," *The World Bank*, April 2020, databank.worldbank.org/data/download/poverty/33EF03BB-9722-4AE2-ABC7-AA2972D68AFE/Global_POVEQ_PNG.pdf.

17 Deep Sea Mining Campaign, London Mining Network, Mining Watch Canada, *Why the Rush? Seabed Mining in the Pacific Ocean*, July 2019, 13, deepseaminingoutofourdepth.org/wp-content/uploads/Why-the-Rush.pdf.

18 "Exploration Contracts," International Seabed Authority, isa.org.jm/exploration-contracts.

19 Eric Lipton, "Secret Data, Tiny Islands and a Quest for Treasure on the Ocean Floor," *The New York Times*, August 29, 2022.

20 Agreement Relating to the Implementation of Part XI of the United Nations Convention on the Law of the Sea of 10 December 1982, multilateral, November 16, 1994, I-31364, 54–55, treaties.un.org/doc/Publication/UNTS/Volume%201836/volume-1836-I-31364-English.pdf.

21 WWF International, *In Too Deep: What We Know, and Don't Know, About Deep Seabed Mining* (Gland, Switzerland: World Wide Fund for Nature, 2021), 4.

22 Diva J. Amon et al., "Assessment of Scientific Gaps Related to the Effective Environmental Management of Deep-Seabed Mining," *Marine Policy* 138 (April 2022).

23 Amon et al., "Assessment of Scientific Gaps Related to the Effective Environmental Management of Deep-Seabed Mining," 12.

24 Olive Heffernan, "Deep-Sea Mining Could Begin Soon, Regulated or Not," *Scientific American*, September 1, 2023.

25 Philip P. E. Weaver and David Billett, "Environmental Impacts of Nodule, Crust and Sulphide Mining: An Overview," in *Environmental Issues of Deep-Sea Mining* (Cham, Switzerland: Springer Nature Switzerland, 2019), 23.
26 Sabrina Imbler and Jonathan Corum, "Deep-Sea Riches: Mining a Remote Ecosystem," *The New York Times*, August 29, 2022.
27 Todd Woody, "Explorer Victor Vescovo Says Deep Sea Mining Numbers Don't Add Up," *Bloomberg*, July 18, 2023.
28 Rob Williams et al., "Noise from Deep-Sea Mining May Span Vast Ocean Areas," *Science* 377, no. 6602 (July 7, 2022).
29 UN Environment Programme Finance Initiative, Harmful Marine Extractives, 9–11, 22.
30 "Marine Expert Statement Calling for a Pause to Deep-Sea Mining," petition, seabedminingsciencestatement.org.
31 The Metals Company, Form S-1, US Securities and Exchange Commission, April 13, 2022, 20, 52.
32 Peter Dauvergne, "Dark History of the World's Smallest Island Nation," *The MIT Press Reader*, July 22, 2019.
33 Anne Davies and Ben Doherty, "Corruption, Incompetence and a Musical: Nauru's Cursed History," *The Guardian*, September 3, 2018.
34 Ben Doherty and Eden Gillespie, "Last Refugee on Nauru Evacuated as Australian Government Says Offshore Processing Policy Remains," *The Guardian*, June 24, 2023.
35 Margo Deiye, "We Are the Forgotten Ones in the Climate Crisis, but Here's Our Solution," *The Independent*, December 10, 2022.
36 The Metals Company, *Impact Report 2021* (Vancouver, BC: The Metals Company, 2022), 3, 107, metals.co/wp-content/uploads/2022/05/Final_MetalsCo_ImpactReport_052522.pdf.
37 Yusuf Khan, "Shipping Giant Maersk Drops Deep Sea Mining Investment," *The Wall Street Journal*, May 3, 2023.
38 토드 우디는 「블룸버그」에 이 문제에 관해서 폭넓고 심도 깊은 기사를 썼다. 다음을 보라: Todd Woody, "Mining Startup's Rush for Underwater Metals Comes with Deep Risks," *Bloomberg*, June 23, 2021.

39 예를 들어 다음을 보라. Louisa Casson et al., *Deep Trouble: The Murky World of the Deep Sea Mining Industry* (Amsterdam: Greenpeace International, 2020), 14–16.

40 Lipton, "Secret Data, Tiny Islands and a Quest for Treasure on the Ocean Floor."

41 2023년 현재, 그 3곳은 다음이다. China Ocean Mineral Resources R&D Association (COMRA), China Minmetals Corporation, and Beijing Pioneer Hi-Tech Development Corporation.

42 Jocelyn Trainer, "Geopolitics of Deep-Sea Mining and Green Technologies," *United States Institute of Peace*, November 3, 2022.

43 Lily Kuo, "China Is Set to Dominate the Deep Sea and its Wealth of Rare Metals," *The Washington Post*, October 19, 2023.

44 "Metal-Rich Nodules Collected from Seabed During Important Technology Trial," DEME, April 22, 2021.

45 크리스 더 브라위너와 저자의 인터뷰, 2022년 8월 20일.

46 The Metals Company, "TMC Announces Corporate Update on Expected Timeline, Application Costs and Production Capacity Following Part II of the 28th Session of the International Seabed Authority," press release, August 1, 2023.

47 Gwladys Fouche and Nerijus Adomaitis, "Norway Moves to Open Its Waters to Deep-Sea Mining," *Reuters*, June 20, 2023.

48 Scott Foster, "Japan Dives into Rare Earth Mining Under the Sea," *Asia Times*, January 10, 2023.

49 Rachel Reeves, "When Deep-Sea Miners Come A-Courting," *Hakai Magazine*, July 25, 2023.

50 John Cannon, "Deep-Sea Mining Project in PNG Resurfaces Despite Community Opposition," *Mongabay*, August 18, 2023.

제8장 콘크리트 정글 광산

1 Adam Minter, *Junkyard Planet* (London: Bloomsbury, 2013), 12.

2 "Scrap Metal Recycling in the US—Market Size, Industry Analysis, Trends and Forecasts (2024–2029)," IBISWorld, January 2024, ibisworld.com/united-

states/market-research-reports/scrap-metal-recycling-industry/; Elizabeth S. Sangine, "Recycling—Metals," *Metals and Minerals: US Geological Survey Minerals Yearbook* 2018 (New York: US Government Publishing Office, 2018), 1.
3 Sangine, "Recycling—Metals," 3.
4 Pickens, Joannides, and Laul, *Red Metal, Green Demand*, 8.
5 "Ferrous Metals: Material-Specific Data," US Environmental Protection Agency, epa.gov/facts-and-figures-about-materials-waste-and-recycling/ferrous-metals-material-specific-data.
6 Charles Morris, "Tesla Cofounder JB Straubel: 'The Largest Lithium Mine Could Be in the Junk Drawers of America," *CleanTechnica*, May 2, 2021, cleantechnica.com/2021/05/02/tesla-cofounder-jb-straubel-the-largest-lithium-mine-could-be-in-the-junk-drawers-of-america/.
7 Kristin Hughes, "Waste Pickers Are Slipping Through the Cracks. Here's How We Can Support These Essential Workers During the COVID-19 Crisis," *World Economic Forum*, Sept 18, 2020.
8 Rebecca Campbell et al., "From Trash to Treasure: Green Metals from Recycling," *White & Case*, May 5, 2022.
9 "In India, Pune's Poorest Operate One of the World's Most Cost-Effective Waste Management Models," *WIEGO Blog*, February 20, 2019.
10 Brian Joseph, "Recycling May Ease Your Conscience, but for Workers, It's Dirty, Dangerous and Even Deadly," *In These Times*, April 18, 2016.
11 "Explosion at Scrap Metal Plant Kills Two," *Recycling Today*, August 28, 2014.
12 Phil Helsel, "Scrap Yard Worker Killed by Military Bomb Blast ID'd," *NBC News*, September 24, 2015.
13 Samy Magdy, "Blast Kills 8 Children Collecting Scrap Metal in Sudan," Associated Press, March 24, 2019.
14 Michael Olugbode, "Boko Haram Kill 55 Scrap Metal Collectors," *This Day*, June 12, 2022.
15 Thomas Gibbons-Neff and Safiullah Padshah, "To Survive, Some Afghans Sift Through Deadly Remnants of Old Wars," *The New York Times*, May 14, 2022.
16 고철 수집원 프로젝트라고 불린다. binnersproject.org.
17 Minter, *Junkyard Planet*, 31.

18 밴쿠버 고철업계에서 활동한 유대인에 얽힌 추억담을 알고 싶다면 다음을 참고하라. Cynthia Ramsay, ed., *The Scribe: The Journal of the Jewish Museum and Archives of British Columbia 34*, Focus on the Scrap Metal Industry (Vancouver, BC: Jewish Historical Society of British Columbia, 2014).

19 Minter, *Junkyard Planet*, 83.

20 Minter, *Junkyard Planet*, 7–8.

21 Minter, *Junkyard Planet*, 58.

22 David Barboza, "China's 'Queen of Trash' Finds Riches in Waste Paper," *The New York Times*, January 15, 2007.

23 Berylin Cai, *Metal Recycling in China, Industry Report 4310*, IBISWorld, January 2022, 8, 29.

24 Minter, *Junkyard Planet*, 97.

25 "Violations at Metal Recycling Facilities Cause Excess Emissions in Nearby Communities," enforcement alert, US Environmental Protection Agency, July 2021.

26 Moana Simas, Fabian Aponte, and Kirsten Wiebe, "The Future Is Circular: Circular Economy and Critical Minerals for the Green Transition" (Trondheim, Norway: SINTEF Industry, November 2022), 44–45.

제9장 첨단 쓰레기

1 C. P. Baldé et al., *Global Transboundary E-Waste Flows Monitor 2022* (Bonn: United Nations Institute for Training and Research, 2022), 14.

2 Perzanowski, *The Right to Repair*, 28.

3 Baldé, *Global Transboundary E-Waste Flows Monitor 2022*, 15, 26.

4 Secretariat of the Basel Convention, *Where are WEEE in Africa? Findings from the Basel Convention E-Waste Africa Programme*, 2011, 6; Olakitan Ogungbuyi et al., *E-Waste Country Assessment Nigeria* (Basel, Switzerland: Secretariat of the Basel Convention, May 2012), 66.

5 "African Countries With the Highest Number of Mobile Phones," *FurtherAfrica*, July 19, 2022.

6 "International E-Waste Day: Of -16 Billion Mobile Phones Possessed Worldwide, -5.3 Billion Will Become Waste in 2022," *WEEE Forum*, October

13, 2022, weee-forum.org/ws_news/of-16-billion-mobile-phones-possessed-worldwide-5-3-billion-will-become-waste-in-2022.

7 Baldé, *Global Transboundary E-Waste Flows Monitor 2022*, 5, 8–9, 11.
8 *Where Are WEEE in Africa? Findings from the Basel Convention E-Waste Africa Programme* (Basel, Switzerland: Secretariat of the Basel Convention, 2011), 6.
9 *Strategy Paper for Circular Economy: Mobile Devices* (London: GSMA, 2022), 31.
10 *Where Are WEEE in Africa?*, 18.
11 Ogungbuyi et al., *E-Waste Country Assessment Nigeria*, 3.
12 *Where Are WEEE in Africa?*, 6.
13 *Where Are WEEE in Africa?*, 6.
14 A. A. Adeyi, B. Olayanju, and Y. Fatade, "Distribution and Potential Risk of Metals and Metalloids in Soil of Informal E-Waste Recycling Sites in Lagos, Nigeria," *Ife Journal of Science* 21, no. 3 (January 20, 2019).
15 Perzanowski, *The Right to Repair*, 37.
16 Minter, *Junkyard Planet*, 184–86.
17 Minter, *Junkyard Planet*, 185–86.
18 Amita Bhaduri, "50,000 Workers Face Serious Health Risks in Illegal E-Waste Processing Units in Delhi," *Citizen Matters*, November 11, 2019.
19 Hitchcock et al., *Recharge Responsibly*, 17.
20 미국 내 최대 배터리 수거 업체 중 하나인 콜투리사이클의 부사장 에릭 프레데릭슨은 자주 인용되는 이 수치가 실제 수치와 엇비슷한 추정치라고 확인해주었다.
21 Audrey Carleton, "Lithium Battery Fires Are Threatening Recycling as We Know It," *Vice*, February 1, 2022; Ryan Fogelman, "Li-Ion Battery Fires Unfairly Cost Waste, Recycling and Scrap Operators Over $1.2 Billion Annually," *Waste360*, February 3, 2021; "Industry, Consumer Steps Needed to Combat Scrap Yard Lithium-Ion Battery Fires," ScrapWare.com, June 26, 2022.
22 Victoria Gill and Kate Stephens, "Batteries Linked to Hundreds of Waste Fires," BBC, November 30, 2022.

23 Kevin Purdy, "Trashed Lithium-Ion Batteries Caused Three Garbage Truck Fires in California," *Ars Technica*, December 9, 2022.
24 이 수치는 지역 언론에 놀라울 정도로 많이 나와 있는 기사를 보고 내가 직접 총계를 낸 것이다.
25 Adam Minter, *Secondhand* (London: Bloomsbury, 2019), 258.
26 International Energy Agency, *Critical Minerals Market Review* 2023, 47.
27 "Battery Recycling and Utilization for the Development of a Circular Economy," CATL.com, December 31, 2022, catl.com/en/solution/recycling.
28 Dan Gearino, "Inside Clean Energy: Here Come the Battery Recyclers," *Inside Climate News*, January 13, 2022.
29 "History," Umicore.com, umicore.com/en/about/history.
30 Heather Clancy, "Circular 'Mining' Reaches for the Mainstream," *GreenBiz*, March 7, 2022.
31 "Redwood Materials Raises Over $1 Billion in Series D Investment Round," RedwoodMaterials.com, redwoodmaterials.com/news/redwood-series-d.
32 "Li-Cycle Is a Leading Global Lithium-Ion Battery Resource Recovery Company," Li-Cycle.com, li-cycle.com/about.
33 Casey Crownhart, "How Old Batteries Will Help Power Tomorrow's EVs," *MIT Technology Review*, January 17, 2023.
34 Mark Burton and Thomas Biesheuvel, "The Next Big Battery Material Squeeze Is Old Batteries," *Bloomberg*, September 1, 2022.
35 Blair et al., *Exhausted*, 27.
36 "Battery Recycling and Utilization for the Development of a Circular Economy," CATL.com.
37 Simas, Aponte, and Wiebe, "The Future is Circular," 30, 31, 47.
38 International Energy Agency, *World Energy Investment 2022*, 130.
39 Anne Fischer, "There's Big Money in Recycling Materials from Solar Panels," *PV Magazine*, July 18, 2022; Jared Paben, "Solar Panels Are 'The New CRT' but Sector Is Preparing," *E-Scrap News*, May 13, 2021.
40 Rachel Kisela, "California Went Big on Rooftop Solar. Now That's a Problem for Landfills," *Los Angeles Times*, July 15, 2022.
41 Cai, *Metal Recycling in China*, 28.

42 Perzanowski, *The Right to Repair*, 236.
43 Justin Badlam et al., *The Inflation Reduction Act: Here's What's in It* (New York: McKinsey, October 2022), 8.
44 "UNICOR Electronics Recycling," UNICOR.gov, unicor.gov/Recycling.aspx.
45 Minter, *Junkyard Planet*, 9, 162–67.
46 Minter, *Junkyard Planet*, 10.
47 University of Leeds, "Mining Electronic Waste for Precious Metals," *Medium*, May 27, 2021.
48 Auxico Resources Canada, "Auxico Signs an MOU for the Exploitation and Trading of Rare Earths from Tin Tailings in Brazil," press release, January 6, 2022.
49 Nina Notman, "The Magic Money Tree?," *Education in Chemistry*, April 25, 2022.
50 Ian Morse, "Down on the Farm That Harvests Metal from Plants," *The New York Times*, February 26, 2020.
51 Ruth Longoria Kingsland, "Volunteers Battle Yellow-Tuft Alyssum in Southern Oregon," *Statesman Journal*, May 5, 2015.
52 Elsa Dominish, Nick Florin, and Rachael Wakefield-Rann, *Reducing New Mining for Electric Vehicle Battery Metals: Responsible Sourcing Through Demand Reduction Strategies and Recycling*, report prepared for Earthworks by the Institute for Sustainable Futures, University of Technology Sydney, April 2021, 3, 6.
53 Dominish, Florin, and Wakefield-Rann, *Reducing New Mining for Electric Vehicle Battery Metals*, 4.
54 Minter, *Junkyard Planet*, 255.

제10장 오래된 물건에 새 생명을

1 Perzanowski, *The Right to Repair*, 17.
2 Griffith, *Electrify*, 10.
3 Federal Trade Commission, *Nixing the Fix: An FTC Report to Congress on Repair Restrictions* (Washington, DC: FTC, May 2021), 42–43.
4 Elizabeth Evitts Dickinson, "Your Own Devices," *Harper's Magazine*, March

2022.

5 Perzanowski, *The Right to Repair*, 57.

6 Minter, *Secondhand*, 222.

7 Perzanowski, *The Right to Repair*, 26.

8 "Electronic & Computer Repair Services in the US—Number of Businesses," *IBISWorld*, June 23, 2022, ibisworld.com/industry-statistics/number-of-businesses/electronic-computer-repair-services-united-states/.

9 Federal Trade Commission, *Nixing the Fix*, 4, 7, 19–24.

10 Perzanowski, *The Right to Repair*, 108–109.

11 Minter, *Secondhand*, 225, 234.

12 Jack Monahan, "Our Picks for the Top Repair Stories of 2022," *Fight to Repair*, newsletter, January 15, 2023.

13 Anne Marie Green, "Who Doesn't Want the Right to Repair? Companies Worth Over $10 Trillion," PIRG.org, May 3, 2021.

14 Perzanowski, *The Right to Repair*, 232.

15 Tim Cook, "Letter from Tim Cook to Apple Investors," press release, January 2, 2019, apple.com/ca/newsroom/2019/01/letter-from-tim-cook-to-apple-investors.

16 Federal Trade Commission, *Nixing the Fix*, 7, 25, 27–32, 39, 55.

17 Federal Trade Commission, *Nixing the Fix*, 49–50.

18 Cody Godwin, "Right to Repair Movement Gains Power in US and Europe," BBC, July 7, 2021.

19 Dan Leif, "How Three OEMs Approach Product Sustainability," *E-Scrap News*, November 17, 2022.

20 Brian X. Chen, "I Tried Apple's Self-Repair Program with My iPhone. Disaster Ensued," *The New York Times*, May 25, 2022.

21 Kyle Wiggers, "New York's Right-to-Repair Bill Has Major Carve-Outs for Manufacturers," *TechCrunch*, January 3, 2023.

22 Damon Beres, "Good News for Your Sad, Beaten-Up iPhone," *The Atlantic*, August 24, 2023.

23 Kim Stringfellow, "Shifting Dust: Development and Demographics in Antelope Valley," MojaveProject.org, December 2017.

24 Hauke Engel, Patrick Hertzke, and Giulia Siccardo, "SecondLife EV Batteries:

The Newest Value Pool in Energy Storage," McKinsey.com, April 30, 2019.

25 Office of Energy Efficiency & Renewable Energy, "How Much Power is 1 Gigawatt?," US Department of Energy, August 24, 2023, energy.gov/eere/articles/how-much-power-1-gigawatt.

26 "Kia & DB to Reuse EV Batteries for Energy Storage," *Industry Europe*, September 7, 2022.

27 Nissan et al., "Tennessee Partners Launch 'Second-Life' Battery Storage Project as Electric Vehicle Adoption Grows," press release, June 16, 2022, sevenstatespower.com/2022/06/20/tennessee-partners-launch-second-life-battery-storage-project-as-electric-vehicle-adoption-grows.

28 Melissa Ann Schmid, "Think before Trashing: The Second-Hand Solar Market Is Booming," *Solar Power World*, January 11, 2021.

29 Laura T. Murphy and Nyrola Elimä, *In Broad Daylight: Uyghur Forced Labour and Global Solar Supply Chains* (Sheffield, UK: Sheffield Hallam University Centre for International Justice, 2021).

30 Charlie Hoffs, "Mining Raw Materials for Solar Panels: Problems and Solutions," *The Equation*, October 19, 2022.

31 Christopher Pollon, *Pitfall: The Race to Mine the World's Most Vulnerable Places* (Vancouver, BC: Greystone, 2023), 82.

32 Jared Paben, "Solar Panels Are 'The New CRT' but Sector Is Preparing," *E-Scrap News*, May 13, 2021.

33 Paben, "Solar Panels Are 'The New CRT' but Sector Is Preparing."

34 Taylor L. Curtis et al., *A Circular Economy for Solar Photovoltaic System Materials: Drivers, Barriers, Enablers, and US Policy Considerations* (Golden, CO: National Renewable Energy Laboratory Technical, 2021).

35 Lighting Global/ESMAP et al., *Off-Grid Solar Market Trends Report 2022: Outlook* (Washington, DC: World Bank, 2022).

36 Adam Minter, "Used Solar Panels Are Powering the Developing World," *Bloomberg*, August 25, 2021.

37 Minter, *Junkyard Planet*, 113.

38 "Secondary Mobile Market Tops $25b—Exceeding Demand or New Products—and Trend Set to Continue, Says B-Stock," *RealWire*, January 30, 2019,

realwire.com/releases/Secondary-mobile-market-tops-25b-and-trend-set-to-continue-says-B-Stock.

39 Perzanowski, *The Right to Repair*, 26.

40 Perzanowski, *The Right to Repair*, 236.

제11장 미래의 교통수단

1 Peter Walker, *How Cycling Can Save the World* (New York: TarcherPerigee, 2017), 32.

2 Ralph Buehler and John Pucher, *Cycling for Sustainable Cities* (Cambridge, MA: MIT Press, 2021), 3.

3 Toon Zijlstra, Stefan Bakker, and Jan-Jelle Witte, *The Widespread Car Ownership in the Netherlands* (The Hague: Ministry of Infrastructure and Water Management, February 2022), 18.

4 Minter, *Secondhand*, 10.

5 J. B. MacKinnon, "The Price Is Wrong," *Sierra*, November 28, 2022.

6 MacKinnon, "The Price Is Wrong."

7 J. B. MacKinnon, *The Day the World Stops Shopping* (New York: Ecco, 2021), 4.

8 Mathilde Carlier, "Number of Motor Vehicles Registered in the United States from 1990 to 2022," *Statista*, February 28, 2024.

9 Nadja Popovich and Denise Lu, "The Most Detailed Map of Auto Emissions in America," *The New York Times*, October 10, 2019.

10 Edward Humes, "The Absurd Primacy of the Automobile in American Life," *The Atlantic*, April 12, 2016.

11 Craig Trudell and River Davis, "EV Sales Will Triple by 2025 and Still Need More Oomph to Reach Net Zero," *Bloomberg*, June 1, 2022.

12 "Oil Demand from Road Transport: Covid-19 and Beyond," *BloombergNEF*, June 11, 2020.

13 Yergin, *The New Map*, 414.

14 International Energy Agency, *Critical Minerals Market Review* 2023, 7.

15 National Center for Statistics and Analysis, "Early Estimate of Motor Vehicle Traffic Fatalities in 2022," Report no. DOT HS 813 428, National Highway Traffic Safety Administration, April 2023, crashstats.nhtsa.dot.gov/Api/Public/

ViewPublication/813428.

16 Governors Highway Safety Association, "New Projection: US Pedestrian Deaths Rise Yet Again in First Half of 2022," press release, February 28, 2023.

17 Vince Beiser, *The World in a Grain* (New York: Riverhead, 2018), 68.

18 Etienne Krug, "Streets Are for People; It's Time We Give Them Back," World Health Organization, May 17, 2021, who.int/news-room/commentaries/detail/streets-are-for-people-it-s-time-we-give-them-back.

19 Environmental Protection Agency, "Explore the Automotive Data Trends," epa.gov/automotive-trends/explore-automotive-trends-data.

20 Damian Carrington, "Car Tyres Produce Vastly More Particle Pollution than Exhausts, Tests Show," *The Guardian*, June 3, 2022.

21 Thea Riofrancos et al., *Achieving Zero Emissions with More Mobility and Less Mining, Climate and Community Project* (Davis, CA: University of Califnornia, Davis, 2023), 9; Yoo Min Park and Mei-Po Kwan, "Understanding Racial Disparities in Exposure to Traffic-Related Air Pollution: Considering the Spatiotemporal Dynamics of Population Distribution," *International Journal of Environmental Research and Public Health* 17, no. 3 (February 2020).

22 Humes, "The Absurd Primacy of the Automobile in American Life."

23 Jane Margolies, "Awash in Asphalt, Cities Rethink Their Parking Needs," *The New York Times*, March 7, 2023.

24 Henry Grabar, *Paved Paradise: How Parking Explains the World* (New York: Penguin Press, 2023), 12.

25 Benjamin Schneider, "The Bay Area Has Twice as Many Parking Spots as People—and There's a Hidden Toll," *San Francisco Examiner*, March 3, 2022.

26 Yergin, *The New Map*, 414.

27 Chris Carlsson, "19th Century Bicycling: Rubber Was the Dark Secret," *FoundSF*, foundsf.org/index.php?title=19th_Century_Bicycling:_Rubber_was_the_Dark_Secret.

28 Michael Kranish, *The World's Fastest Man: The Extraordinary Life of Cyclist Major Taylor, America's First Black Sports Hero* (New York: Scribner, 2019).

29 Mary Bellis, "The Duryea Brothers of Automobile History," *ThoughtCo*, January 17, 2020, thoughtco.com/duryea-brothers-automobile-history-1991577.

30 Hank Chapot, "The Great Bicycle Protest of 1896," *FoundSF*, foundsf.org/index.php?title=The_Great_Bicycle_Protest_of_1896.

31 Owaahh, "'Nita Ride Boda Boda': How the Bicycle Shaped Kenya," *The Elephant*, March 28, 2019.

32 Walker, *How Cycling Can Save the World*, 9.

33 Buehler and Pucher, *Cycling for Sustainable Cities*, 3, 10.

34 Buehler and Pucher, *Cycling for Sustainable Cities*, 5.

35 Tim Henderson, "How Cities Learned to Love Bicycles," *Governing*, June 27, 2014.

36 Buehler and Pucher, *Cycling for Sustainable Cities*, 3, 16.

37 "Bicycles Produced This Year," Worldometer, worldometers.info/bicycles.

38 "Cars Produced This Year," Worldometer, worldometers.info/cars.

39 "Bicycles—Worldwide," Statista, statista.com/outlook/mmo/bicycles/worldwide#unit-sales.

40 Buehler and Pucher, *Cycling for Sustainable Cities*, 8.

41 "The Meddin Bike-Sharing World Map," PBSC Urban Solutions, October 27, 2021, pbsc.com/blog/2021/10/the-meddin-bike-sharing-world-map; Felix Richter, "The Global Rise of Bike-Sharing," *Statista*, April 10, 2018, statista.com/chart/13483/bike-sharing-programs.

42 Walker, *How Cycling Can Save the World*, 219.

43 Amir Moghaddass Esfehani, "The Bicycle and the Chinese People," in *Cycle History: Proceedings of the 13th International Cycle History Conference*, eds. Andrew Ritchie and Nicholas Clayton (San Francisco: Rob van der Plas, 2003), 94–102.

44 Neil Thomas, "The Rise, Fall, and Restoration of the Kingdom of Bicycles," MacroPolo.org, October 24, 2018.

45 Thomas, "The Rise, Fall, and Restoration of the Kingdom of Bicycles."

46 Walker, *How Cycling Can Save the World*, 149.

47 Thomas, "The Rise, Fall, and Restoration of the Kingdom of Bicycles."

48 Ben Jones, "Past, Present and Future: The Evolution of China's Incredible High-Speed Rail Network," CNN, February 9, 2022.

49 Christopher Mims, "The Other Electric Vehicle: E-Bikes Gain Ground for

Americans Avoiding Gas Cars," *The Wall Street Journal*, April 6, 2022.
50 Patricia Marx, "Hell on Two Wheels, Until the E-Bike's Battery Runs Out," *The New Yorker*, December 26, 2022.
51 David Wallace-Wells, "Electric Vehicles Keep Defying Almost Everyone's Predictions," *The New York Times*, January 11, 2023.
52 Mims, "The Other Electric Vehicle."
53 Omar Isaac Asensio et al., "Impacts of Micromobility on Car Displacement with Evidence from a Natural Experiment and Geofencing Policy," *Nature Energy* 7 (October 27, 2022).
54 Riofrancos et al., *Achieving Zero Emissions with More Mobility and Less Mining*, 9; Park and Kwan, "Understanding Racial Disparities in Exposure to Traffic-Related Air Pollution."
55 Office of Policy Development and Research, "Urban. Suburban. Rural. How Do Households Describe Where They Live?," *PD&R Edge*, August 3, 2020, huduser.gov/portal/pdredge/pdr-edge-frm-asst-sec-080320.html.
56 "Urban Development," *The World Bank*, April 3, 2023, worldbank.org/en/topic/urbandevelopment/overview.
57 Carlton Reid, "It's Been 100 Years Since Cars Drove Pedestrians Off The Roads," *Forbes*, November 8, 2022.
58 Clive Thompson, "The Invention of 'Jaywalking,'" *Marker*, March 28, 2022.
59 Peter Norton, *Fighting Traffic: The Dawn of the Motor Age in the American City* (Cambridge, MA: MIT Press, 2008), 2.
60 Henry Grabar, *Paved Paradise* (New York: Penguin Press, 2023), 294.
61 "Cycling in the City," New York City Department of Transportation, nyc.gov/html/dot/html/bicyclists/cyclinginthecity.shtml.
62 Grabar, Paved Paradise, 294.
63 Saleem H. Ali, "There's No Free Lunch in Clean Energy," *Nature*, March 23, 2023.
64 "Throughout the Rich World, the Young Are Falling out of Love with Cars," *The Economist*, February 16, 2023.
65 Andrew Van Dam, "The Oldest (and Youngest) States and the Shrinking Number of Teenagers with Licenses," *The Washington Post*, January 13, 2023.

66 As cited in: "Throughout the Rich World, the Young are Falling out of Love with Cars," *The Economist*; Tim Henderson, "Why Many Teens Don't Want to Get a Driver's License," *PBS NewsHour*, March 6, 2017.
67 Griffith, *Electrify*, 7–8.
68 Peter Dauvergne, *The Shadows of Consumption* (Cambridge, MA: MIT Press, 2008), 6.
69 David Coady et al., "Global Fossil Fuel Subsidies Remain Large: An Update Based on Country-Level Estimates," *IMF Working Paper*, no. 2019/089, May 2, 2019, 2.
70 Badlam et al., *The Inflation Reduction Act, 3*.
71 Yonah Freemark, "What the Inflation Reduction Act Did, and Didn't Do, for Sustainable Transportation," *Urban Institute*, September 15, 2022.
72 Riofrancos et al., *Achieving Zero Emissions with More Mobility and Less Mining*, 9.

참고 문헌

아래의 목록에는 내가 이 책의 저술에 활용한 책과 몇몇 주요 문서들이 포함되어 있다. 구체적인 인용 및 기타 출처는 "주"에서 확인할 수 있다.

Abraham, David S. *The Elements of Power: Gadgets, Guns, and the Struggle for a Sustainable Future in the Rare Metal Age*. New Haven, CT: Yale University Press, 2015.

Beiser, Vince. *The World in a Grain: The Story of Sand and How It Transformed Civilization*. New York: Riverhead, 2018.

Blas, Javier, and Jack Farchy. *The World for Sale: Money, Power, and the Traders Who Barter the Earth's Resources*. Oxford: Oxford University Press, 2021.

Bruntlett, Melissa, and Chris Bruntlett. *Curbing Traffic: The Human Case for Fewer Cars in Our Lives*. Washington, DC: Island, 2021.

Buehler, Ralph, and John Pucher. *Cycling for Sustainable Cities*. Cambridge, MA: MIT Press, 2021.

Conway, Ed. *Material World: The Six Raw Materials That Shape Modern Civilization*. New York: Knopf, 2023.

Crawford, Kate. *Atlas of AI: Power, Politics, and the Planetary Costs of Artificial Intelligence*. New Haven, CT: Yale University Press, 2022.

Dauvergne, Peter. *AI In the Wild: Sustainability in the Age of Artificial Intelligence*. Cambridge, MA: MIT Press, 2020.

———. *The Shadows of Consumption: Consequences for the Global Environment*. Cambridge, MA: MIT Press, 2008.

Diamond, Jared. *Collapse: How Societies Choose to Fail or Succeed*. New York: Viking, 2005.

Dorfman, Ariel. *Desert Memories: Journeys through the Chilean North*.

Washington, DC: National Geographic, 2004.

Dunbar, W. Scott. *How Mining Works*. Englewood, CO: Society for Mining, Metallurgy, and Exploration, 2015.

Fisher, Jerry M. *The Pacesetter: The Untold Story of Carl G. Fisher.* Fort Bragg, CA: Lost Coast, 1998.

Grabar, Henry. *Paved Paradise: How Parking Explains the World*. New York: Penguin Press, 2023.

Griffith, Saul. *Electrify: An Optimist's Playbook for Our Clean Energy Future*. Cambridge, MA: MIT Press, 2021.

Hart, Matthew. *Gold: The Race for the World's Most Seductive Metal*. New York: Simon & Schuster, 2013.

Hund, Kirsten, Daniele La Porta, Thao P. Fabregas, Tim Laing, and John Drexhage. *Minerals for Climate Action: The Mineral Intensity of the Clean Energy Transition*. Washington, DC: World Bank, 2020. pubdocs.worldbank.org/en/961711588875536384/Minerals-Transition.pdf.

Ilves, Erika, and Anna Stillwell. *The Human Project*. Self-published, Human Project, 2013.

International Energy Agency. *Critical Minerals Market Review 2023*. Paris: IEA, 2023. [License: CC BY 4.0] iea.org/reports/critical-2023.

Isaacson, Walter. *Steve Jobs*. New York: Simon & Schuster, 2011.

Kara, Siddharth. *Cobalt Red: How the Blood of the Congo Powers Our Lives*. New York: St. Martin's, 2023.

Khanna, Parag. *Connectography: Mapping the Future of Global Civilization*. New York: Random House, 2016.

Klinger, Julie Michelle. *Rare Earth Frontiers: From Terrestrial Subsoils to Lunar Landscapes*. Ithaca, NY: Cornell University Press, 2018.

Knowles, Daniel. *Carmageddon: How Cars Make Life Worse and What to Do About It*. New York: Abrams Press, 2023.

Kranish, Michael. *The World's Fastest Man: The Extraordinary Life of Cyclist Major Taylor, America's First Black Sports Hero*. New York: Scribner, 2019.

Kushner, Jacob. *China's Congo Plan: What the Economic Superpower Sees in the World's Poorest Nation*. Washington, DC: Pulitzer Center on Crisis Reporting,

2013.

LeCain, Timothy J. *Mass Destruction: The Men and Giant Mines That Wired America and Scarred the Planet*. New Brunswick, NJ: Rutgers University Press, 2009.

MacKinnon, J. B. *The Day the World Stops Shopping: How Ending Consumerism Saves the Environment and Ourselves*. New York: Ecco, 2021.

Marx, Paris. *Road to Nowhere: What Silicon Valley Gets Wrong about the Future of Transportation*. Brooklyn, NY: Verso, 2022.

McKibben, Bill. *Falter: Has the Human Game Begun to Play Itself Out?* New York: Henry Holt, 2019.

Minter, Adam. *Junkyard Planet: Travels in the Billion-Dollar Trash Trade*. London: Bloomsbury, 2013.

———. *Secondhand: Travels in the New Global Garage Sale*. London: Bloomsbury, 2019.

Murray, John. "The Cruise of the Challenger." First lecture, delivered in the Hulme Town Hall, Manchester, December 11, 1877.

Norton, Peter D. *Fighting Traffic: The Dawn of the Motor Age in the American City*. Cambridge, MA: MIT Press, 2008.

———. "Street Rivals: Jaywalking and the Invention of the Motor Age Street." *Technology and Culture* 48, no. 2 (April 2007): 331–59. jstor.org/stable/40061474.

Penn, Robert. *It's All About the Bike: The Pursuit of Happiness on Two Wheels*. New York: Particular Books, 2010.

Perzanowski, Aaron. *The Right to Repair: Reclaiming the Things We Own*. Cambridge: Cambridge University Press, 2022.

Pitron, Guillaume. *The Dark Cloud: How the Digital World Is Costing the Earth*. Translated by Bianca Jacobsohn. London: Scribe, 2023.

———. *The Rare Metals War: The Dark Side of Clean Energy and Digital Technologies*. Translated by Bianca Jacobsohn. London: Scribe, 2020.

Pollon, Christopher. *Pitfall: The Race to Mine the World's Most Vulnerable Places*. Vancouver, BC: Greystone, 2023.

Ramsay, Cynthia, ed. *The Scribe: The Journal of the Jewish Museum and Archives of British Columbia*. Vol. 34, Focus on the Scrap Metal Industry. Vancouver, BC: Jewish Historical Society of British Columbia, 2014. jewishmuseum.ca/wp-content/uploads/2016/05/2014-SCRIBE_ final_ small-sz.pdf.

Sadik-Khan, Janette. *Street Fight: Handbook for an Urban Revolution*. New York: Viking, 2016.

Sanderson, Henry. *Volt Rush: The Winners and Losers in the Race to Go Green*. London: Oneworld, 2022.

Scheyder, Ernest. *The War Below: Lithium, Copper, and the Global Battle to Power Our Lives*. New York: Atria/ One Signal, 2024.

Smil, Vaclav. *How the World Really Works: The Science behind How We Got Here and Where We're Going*. New York: Viking, 2022.

———. *Making the Modern World: Materials and Dematerialization*. Hoboken, NJ: Wiley, 2013.

Thwaites, Thomas. *The Toaster Project: Or a Heroic Attempt to Build a Simple Electric Appliance from Scratch*. New York: Princeton Architectural Press, 2011.

Veronese, Keith. *Rare: The High-Stakes Race to Satisfy Our Need for the Scarcest Metals on Earth*. Buffalo, NY: Prometheus, 2015.

Walker, Peter. *How Cycling Can Save the World*. New York: TarcherPerigee, 2017.

White House, The. *Building Resilient Supply Chains, Revitalizing American Manufacturing, and Fostering Broad-Based Growth*. 100–Day Reviews under Executive Order 14017. Washington, DC: The White House, June 2021.

World Bank Group. *Minerals for Climate Action: The Mineral Intensity of the Clean Energy Transition*. 2020.

Yergin, Daniel. *The New Map: Energy, Climate, and the Clash of Nations*. New York: Penguin Press, 2020.

역자 후기

이스터 섬의 역사는 반복될 것인가

이번에는 금속이다. 전작 『모래가 만든 세계』에서 모래를 둘러싼 문명사와 다사다난한 사건을 흥미진진하게 풀어낸 빈스 베이저(이하 빈스)가 이번에는 금속 이야기로 돌아왔다. 전작과의 인연 덕분에 이번 책도 옮기게 된 나는 누구보다 이 책이 반가웠다. 책 옮기는 사람 입장에서 여러 사람에게 소개하고픈 책을 다시 만난다는 것은 크나큰 복이다.

금속은 모래만큼이나 우리에게 친숙하고 중요한 물질이지만 모래만큼이나 우리가 잘 모르는 물질이다. 빈스는 그런 이야기를 전하기 위해서 이번에도 전 세계 곳곳을 종횡무진 누빈다. 발걸음은 거침이 없고 보폭은 큼지막하고도 섬세하다. 취재력은 여전하고 현장의 목소리는 생생하다.

새 여정의 발단은 빈스가 난생처음 구입한 전기차 리프였다. 친환경과 재생 에너지라는 시대 흐름에 드디어 발을 담갔다는 사실에 빈스는 한껏 자부심을 느꼈다. 그런데 웬걸, 알고 보니 대다수 전기차가 화석연료로 만든 전기로 굴러가는 것이 아닌가. 탄소 배출을 줄이는 기술이 탄소 배출에 의존하는 기막힌 상황, 빈스는 이런 모순된 현실을 그냥 보고 넘길 사람이 아니었다. 곧 자신의 장기를 십분 발휘해 조사에 나섰다. 그렇게 시작된 여정은 금속 자원을 둘러싼 국제 분쟁과 소요 사태, 환경 파괴, 살인 사건, 심해 채굴 현장으로 이어진다. 우리가 날마다 애용하는 스마트폰이나 전자기기, 전기차, 풍력 발전기 등을 만들고자 열대우림이 파괴되고 강이 오염되고 아이들이 광산 노동자로 동원되었으며, 독재자와 군부 세력이 억만장자로 등극했다. 무엇보다 사람이 죽어나가고 있었다. 인류는 기후 변화로 인한 재앙을 막고자 온갖 노력을 기울여야 하지만 그 과정에서 또다른 재앙을 마주하는 모순된 처지에 놓여 있었다. 우리는 과연 이 문제를 어떻게 해결해야 할 것인가?

이 책을 읽으면서, 남태평양에 위치한 이스터 섬이 생각났다. 모아이 석상으로 유명한 이스터 섬은 지금과 달리 땅이 비옥하고 야자나무 숲이 울창한 곳이었다. 섬 주민들은 우람한 나무로 커다란 카누를 만들었고 그 카누를 타고 바다로 나가 돌고래를 잡았다. 패총더미 속에서 발굴한 척추동물의 뼈는 3분의 1이 돌고래 뼈였다. 나무는 어업용 카누 제작뿐만 아니라 거대한 모아이 석상을 옮길 때도 사용되었고, 건축 자재와 땔감 등으로도 널리 쓰였다. 초기 정착민이 고작 수십여 명에 불과했던 이스터 섬은 훗날 풍부한 삼림 자원을 바탕으로 인구가 2만 명에 이르렀고 수준 높은 문명을 이룩했다.

그러나 어느 순간 이스터 섬은 몰락의 길로 접어들었다. 그 시점은 섬에서 야자나무가 사라진 시기와 맞물려 있었다. 주민들은 필요할 때마다 나무를 베어 쓸 생각만 했지 앞날은 내다보지 못했다. 수백 년에 걸쳐 삼림이 훼손되자 나무의 번식을 돕는 새가 줄어들었고 여기에 식용으로 들여온 쥐가 야자나무 씨앗을 먹어치우는 일까지 겹쳤다. 결국 15세기경, 섬을 빼곡히 채우던 야자나무 숲이 완전히 사라졌다. 숲이 사라지며 개울과 샘이 바닥을 드러내자 땅이 메마르고 농토가 황폐해지면서 농업 생산량이 크게 떨어졌다. 카누를 만들 나무가 없으니 어업 생산량도 당연히 예전만 못했다. 살기 좋고 풍요롭던 섬에 식량이 부족해졌다. 급기야 쓰레기더미 속에 돌고래 뼈 대신 사람 뼈가 섞여 들었고, 인구는 10분의 1로 줄어들었다.

이스터 섬 사람들은 왜 저리도 생각이 짧았을까? 이들의 역사를 가만히 들여다보면 한숨이 절로 나온다. 하지만 강 건너 불구경은 거기까지이다. 지금 우리는 그들보다 더 심각한 사태를 맞이하고 있을지도 모른다. 역사는 분명하고 증거는 확실하다. 무엇보다 기후 변화 문제 때문에 지구촌 곳곳에서 화재, 폭염, 폭우, 한파와 같은 온갖 이상 현상이 빈발할 뿐만 아니라 전 세계 각지에서 벌어지는 자원 확보전 때문에 각종 분쟁과 인명 사고가 끊이지 않고 있다. 인류가 쌓아가는 패총더미 속에는 돌고래 뼈와 사람 뼈가 함께 늘어가고 있다.

지금 알고 있는 것을 그때도 알았다면, 이스터 섬 사람들은 다른 길로 갔을까? 역사에서 가정은 무의미하다고들 하지만, 이 책을 덮으며 이스터 섬 사람들을 향해 그런 질문을 던져본다. 그리고 이내 그 질문은 부메랑이 되어 우리 앞으로 되돌아온다. 이제 그 질문에 대답할 사람은 이스터 섬 사람들이 아니라 바로 우리라면서.

2025년 여름
역자

인명 색인

가돌린 Gadolin, Johan 41
거틀러 Gertler, Dan 106
게바라 Guevara, Ernesto "Che" 77
구겐하임 Guggenheim, Meyer 71
그랜홈 Granholm, Jennifer 48
그리프 Greef, Kimon de 83
그리피스 Griffith, Saul 222, 261

넬슨 Nelson, Steve 159-161, 165, 169-176,
노턴 Norton, Peter 256
뉴섬 Newsome, Gavin 127
닉슨 Nixon, Richard 45

(도브)다이먼트 Dimant, Dov 177-178
(젠)다이먼트 Dimant, Jen 176, 179
다이아몬드 Diamond, Jared 72
더 브라위너 De Bruyne, Kris 151
던바 Dunbar, Scott 67
덩샤오핑 鄧小平 46
데베르트 Deberdt, Raphael 109
데이예 Deiye, Margo 147
도라도르 Dorador, Cristina 122, 130
도베뉴 Dauvergne, Peter 262
드라고 Drago, Lisa Berry 42
드라젠 Drazen, Jeff 144

라벨 Lavelle, Marianne 96
(빅)랑겐호프 Langenhoff, Vic 238, 256-257
(시몬)랑겐호프 Langenhoff, Simone 238
레르준디 Lerzundi, Felipe 122
로즌솔 Rosenthal, Michael 49-51, 53, 56
로지 Lodge, Michael 149
르케인 LeCain, Timothy 71-72
리드 Reid, Carlton 255
리비어 Revere, Paul 70, 163
리치 Rich, Marc 107

마키 Markey, Ed 40
매키넌 MacKinnon, J. B. 240
머스크 Musk, Elon 97-98
메렌 Mehren, Edward J. 256
메로 Mero, John L. 137
모건 Morgan, Amber 177
모스 Morse, Samuel 70
모코에나 Mokoena, Moqadi 63-64, 85

모하메드 Mohammed, Alabi 199
미노트 Mynott, Steve 57-58
미오도닉 Miodownik, Mark 69
민터 Minter, Adam 178, 182, 200, 212-213, 216, 224

바이든 Biden, Joe 229
바타이거 Batteiger, Alexander 195, 206
배런 Barron, Gerard 134
배틀 Battle, Jessica 150
베스코보 Vescovo, Victor 144
부셰르 Bucher, Alejandro 113-114, 125, 129
불랑제 Boulanger, Aimee 130
브로코비치 Brockovich, Erin 100
블라스 Blas, Javier 73

사디칸 Sadik-Khan, Janette 257
살리나스 Salinas, Leonel 79
살바티에라 Salvatierra, Manuel 119-120
샌더슨 Sanderson, Henry 74-75, 106
셀레 Selle, Nirwana 98-99
소울스 Soules, Luke 220, 222
슈미트 Schmidt, Eric 149
스밋 Smit, Reinhardt 202, 206
스탈린 Stalin, Iosif 94
스트라우벨 Straubel, J. B. 167

아데바요 Adebayo, Bukola 186, 197-198
아르프베드손 Arfwedson, Johan August 115
아몬 Amon, Diva 136, 143-144

아부바카르 Abubakar, Tijjani 188-196
아옌데 Allende, Salvador 77
아이작슨 Isaacson, Walter 74
안와르 Anwar, Baba 185-188, 224
에이브러햄 Abraham, David S. 39
예긴 Yergin, Daniel 92
올메도 Olmedo, Luis 128
요클로비츠 Yochlowitz, Joseph 179
원자바오 溫家寶 39
월리스-웰스 Wallace-Wells, David 253
웰스 Wells, Henry 248
위도도 Widodo, Joko 99
윈스 Wiens, Kyle 219-223, 226, 228-230
유수프 Yusuf, Mohammed 197-198
일브스 Ilves, Erika 148

잔치슝 詹其雄 37-40
잡스 Jobs, Steve 74-75
장인 張茵 182
장쩌민 江澤民 45
조나단 Jonathan, Made Detri Hari 98-99
짐링 Zimring, Carl 178

총 Chong, Guillermo 116

카라 Kara, Siddharth 103
(로랑)카빌라 Kabila, Laurent 75
(조제프)카빌라 Kabila, Joseph 106
카스트로 Castro, Alejandra 126
카스틸루 Castilloux, Ryan 111
칼레니우스 Källenius, Ola 30
칼론 Kahlon, Randy 180-181

캐머런 Cameron, James 149
캔터 Cantor, Sam 59
커리 Currie, Duncan 141-142, 150, 154
코차르 Kochhar, Ajay 208, 210-211
콜웰 Colwell, Rod 126-127
쿠비요스 Cubillos, Sergio 120-122
쿡 Cook, Tim 227
클루스 Clewes, Adrian 204
클뤼버 Kluijver, Joost de 206
클링거 Klinger, Julie Michelle 41-42, 46
키스페 Quispe, Javier Escudero 123-125

테일러 Taylor, Marshall 247
토레 Tore, Corrado 118
톰프슨 Thompson, Clive 255
툰베리 Thunberg, Greta 60

파니레 Panire, Dina 79
파시 Farchy, Jack 73

페르자노프스키 Perzanowski, Aaron 108, 221-222, 224-225, 227, 236
페이지 Page, Larry 149
포타닌 Potanin, Vladimir 96-97
푸틴 Putin, Vladimir 97
프레데릭슨 Frederickson, Eric 202
프리들랜드 Friedland, Robert 74-76, 105
프리마크 Freemark, Yonah 264
피트롱 Pitron, Guillaume 45

하우스 House, Kurt 59
한센 Hansen, Ole 88
해먼드 Hammond, Clare 61
헌터-스컬리언 Hunter-Scullion, Mitch 149
헤이든 Heydon, David 139-140
홀 Hall, Freeman 230-233
홀츠 Holtz, Michael 109
휘팅엄 Whittingham, Stanley 90-91, 111
휴스 Hughes, Howard 138